高等院校计算机课程案例教程系列

主编 窦万峰
参编 李亚楠 潘媛媛 林燕平

软件工程方法与实践

第3版

*S*oftware Engineering
Theory and Practice (Third Edition)

机械工业出版社
China Machine Press

图书在版编目（CIP）数据

软件工程方法与实践 / 窦万峰主编 . —3 版 . —北京：机械工业出版社，2016.10（2020.5
重印）

（高等院校计算机课程案例教程系列）

ISBN 978-7-111-54948-2

I. 软…　II. 窦…　III. 软件工程－高等学校－教材　IV. TP311.5

中国版本图书馆 CIP 数据核字（2016）第 233984 号

本书分别从传统的结构化软件开发方法学和面向对象软件开发方法学两个方面介绍软件工程的理论和方法，并将其融入实践，通过丰富的案例介绍软件分析与设计方法及其模型，深入讲解软件开发各个阶段的技术、方法和管理过程，主要内容包括：软件工程基础，结构化分析、设计与测试，面向对象分析、设计与测试，软件维护与项目管理。

本书适合作为高等院校软件工程课程的教材，也可作为软件开发从业人员的参考书。

出版发行：机械工业出版社（北京市西城区百万庄大街 22 号　邮政编码：100037）

责任编辑：曲　熠		责任校对：董纪丽	
印　　刷：北京瑞德印刷有限公司		版　　次：2020 年 5 月第 3 版第 4 次印刷	
开　　本：185mm×260mm　1/16		印　　张：20.25	
书　　号：ISBN 978-7-111-54948-2		定　　价：45.00 元	

前　言

　　软件工程包含一系列软件开发的基本原理、方法和实践经验，用来指导人们进行正确的软件开发。软件工程强调从工程化的原理出发，按照标准化规程和软件开发实践来引导软件开发人员进行软件开发和实践活动，并进行过程改进，促进软件企业向标准化和成熟化的方向发展。软件工程是一门理论与实践相结合的学科，更注重通过实践来理解原理和方法。为此，我们结合多年的软件工程教学和项目开发经验，通过5个项目实例，从不同的角度、利用不同的方法学来循序渐进地介绍软件开发过程中所涉及的原理、方法和技术。本书的另一个特色是从问题的角度引导学生根据自己的体会来讨论软件开发过程中的问题，进而理解软件工程的概念和原理，总结出一些有效的方法和实践经验。

编写思想

　　本书强调以问题为引导的软件工程所涉及的概念和方法，进而讨论具体的过程及其优缺点，并结合具体案例进行解析，让学生对问题产生的原因和新方法的提出有更深入的理解，还支持学生进行深入阅读。

　　我们将传统的结构化方法学和面向对象方法学分开介绍，这有利于学生理解二者的本质区别，厘清其分析与设计模型的不同特点，从而针对不同的项目来选择不同的开发方法学和过程。从结构化到面向对象的路线也便于学生逐步接受软件开发的思想和本质。

- 结构化方法学。重点讨论开发过程、原理和方法，这些都可以推广到面向对象的开发范型中。最后通过胰岛素输送这一高要求系统案例介绍如何将这些方法应用到实践中。
- 面向对象方法学。重点讨论面向对象分析模型和设计模型的构建，强调它们之间的关系，抓住面向对象模型开发的要点，通过UML建模语言来描述分析和设计模型，进一步加深学生对面向对象模型本质的理解，同时也清楚其适用的情况。最后通过POS机这一复杂系统案例帮助学生掌握面向对象分析与设计的主要思想。

　　本书还注重本科生研究性教学实践，针对现代软件开发方法——敏捷方法，重点介绍结对编程，在帮助学生理解结对编程思想的同时，分析其中存在的问题和解决方法，结合系统需求进行设计、实现与测试。通过这一过程可达到研究性教学的目的，也可将结对编程作为学期项目。

组织结构

　　本书分为四个部分，共14章内容。第一部分"软件工程基础"（第1～4章）主要从软件危机引出软件工程的基本概念和基本原理，介绍软件开发的工程化思想和开发过程等。第二部分"结构化分析、设计与测试"（第5～9章）针对传统结构化的软件开发方法学，主要介绍其基本概念、分析与设计过程、分析与设计模型、软件测试原理和技术、高要求系统的分析与设计方法等。第三部分"面向对象分析、设计与测试"（第10～12章）将介绍面向对象方法学的基本概念、用例分析模型及其设计过程、面向对象分析与设计模型、面向对象的实现以及测试技术。第四部分"软件维护与项目管理"（第13、14章）主要介绍软件维护策略与方法、软件项目管理概念与原理、软件成本估算以及项目计划与管理。

案例

　　由于本书分别介绍了传统的结构化方法学和面向对象方法学两大体系，因此专门选择了适合不同方法学的具有代表性的案例进行研究，以便读者能够深入理解其各自的优势。这些案例中既有简单常见的应用系统，如面对面结对编程系统和ATM系统；也有比较实用的系统，如POS机系统；还有一些稍微复杂的系统，如分布式结对编程系统和胰岛素输送系统。这些系统由简单到复杂，循序渐进，引导学生逐步理解系统的开发过程和关键问题。

面对面结对编程系统是一个辅助学生进行结对编程和学习的系统，该系统支持角色交换、信息统计和相容性分析等功能，克服了编程过程中的一些不便，如交换位置、相互干扰等。同时，该系统采用一台主机支持结对，还具有节约实验室建设费用等优点。

POS机系统是电子收款机系统的简称，通过计算机来处理销售和支付信息。该系统包括计算机终端、条码扫描仪、现金抽屉、票据打印机等硬件以及支持系统运转的软件，能够为不同服务的应用程序提供接口。收银员通过条码扫描仪读取的或键盘输入的商品条码号来记录商品信息，系统自动计算销售总价。收银员通过系统能够处理支付，包括现金支付、信用卡支付和支票支付。经理通过系统能够处理顾客退货。

ATM系统即自动柜员机系统，能够自动处理银行储户的各种业务，如取款、存款、转账、查询、修改密码等。ATM软件系统使客户能够直接访问银行计算机完成交易，无需银行工作人员的介入。

分布式结对编程系统支持跨地域的结对编程或学习。为了支持异地结对者像在本地一样方便地工作，系统通过文本、音频和视频进行交流。系统与集成开发环境进行集成，包括VC++、Eclipse等开发环境。系统支持角色交换，但通常不严格遵循"驱动者"和"领航者"的角色，所以分布结对编程的工具应该允许合作者很容易地访问控制键盘。

胰岛素输送系统是关于人体胰腺操作（一种体内组织）的仿真，其目标是帮助那些糖尿病患者控制血糖水平。该系统用于监控血糖浓度，根据需要输送正确剂量的胰岛素，对安全性的要求非常高。

意见与反馈

本书第1~4章由窦万峰编写，第5~9章由窦万峰和林燕平编写，第10~13章由窦万峰和李亚楠编写，第14章由窦万峰和潘媛媛编写。全书由窦万峰统稿、校对。

由于作者水平有限，因此难免有疏漏之处，恳请各位读者指正，意见可发至邮箱douwf-fly@163.com。尤其是关于书中所选案例的详细程度和多样性，请读者多提意见，以便以后进行改进和完善。

作者
2016年9月

目　　录

第一部分

软件工程基础

本部分将介绍软件工程的基本概念、软件过程及其模型和敏捷软件开发方法，包括软件工程概述、软件过程、软件过程模型和敏捷软件开发方法四章内容，将关注以下问题：

- 软件工程的定义。
- 软件开发工程化思想。
- 软件工程的基本原理和基本原则。
- 软件过程。
- 软件过程模型。
- 常见的软件过程模型。
- 敏捷软件开发方法。

学过本部分内容后，请思考下列问题：

- 如何选择软件过程模型？
- 为什么统一过程模型得到广泛流传？
- 敏捷过程有哪些优势？其模型对现代软件开发产生了什么影响？
- 软件工程有哪些实践活动？
- 如何实施结对编程？

第 1 章

软件工程概述

1.1 引言

软件工程（Software Engineering，SE）是在 20 世纪 60 年代末期提出的。提出这一概念的目的是倡导以工程化的思想、原则和方法开发软件，并用来解决软件开发和维护过程中出现的诸多问题。

1.2 什么是软件

既然软件工程的主角是软件开发，那么在现代社会中，软件担任的究竟是一种什么样的角色呢？我们使用的大部分软件同时担任着两个角色，既是软件产品，又是软件工具。软件产品是指为最终用户使用并带来益处的具有商业价值的软件系统。软件工具是指开发其他软件的软件系统。我们可以利用这些软件系统存储信息或进行信息的变换等。

1.2.1 软件的定义与特性

什么是软件？软件是计算机系统中与硬件相对应的另一部分，是一系列程序、数据及其相关文档的集合。程序、数据和文档称为软件的三要素，如图
1-1 所示。

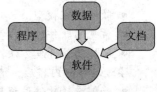

- 程序是按照特定顺序组织的计算机数据和指令的集合。
- 数据是使程序能正常执行的数据结构。
- 文档是与程序的开发、维护和使用有关的资料。

计算机软件的核心是程序，而文档则是软件不可分割的组成

图 1-1　软件的三要素

部分。

要理解软件的真正含义，需要了解软件有哪些特征。与软件相对应的是硬件，在计算机的体系结构中，人们当初利用智慧创造的硬件是有物理形态的。现在，人们利用结构化的思想创造出的软件是逻辑的而不是有固有形态的实体，所以，计算机软件和硬件有着截然不同的特征。

复杂性。软件是一个庞大的逻辑系统，比人类构造的其他产品更复杂，甚至硬件的复杂性和软件比起来也是微不足道的。此外，软件主要是依靠人脑的"智力"构造出来的，多种人为因素使得软件难以统一化，更增加了其复杂性。软件的复杂性使得软件产品难以理解、难以生产、难以维护，更难以对生产过程进行管理。

一致性。软件必须和运行它的硬件保持一致，这是由软件对硬件的依赖所决定的，一般采用软件顺应硬件接口，而不是硬件顺应软件的方案。如果硬件系统是"现存"的，软件必须和现有硬件系统接口保持一致。此外，由于计算机的软件和硬件具有功能互换性，所以也可能出现用软件来替代硬件接口的功能。

退化性。软件与硬件相比不存在磨损和老化的问题。事实上，软件不会磨损，但它会因缺陷和过时而退化，因此，软件在其生命周期中需要进行多次的维护，直至被淘汰。

易变性。软件在生产过程中，甚至在投入运行之后，也可以再改变。软件必须能够经历变化并容易改变，这也是软件产品的特有属性。软件易变性的好处是：改变软件往往可以收到改变或者完善系统功能的效果；修改软件比更换硬件容易，使得软件具有了易维护、易移植、易复用的特征。但这种动态的变化难以预测且难以控制，可能对软件的质量产生负面影响。

移植性。软件的运行受计算机系统的影响，不同的计算机系统平台可能会导致软件无法正常运行，即软件的移植性。好的软件在设计时就要考虑到软件如何应用到不同的系统平台。

高成本。软件的开发是一个复杂的过程，需要耗费大量的开发成本和管理成本，导致软件的成本比较高。

1.2.2　软件技术的演化

软件的发展经历了一个演化的过程，自从 20 世纪 40 年代产生了世界第一台计算机后，伴随而生的就是程序或软件。软件的演化大致经历了以下四个阶段。

第一阶段。1946 年到 20 世纪 60 年代初是计算机软件发展的初期，一般称为程序设计阶段，其主要特征是程序生产方式为个体手工方式。

第二阶段。20 世纪 60 年代初到 70 年代初是计算机软件发展的第二个阶段，也称为程序阶段。在这个阶段，软件工程学科诞生了。程序的规模已经发展得很大了，软件开发需要多人分工协作，软件的开发方式由个体生产发展为小组生产。但是，由于小组生产的开发方式基本上沿用了软件发展早期所形成的个体化的开发方式，软件的开发与维护费用以惊人的速度增加，导致许多软件产品后来根本不能维护，最终导致软件危机的出现。

第三阶段。20 世纪 70 年代中期至 80 年代中期是计算机软件发展的第三个阶段，一般称为软件工程阶段。在这个阶段，软件工程师把工程化的思想加入软件的开发过程中，用工程化的原则、方法和标准来开发和维护软件。

第四阶段。从 20 世纪 80 年代中期至今，面向对象的方法学受到了人们的重视，促进了软件业的飞速发展，软件产业在世界经济中已经占有举足轻重的地位，这个阶段一般称为面向对象阶段。

20 世纪末开始流行的 Internet 给人们提供了一种全球范围的信息基础设施，形成了一个资源丰富的计算平台，未来如何在 Internet 平台上进一步整合资源，形成巨型的、高效的、可信的虚拟环境，使所有资源能够高效、可信地为所有用户服务，成为软件技术的研究热点。

Internet 平台具有一些传统软件平台不具备的特征：分布性、结点的高度自治性、开放性、异构性、不可预测性、连接环境的多样性等。这对软件工程的发展提出了新的问题，软件工程需要新的理论、方法和技术和平台来应对这个问题。目前投入很大精力研究的中间件技术就是这方面的典型代表。Internet 和基于 Internet 应用的快速发展与普及，使计算机软件所面临的环境开始从静态封闭逐步走向开放、动态和多变。软件系统为了适应这样一种发展趋势，将会逐步呈现出柔性、多目标、连续反应式的网构（NetWare）软件系统的形态。

随着 Internet 的发展与应用，出现了"互联网＋"的新概念。"互联网＋"是创新 2.0 下的互联网发展的新业态，是知识社会创新 2.0 推动下的互联网形态演进及其催生的经济社会发展新形态。"互联网＋"催生了一系列软件及其平台的需求。近几年来，"互联网＋"已经改变了多个行业，当前大众耳熟能详的电子商务、互联网金融（ITFIN）、在线旅游、在线影视、在线房产等行业都是"互联网+"的杰作。

随着宽带无线接入技术和移动终端技术的飞速发展，人们迫切希望能够随时随地乃至在移动过程中都能方便地从互联网获取信息和服务，移动互联网应运而生并迅猛发展。然而，移动互联网在移动终端、接入网络、应用服务、安全与隐私保护等方面还面临着一系列的挑战。其基础理论与关键技术的研究，对于国家信息产业整体发展具有重要的现实意义。

1.3   什么是软件工程

在软件开发的早期阶段，人们过高地估计了计算机软件的功能，认为软件能承担计算机的全部责任，甚至有些人认为软件可以做任何事情。如今，绝大多数专业人士已经认识到软件神化思想的错误。尤其是软件危机的出现，迫使人们思考一个问题，那就是软件并非是万能的，难以满足人们各种各样的需求，需要提出有效的开发与维护方法来指导人们高效率地开发高质量的软件。

1.3.1   软件危机

计算机硬件技术的不断进步，要求软件能与之相适应。然而，软件技术的进步一直未能满足形势发展提出的要求，致使问题积累起来，形成了日益尖锐的矛盾，最终导致了软件危机。软件危机主要表现如下：

- 软件的规模越来越大，复杂度不断地增加，软件的需求量也日益增大，且价格昂贵，供需差日益增大。
- 软件的开发过程是一种高密集度的脑力劳动，软件开发工作常常受挫，质量差，很难按照要求的进度表来完成指定的任务，软件的研制过程管理起来困难，往往失去控制。
- 软件开发的模式及技术已经不能适应软件发展的需要。因此，导致大量低质量的软件涌向市场，有些软件开发出来已远远超出了预算，有的软件甚至在开发过程中就夭折了。例如，伦敦股票交易系统当初预算 4.5 亿英镑，后来追加到 7.5 亿，历时 5 年，但最终还是失败，导致伦敦股票市场声誉下跌。

下面通过伦敦救护服务系统的例子来分析软件危机的表现和问题。

伦敦救护服务系统覆盖伦敦市区 600 平方千米的地域和大约 680 万的救护人口，是世界上最大的救护服务中心。该服务中心拥有 318 辆事故与应急救护车和 445 病人运输救护车、一个摩托车接应团队和一架直升机。中心的工作人员达到 2746 人，他们分布在伦敦市区 70 个救护站，每个救护站又分成 4 个运营部门。

伦敦救护服务系统的目的是提供自动化救护呼叫请求和处理紧急救护需要，通过计算机系统处理人工系统的所有任务。呼叫 999 和请求救护服务将呼叫者和派遣者连接起来，派遣者记录呼叫细节和分派合适的车辆。分派者将选择救护车并转发救护信息给车载系统。

伦敦救护服务系统包括 3 个组成部分：①计算机辅助派遣系统，包括软硬件基础设施、事故记录保存系统、无线电通信系统和无线电系统接口；②计算机地图显示系统，包括复杂地域地形分析软件；③自动化车辆定位系统，具有车辆自动定位能力，以便以最短的时间到达指定位置，并跟踪分析系统的性能。另外，伦敦救护系统还包括无线电系统和移动数据终端。

伦敦救护服务系统项目于 1987 年 4 月启动，前期投资 250 万英镑用于开发一个有限功能的派遣系统；1989 年设计规格被重新修改，增加了移动数据终端和声讯转换系统。1990

年 10 月项目经过两次峰值负载性能测试失败而被迫终止。截至项目被取消时为止，项目已经花费了 750 万英镑的费用，超过预算的 300%。

1991 年 8 月项目重新启动。为了保证项目的顺利进行，合作方定期举行会议来协调项目进度和解决存在的问题。但是截至 1992 年 1 月，项目还是被延期。派遣系统没有完全实现和测试，无线电接口系统未能按时交付，救护车数据终端设计和定位系统需求还需进一步完善，车载定位跟踪系统没有完成安装、调试。

1992 年 10 月 26 日，整个新系统全部运转。但是过载问题仍然没有很好地解决，存在呼叫丢失和响应不及时问题。1992 年 10 月 27 日，系统不得不改为半自动化方式。1992 年 11 月，系统运行性能开始全面下降，并最终导致系统锁死。由于没有及时响应和系统存在的故障，导致病人死亡事件发生。工作人员试图切换和重启系统，但均告失败。由于系统没有备份系统，操作人员被迫恢复到完全人工过程。

伦敦救护服务系统的失败归因于一系列软件工程中的错误，特别是项目管理中的缺陷，从而导致了 1992 年秋天出现的两次故障。伦敦救护服务系统失败的例子告诉我们，系统的复杂性和庞大规模、系统需求的不准确和经常变更，以及管理不到位等因素是导致系统失败的主要原因。

我们称软件开发和维护过程中所遇到的严重问题为软件危机。软件危机主要是两个方面的问题：一是如何开发软件，以满足对软件日益增长的客户需求；二是如何维护数量不断膨胀的现有软件。

1.3.2　解决软件危机的途径

在软件危机相当严重的背景下，软件工程产生了。在引入工程化的思想后，人们总结了导致软件危机的原因，并提出了相应的解决对策。

在软件开发的初期阶段，需求提得不够明确，或未能得到确切的表达。开发工作开始后，软件开发人员和用户又未能及时交换意见，造成开发后期矛盾集中暴露。如果在开发的初期阶段需求不够明确，或未能得到确切的表达，工作人员不与客户及时地交换意见，就有可能导致软件开发后期的问题无法解决。如果仅仅认为软件的开发是编写程序，软件开发前期的需求分析不到位，很有可能使得后期开发的软件达不到客户的要求，导致软件的二次开发。

需求分析后，要做好软件定义时期的工作，这样可以在一定的程度上降低软件开发的成本，同时在无形中提高软件的质量，毕竟软件是一种商品，提高质量是软件开发过程中的重中之重。

开发过程要有统一的、公认的方法论和规范指导，参加的人员必须按照规定的方法进行开发。由于软件是逻辑部件，开发阶段的质量难以衡量与评价，开发过程的管理和控制较难，因此要求开发人员要有统一的软件工程理论来指导。

必须做好充分的检测工作，提交给客户高质量的软件。要借鉴软件开发的经验和积累的有关软件开发的数据，确保开发工作的计划按时完成，在期限内完成软件的开发。

1.3.3　软件工程的定义

关于软件工程的定义有许多，下面是流行的几种定义：

- B. W. Boehm 将软件工程定义为运用现代科学技术知识来设计并构造计算机程序及为开发、运行和维护这些程序所必需的相关文件资料。
- Fritz Bauer 将软件工程的定义为经济地获得能够在实际机器上有效运行的可靠软件而建立和使用的一系列完善的工程化原则。

- IEEE 软件工程标准术语对软件工程的定义为：软件工程是开发、运行、维护和修复软件的系统方法，其中"软件"的定义为计算机程序、方法、规则、相关的文档资料以及在计事机上运行时所必需的数据。

尽管软件工程的具体定义不尽相同，但其主要思想都在强调在软件开发的过程中需要应用工程化思想的重要性。工程化思想的核心是把软件看作一个需要通过需求分析、设计、实现、测试、管理和维护的工程产品。用完善的工程化原理研究软件生产的方法规范软件的开发，不仅保证软件开发在指定的期限内完成，而且可以节约成本，保证软件的质量。

软件工程是一门研究如何用系统化、规范化、数量化等工程化思想和方法去进行软件开发、维护和管理的学科。因此，软件工程学涉及的范围很广，涉及计算机科学、管理学、系统工程学和经济学等多个学科领域。

软件工程学分成软件开发方法和软件工程管理两个方面，重点是对软件开发方法和工程性技术的研究。软件开发技术和软件工程管理的复杂程度均与软件的规模密切相关。规模越大的软件产品，越要严格遵守软件工程的开发原则和方法。

软件开发不同于一般的产品生产，因为软件是一种没有具体形体和尺寸的特殊的产品，它创造的唯一产品或者服务是逻辑载体。它提供的产品或服务是逻辑的，具有独特性、临时性和周期性等特点。不同于其他产品的制造，软件过程更多的是设计过程。另外，软件开发不需要使用大量的物质资源，而主要是人力资源。并且，软件开发的产品只是程序代码和技术文件，并没有其他的物质结果。基于上述特点，与其他项目管理相比，软件项目管理有很大的独特性。

软件开发过程中除编写代码以外，还需要编写大量的文档和建立各种模型，需要耗费较多的时间与费用，且工作效率低下。因此，软件开发还需要大量的工具来提高开发效率，如文档编辑工具、代码编辑与调试工具、测试工具、建模工具等等。

综上所述，我们把方法、工具和过程称为软件工程的三要素，如图 1-2 所示。软件工程方法为软件开发提供了"如何做"的技术；软件工具为软件工程方法提供了自动的或半自动的软件支撑环境；过程是为了获得高质量的软件所需要完成的一系列任务框架，规定了完成各项任务的工作步骤。

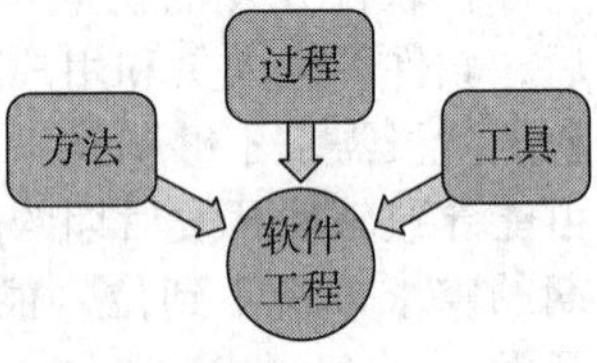

图 1-2　软件工程的三要素

软件开发工程化的思想主要体现在软件项目管理。软件项目管理的作用是，一方面可提高软件质量，降低成本；另一方面可为软件的工程化开发提供保障。与其他行业项目相比，软件行业的项目具有其特殊性。随软件行业的迅猛发展，一些问题和危机逐渐暴露出来。例如，项目时间总是推迟、项目结果不能令客户满意、项目预算成倍超出、项目人员不断流动等都是软件开发商不断面临的一些问题。

软件工程学家分析认为，导致上述情况的主要原因是缺乏软件过程控制能力，开发过程随心所欲，时间计划和费用估算缺乏现实的基础，产品质量缺乏客观基础，软件开发的成败建立在个人能力基础上等。

从商业的角度，软件也称为软件产品，客户必然会更新软件开发的质量、成本和工期。因此，软件工程管理的三要素包括质量、成本和工期，如图 1-3 所示。质量包括质量定义、质量管理、质量保证、质量评价等。成本包括成本预算和核算、成本管理、资源管理等。工期包括工程进度管理、组织人员管理、工作量管理、配置管理等。

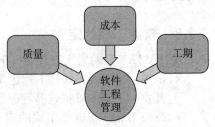

图 1-3　软件工程管理的三要素

如今，软件开发的工程化管理思想已经得到了认可，软件的开发管理已经不像以往那样过分依赖软件技术精英，运用项目管理的经验和方法是软件项目成功的前提和保证。随着信息技术的飞速发展，软件产品的规模也越来越庞大，种类也非常繁多。尤其是近几年，随着网络技术的快速发展，项目管理也随之快速发展，各软件企业都在积极将软件项目管理引入开发活动中，对开发实行有效的管理，并取得了各自不同的成绩。

1.4　软件工程的基本原理与基本原则

人们根据软件开发的特点和软件工程的概念，提出了软件工程的基本原理和基本原则。

1.4.1　基本原理

推迟实现。推迟实现是软件方法学的基本指导思想。软件开发过程应该理性地"推迟实现"，即把逻辑设计与物理设计清楚地划分开来，尽可能推迟软件的物理实现。对于大中型的软件项目，在软件开发过程中，如果过早而仓促地考虑程序的具体实现细节，可能会导致大量返工和损失。为了正确、高效地进行软件开发，必须在开发的前期安排好问题定义、需求分析和设计等环节，进行周密、细致的软件实现的前期工作，并明确规定这些环节都只考虑目标系统的逻辑模型，不涉及软件的物理实现。

逐步求精。逐步求精（也称逐步细化）是基于承认人类思维能力的局限性提出的，一般认为人类思维与理解问题的能力限制在 7 ± 2 大小的范围内，求解一个复杂问题采用有条理的从抽象到具体的逐步分解与细化方法和过程进行。这是人类把复杂问题趋于简单化控制和管理的有效策略。逐步求精（细化）解决复杂问题的策略是软件工程方法学中的一项通用技术，与分解、抽象和信息隐蔽等概念紧密相关。

分解与抽象。分解是把复杂问题趋于简单化处理的有效策略。论证分解，即"分而治之"的有效性。若将一个复杂问题分解成若干容易解决的小问题，就能够减少解决问题所需要的总工作量。分解必须是科学而合理的，否则可能会增加解决问题的难度和工作量。

抽象是人类在认识或求解复杂问题的过程中，科学而合理地进行复杂系统分解的基本策略之一。抽象是把一些事物（状态或过程）中存在的相似的方面（忽略它们的差异）概括成"共性"的。抽象的主要思想是抽取事物的本质特性，而暂不考虑它们的细节。这是一种分层次的渐进过程。软件工程方法学中广泛采用分层次的从抽象到具体的逐步求精技术。建立模型（建模）是软件工程常用的方法和技术之一。软件工程中，整个软件开发过程需要建模，软件开发过程的各个阶段也需要建模。不同的软件开发方法的最主要的区别表现在它们的模型不同。所以，软件开发过程的一系列模型的建立标准、描述形式、应用规范等是软件开发方法最核心的研究内容。

信息隐蔽。信息隐蔽是指使一些关系密切的软件元素尽可能彼此靠近，使信息最大限度地局部化。软件模块中使用局部数据元素就是局部化的一个例子。信息隐蔽的指导思想始终贯穿在软件工程的面向过程、面向功能和面向对象的软件开发方法的发展中。

质量保证。质量保证是为保证产品和服务充分满足消费者要求的质量而进行的有计划、有组织的活动。质量保证是面向消费者的活动，是为了使产品实现用户要求的功能，站在用户立场上来掌握产品质量的。同样道理，这种观点也适用于软件开发。软件质量保证要求软件项目的实施活动符合产品开发中的对应的需求、过程描述、标准及规程。质量保证的基本思路是提倡"预防"而不是事后"补救"，强调"全过程控制"和"全员参与"。软件质量是"软件与明确和隐含地定义的需求相一致的程度"。更具体地说，软件质量是软件与明确叙述的功能和性能需求、文档中明确描述的开发标准以及任何专业开发的软件产品具有的隐含特征相一致的程度。

1.4.2　基本原则

美国著名的软件工程专家 B. W. Boehm 综合软件领域专家的意见，并总结了多家公司开发软件的经验，提出了软件工程的 7 条基本原则。Boehm 认为，这 7 条基本原则是确保软件产品质量和开发效率的原理的最小集合。它们是相互独立的，是缺一不可的最小集合；同时，它们又是相当完备的。

分阶段的软件开发。根据这条基本原则，可以把软件生存周期划分为若干个阶段，并相应地提定出切实可行的计划，然后严格按照计划对软件开发与维护进行管理。在软件开发与维护的生存周期中，需要完成许多性质各异的工作。Boehm 认为，在整个软件生存周期中应指定并严格执行 6 类计划：项目概要计划、里程碑计划、项目控制计划、产品控制计划、验证计划、运行与维护计划。

坚持进行阶段评审。统计结果显示：在软件生命周期各阶段中，编码阶段之前的错误约占 63%，而编码错误仅占 37%。并且，错误发现得越晚，更正它付出的代价就会越大，要差 2 ~ 3 个数量级甚至更高。因此，软件的质量保证工作不能等到编码结束以后再进行，必须坚持进行严格的阶段评审，以便尽早地发现错误。

实行严格的产品控制。实践告诉我们，需求的改动往往是不可避免的。这就要求我们要采用科学的产品控制技术来尽可能达到这种要求。实行基准配置管理（又称为变动控制），即凡是修改软件的建议，尤其是涉及基本配置的修改建议，都必须按规定进行严格的评审，评审通过后才能实施。基准配置指的是经过阶段评审后的软件配置成分及各阶段产生的文档或程序代码等。当需求变动时，其他各个阶段的文档或代码都要随之相应变动，以保证软件的一致性。

采用先进的程序设计技术。先进的程序设计技术既可以提高软件开发与维护的效率，又可以提高软件的质量和减少维护的成本。

明确责任。软件是一种看不见、摸不着的逻辑产品。软件开发小组的工作进展情况可见性差，难于评价和管理。为更好地进行管理，应根据软件开发的总目标及完成期限，尽量明确地规定开发小组的责任和产品验收标准，从而能够清楚地审查。

开发小组的人员应少而精。开发人员的素质和数量是影响软件质量和开发效率的重要因素，应该少而精。事实上，高素质开发人员的工作效率比低素质开发人员的工作效率要高几倍到几十倍，开发工作中犯的错误也要少得多。

不断改进开发过程。软件过程不只是软件开发的活动序列，还是软件开发的最佳实践。在软件过程管理中，首先要定义过程，然后合理地描述过程，进而建立企业过程库，并成为企业可以重用的资源。对于过程，要不断地进行改进，以不断地改善和规范过程，帮助提高企业的生产效率。

遵从上述七条基本原则，就能够较好地实现软件的工程化生产。但是，它们只是对现有的经验的总结和归纳，并不能保证赶上技术不断前进发展的步伐。因此，我们不仅要积极采纳新的软件开发技术，还要注意不断总结经验，收集进度和消耗等数据，进行出错类型和问题报告统计，评估新的软件技术的效果，指明必须着重注意的问题及应该采取的工具和技术。

1.5　软件工程开发方法学

在软件工程学科中，方法学用来表示一套涵盖整个软件生产过程的技术的集合。目前使用得较广泛的软件工程开发方法学，分别是结构化开发方法学和面向对象开发方法学。

1.5.1　结构化开发方法学

结构化开发方法学自 1968 年提出后，经过几十年的发展，形成了一套完整的规范。构成结构化开发方法学的技术包括结构化分析、结构化设计、结构化编程和结构化测试，这些技术在以数据为主或小型系统方面得到广泛应用。

结构化开发方法学采用结构化方法来完成软件开发的各项任务，并使用适当的软件工具或软件工程环境支持结构化方法的运用。结构化开发方法学把软件的生存周期依次划分为若干个阶段，然后顺序地完成每个阶段的任务，从对问题的抽象逻辑分析开始，一个阶段接一个阶段地进行开发，从而降低了整个软件开发工程的困难程度。

结构化开发方法学获得成功的原因是，结构化方法要么是面向行为的，要么是面向数据的，但没有既面向数据又面向行为的。软件的基本组成部分包括产品的行为和这些行为操作的数据。有些结构化方法，如数据流分析是面向行为的，这些方法集中处理产品的行为，数据则是次要的；反之，有些方法，如 JSP 系统开发技术是面向数据的，这些方法以数据结构为中心，在数据结构上操作的行为则是次要的。

随着软件产品规模的不断增大，结构化开发方法学有时不能满足要求。换句话说，结构化方法处理 50000 行以下代码是有效的。然而，当今的软件产品，50000 行或 5000000 甚至更多行代码的产品非常普遍。在结构化开发方法学中，软件维护的费用占到软件费用的 2/3。

1.5.2　面向对象开发方法学

面向对象开发方法学把数据和行为看成同等重要，即将对象视作一个封装了数据与操作的统一的软件组件。对象的概念符合业务或领域的客观实际，反映了实际存在的事物，也符合人们分析业务本质的习惯。

面向对象技术自 20 世纪 90 年代提出以来得到快速发展，并被应用在各种各样的软件开发中。面向对象技术将数据和数据上的操作封装在一起，对外封闭实现信息隐藏的目的。使用这个对象的用户只需要知道其暴露的方法，通过这些方法来完成各种各样的任务，完全不需要知道对象内部的细节，保证相对独立性。

面向对象方法的优势主要体现在维护阶段。相对于结构化方法，无论对象的内部细节如何变化，只要对象提供的接口（方法定义）保持不变，则整个软件产品的其他部分就不会受到影响，不需要了解对象内部的变化。因此，面向对象开发方法使维护更快、更容易，同时产生回归的机会也大大降低了。面向对象开发方法学使开发变得相对容易。大多数情况下，一个对象对应物理世界的一个事物。软件产品中的对象和现实世界的同等对应物之间的密切对应关系，促进了更优化的软件开发。对象是独立的实体，因此面向对象促进了复用，降低了开发维护的时间和费用。

目前，传统软件开发方法学是软件工程学发展的基础。广大软件工程师对这种范型比较熟悉，而且在开发某些类型的软件时也比较有效，因此，在相当长一段时期内，结构化开发方法学还会有生命力。此外，如果没有完全理解传统的结构化开发方法学，也就不能深入理解其与面向对象开发方法学的差别，以及面向对象开发方法学为何优于传统的结构化开发方法学。

在使用结构化开发方法学时，分析阶段和设计阶段过渡太快，而面向对象开发方法学是一种迭代地从一个阶段向另一个阶段过渡，比结构化开发方法学平滑得多，从而降低了开发过程中返工的概率。

1.5.3 重型软件工程与轻型软件工程

按照规则的多少和约束的强弱，可以大致地把软件开发方法学分为重型软件工程方法学和轻型软件工程方法学两种。重型软件工程方法学比较正规和严谨，在采用重型软件工程方法学的项目中，开发人员具有较强的可替换性，因为方法学本身强制要求开发者把他所创造的所有的制品（artifact）都记录在案（按照该方法学规定的格式），所以参与项目的新人能借助这些文档很快上手（前提是新人也熟悉这种方法学规定的格式），从而开发人员的变化（如跳槽）对项目的冲击也相对较小。

在传统的观念中，我们认为重型方法要比轻型方法安全许多。因为我们之所以想出重型方法，就是由于在中大型的项目中，项目经理往往远离代码，无法有效地了解目前的工程进度、质量、成本等因素。为了克服未知的恐惧感，项目经理制定了大量的中间管理方法，希望能够控制整个项目，最典型的莫过于要求开发人员频繁地递交各种表示项目目前状态的报告。

项目经理可能会比较偏爱这样的方法学，因为这样一来他们掌控的因素比较多，风险就比较小。当然，一些开发人员则不会喜欢这样的方法学，因为在采用重型软件工程方法学的项目中，他们难以感觉到自己的重要性，无法体现自己的价值。

重型软件工程方法学的一个弊端在于，大家都在防止错误，都在惧怕错误，要达到充分的沟通也是很难的。最终，连对个人的评价也变成以避免错误的多少作为考评的依据，而不是成就。

轻型软件工程方法学则具有相反的特质。在采用轻型软件工程方法学的项目中，记录在案的制品不多，交付的就是代码以及可以运行的产品，还有测试用例。大多数交流是口头的、非正式的，开发效率高，但也只存在项目成员的脑海中。如果成员从项目中离开，那么他脑海中的这些东西也随之带走。因为开发人员往往都希望自己具有不可替代的重要性，而且一般都觉得写程序比写文档有意义，因为不必把时间浪费于编写正规文档，所以开发人员一般都比较偏爱轻型软件工程方法学。

一般而言，大型项目采用重型软件工程方法学好一点，因为项目人手多、周期长，即便所有员工都很喜欢这个项目，但这么多人在这么长时间内一个都不跳槽或一个都不生病也是不太可能的；而小型项目往往采用轻型软件工程方法学好一点。

1.6 小结

软件是计算机系统中与硬件相对应的另一部分，是一系列程序、数据及其相关文档的集合。软件具有复杂性、一致性、退化性、易变性、移植性和高成本等特征。软件工程是由于软件危机的出现而被提出的，其主旨是以工程化的思想进行软件的开发与维护，目的是高效率地生产出高质量的软件。

软件工程化思想的核心是，把软件看作一个需要通过需求分析、设计、实现、测试、管理和维护的工程产品。软件工程的基本原理包括推迟实现、逐步求精、分解与抽象、信息隐蔽、质量保证等原理。软件工程的基本原则包括分阶段的软件开发、坚持进行阶段评审、实行严格的产品控制、采用先进的程序设计技术、明确责任、开发小组的人员应少而精和不断改进开发过程这 7 条原则。

目前使用得较广泛的软件工程开发方法学，分别是结构化开发方法学和面向对象开发方法学。结构化开发方法学采用数据与行为分开的原则，包括结构化分析、结构化设计、结构化编程、结构化测试等技术。面向对象开发方法学采用封装数据与行为的对象的原则，包括面向对象的分析、设计实现、测试和维护等过程。

习题

1. 什么是软件工程化思想？软件有哪些特征？
2. 通过资料分析伦敦救护车系统存在的问题。
3. 通过分析淘宝网的主要功能来说明现代商务系统平台的复杂性。
4. 软件工程的两大方法学分别是什么？它们有什么不同？
5. 软件工程的基本原理是什么？
6. 软件工程有哪些基本原则？
7. 请举例说明软件危机的存在。
8. 分解与抽象的关系是什么？

第 2 章

软件过程

2.1 引言

大型软件的开发一直是开发人员和机构所面临的严峻的挑战，特别是软件危机出现以后，人们为了解决软件危机提出了各种各样的方法。从技术方面入手，这些方法直接影响了系统分析的思想，结构化程序设计成为程序设计的主流。人们从管理方面入手，这些方法解决软件的一个核心问题，这就产生了软件工程的概念。

软件工程继续发展，人们开始关注软件工程的一个核心问题——软件过程。软件过程包括把用户需求转变成软件产品所需的所有活动。

有效的软件过程可以提高组织的生产能力。理解软件开发的基本原则，有利于团队做出更符合实际情况的决定，可以标准化软件开发的工作，并提高软件的可重用性和团队之间的协作。有效的软件过程可以改善开发人员对软件的维护工作，有效地管理需求变更等。

2.2 什么是软件过程

2.2.1 软件过程的定义

软件的诞生及其生命周期是一个过程，我们总体上称这个过程为软件过程。软件过程是为了开发出软件产品，或者是为了完成软件工程项目而需要完成的有关软件工程的活动，每一项活动又可以分为一系列的工程任务。任何一个软件开发组织，都可以规定自己的软件活动，所有这些活动共同构成了软件过程。

必须有科学、有效的软件过程才能获得高质量的软件产品。因此，科学、有效的软件过程应该定义一组适合于所承担的项目特点的任务集合。通常，一个任务集合包括一组软件工程任务、里程碑和应该交付的产品。事实上，软件过程是一个软件开发机构针对某一类软件产品为自己规定的工作步骤，它应当是科学的、合理的，否则必将影响软件产品的质量。

软件过程是一个为了构造高质量软件所需完成的一系列活动的过程框架，即形成软件产品的一系列步骤，包括中间产品、资源、角色及过程中采取的方法、工具等范畴。软件过程是指软件整个生存周期，从需求获取、需求分析、设计、实现、测试到发布和维护的一个过程模型。一个软件过程定义了软件开发中采用的方法，还包含该过程中应用的技术——技术方法和自动化工具。过程定义一个框架，为有效交付软件工程技术，这个框架必须创建。软件过程构成了软件项目管理控制的基础，并且创建了一个环境以便于技术方法的采用、工作产品（模型、文档、报告、表格等）的产生、里程碑的创建、质量的保证、正常变更的正确管理。

2.2.2 软件过程框架

过程的制度化需要过程框架的支持。框架是实现整个软件开发活动的基础，那些与过程有关的角色、职责的定义以及实现都离不开框架的支持。框架是一个十分重要的概念。通常，框架中的角色可以为过程活动的执行提供帮助与指导，并且为过程活动的实施与监控提供工具与渠道。

任何一个过程都应该包含两个方面的内容：一是组织及管理框架，这包括实现软件过程改进活动时所涉及的角色与职责；二是方法及工具框架，这包括实现过程活动自动化以及实现不同角色及其职责时所需的设备与工具。

对于软件过程，我们将软件过程框架定义为企业运行的基本框架，并且能对软件过程改进活动提供支持与帮助。

为了实现一个有效的软件过程环境，软件过程框架应当设置相应的角色与职责。这些角色和相应的职责还应涵盖软件过程中所有的关键领域。对于软件过程改进环境而言，一个有效的框架应包含两部分：一是组织、管理的角色和职责，二是技术环境。

软件过程框架定义了若干小的框架活动，为完整的软件开发过程建立了基础。软件过程框架还包括了一些适用于各个软件过程的普适性活动，主要包括：

- 沟通：软件相关共利益者之间大量的交流和协作。
- 计划：为软件开发工作制订计划。
- 建模：创建软件开发所涉及的各种模型和设计方案。
- 构建：编码和测试活动。
- 部署：将软件部署到运行环境中，并交付给用户。

《系统和软件工程　软件生存周期过程》（ISO/IEC 12207：2008）标准将一个系统的生存周期过程分为两大类：系统语境的过程和针对软件开发的过程。系统语境的过程类包括 4 个过程组，分别是协议过程组、项目过程组、技术过程组和组织上项目使能过程组。针对软件开发的过程类包括 3 个过程组，即软件实现过程组、软件支持过程组和软件复用过程组。这些过程组又分别包含一组过程和相关的一系列活动。表 2-1 给出了这些过程和活动以及任务数。

表 2-1　软件过程内容

过 程 组	过 程	活 动	任 务 数
协议过程组	获取过程	获取准备、合同公示、供应商选择、合同协商、协议监视、获取方接受、决算	25
	供应过程	机遇标识、供应方供给、合同协商、合同执行、产品 / 服务交付和支持、结束处理	27
合计	2	13	52
组织上项目使能过程组	生存周期模型管理过程	过程建立、过程评估、过程改进	6
	基础设施管理过程	过程实现、基础设施的建立、基础设施的维护	5
	项目包管理过程	项目初始化、项目包评估、项目结束处理	11
	人力资源管理过程	技能标识、技能开发、技能获取和供给、知识管理	18
	质量管理过程	质量管理、质量管理纠正措施	8

（续）

过 程 组	过 程	活 动	任 务 数
合计	5	15	48
项目过程组	项目规划过程	项目初始化、项目规划、项目启动	7
	项目评价过程	项目监视、项目控制、项目评估、项目结束处理	7
	决策管理过程	决策规划、决策分析、决策跟踪	7
	风险管理过程	风险管理规划、风险轮廓管理、风险分析、风险处置、风险监视、风险管理过程评估	23
	配置管理过程	配置管理规划、配置管理执行	4
	信息管理过程	信息管理规划、信息管理执行	11
	测量过程	测量规划、测量性能、测量评估	13
合计	7	23	72
技术过程组	利益攸关方需求定义过程	利益攸关方标识、需求标识、需求评估、需求协议、需求记录	12
	系统需求分析过程	需求规约、需求评估	2
	系统体系结构设计过程	体系结构建立、体系结构评估	2
	实现过程	软件实现过程实例	无
	系统集成过程	集成、测试准备	3
	系统测试过程	合格测试	4
	软件安装过程	软件安装	2
	软件接受支持过程	软件接受支持	3
	软件运行过程	运行准备、运行启动与检出、运行使用、客户支持、运行中问题解决	11
	软件维护过程	过程实现、问题与修改分析、修改实施、维护评审/接受、迁移	19
	软件销毁过程	软件销毁规划、软件销毁执行	6
合计	11	27	64
软件实现过程组	软件实现过程及其底层过程	软件实现策略	5
	软件需求分析过程	软件需求分析	3
	软件体系结构设计过程	软件体系结构设计	7
	软件详细设计过程	软件详细设计	8
	软件构造过程	软件构造	5
	软件集成过程	软件集成	6
	软件测试过程	软件合格测试	5
合计	7	7	39
软件支持过程	软件文档管理过程	过程实现、文档设计与开发、文档生产、维护	7

（续）

过 程 组	过 程	活 动	任 务 数
	软件配置管理过程	过程实现、配置标识、配置控制、配置状态统计、配置评估、发布管理与交付	6
	软件质量保证过程	过程实现、产品保障、过程保障、质量体系保障	16
	软件验证过程	过程实现、验证	11
	软件确认过程	过程实现、确认	10
	软件评审过程	过程实现、项目管理评审、技术评审	8
	软件审计过程	过程实现、软件审计	8
	软件问题解决过程	过程实现、问题解决	2
合计	8	25	68
软件复用过程组	领域工程过程	过程实现、领域分析、领域设计、资产供给、资产维护	23
	复用资产管理过程	过程实现、资产存储与检索定义、资产管理与控制	15
	复用程序管理过程	初始化、领域标识、复用评估、规划、执行与控制、评审和评估	24
合计	3	14	62
总计：7	43	124	405

2.3 软件产品与过程

软件过程提高了软件工程活动的稳定性、可控性和有组织性，过程受到严格的约束，保证软件活动有序进行。软件工程师和管理人员根据需要调整开发过程和遵循该过程。从技术的角度来看，软件过程注重软件开发中采用的方法。

从软件工程师的观点来看，产品就是过程定义的一系列活动和任务的结果，即要交付的软件。产品依赖过程，软件团队会根据产品的特征以及自身特点选择特定的软件过程来开发该产品。

首先，当产品比较复杂，开发周期比较长（一般持续一年及以上），开发成本比较高时，团队就要选择重型软件过程，如螺旋模型或者统一过程模型等。因为当软件比较复杂时，软件需要大量的文档记录软件的分析和设计结果，以便与客户、开发者之间进行交流，从而理解问题并达到一致。其次，当软件持续周期较长时，开发人员中途会退出，其结果也会完全通过文档被保留下来，以便于后来者能够阅读文档，快速理解问题和投入到开发中。最后，随着项目不断进展，复杂的软件产品一般都经过多次更改和演化，后面的结果跟当初的设想肯定存在很大的差异，只有通过文档和相关的管理过程来保存这些更改和变化，才能适应软件产品的进化。

当产品较为简单或需求比较稳定时，一般开发周期也比较短（3个月以内），开发人员也比较少（一般4～8人），这样的软件就可以采用轻型软件过程，如极限编程方法或者瀑布模型即可。

软件过程并不能保证软件按期交付，也不能保证软件满足客户需求。软件过程本身也

要进行评估，以确认满足了成功软件工程所必需的基本过程标准要求。软件过程评估作用
如图 2-1 所示。软件过程评估对现有的
过程进行评估，并引发过程改进和能力
与风险确定，以便完善软件过程。

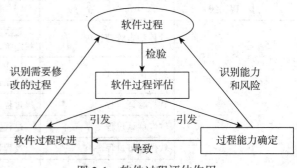

图 2-1　软件过程评估作用

常见的软件过程评估方法主要有以
下几种。

- 用于过程改进的标准 CMMI 评
  估方法 SCAMPI 提供了一个过
  程评估模型，包括启动、诊断、
  建立、执行和学习。SCAMPI
  方法采用了卡内基梅隆大学软
  件研究所的 CMMI 作为评估的依据。
- 用于团队内部过程改进的 CMM 评估方法 CBAIPI 提供了一种诊断方法，用以分析
  软件或软件团队的相对成熟度。CBAIPI 方法采用了卡内基梅隆大学软件研究所的
  CMM 作为评估的依据。
- SPICE 标准定义了软件过程评估的一系列要求，目的是帮助软件开发团队建立客观
  的评价体系，以评估定义的软件过程的有效性。
- 软件 ISO 9001：2000 标准是一个通用标准，该标准用于评估软件产品、系统或服务
  的整体质量。该标准可直接应用于软件团队和公司。ISO 9001：2000 标准采用"计
  划—实施—检查—行动"循环，将其应用于软件项目的质量管理环节。

随着软件工程知识的普及，软件工程师都知道，要开发高质量的软件，必须改进软件
生产的过程，包括个人软件过程（Personal Software Process，PSP）和团队软件过程（Team
Software Process，TSP）。

PSP 是一种可用于控制、管理和改进个人工作方式的自我持续改进过程，是一个包括软
件开发表格、指南和规程的结构化框架。PSP 与具体的技术（程序设计语言、工具或者设计
方法）相对独立，其原则能够应用到几乎任何的软件工程任务之中。CMM 侧重于软件企业
中有关软件过程的宏观管理，面向软件开发单位；PSP 则侧重于企业中有关软件过程的微观
优化，面向软件开发人员。二者互相支持，互相补充，缺一不可。

按照 PSP 规程，改进软件过程首先需要明确质量目标，也就是软件将要在功能和性能
上满足的要求和用户潜在的需求。其次是度量产品质量，对目标进行分解和度量，使软件质
量能够"测量"。然后是理解当前过程，查找问题，并对过程进行调整。最后应用调整后的
过程，度量实践结果，将结果与目标做比较，找出差距，分析原因，对软件过程进行持续
改进。

PSP 为个体的能力也提供了一个阶梯式的进化框架，以循序渐进的方法介绍过程的概
念，每一级别都包含了更低的级别中的所有元素，并增加了新的元素。这个进化框架是学习
PSP 过程基本概念的好方法，它赋予软件人员度量和分析工具，使其清楚地认识到自己的表
现和潜力，从而可以提高自己的技能和水平。

TSP 由美国卡内基梅隆大学软件工程研究所提供，可以帮助软件开发组织建立成熟和纪
律性的工程实践，生产安全和可信的软件。TSP 支持 CMM 中的 16 个关键过程域，在实际
应用中取得了良好的效果。实施 TSP，是改进软件过程的有效途径之一。团队软件过程为开
发软件产品的开发团队提供指导，TSP 的早期实践侧重于帮助开发团队改善其质量和生产率，
以使其更好地满足成本及进度的目标。TSP 被设计为满足 2 ～ 20 人规模的开发团队，大型
的多团队过程的 TSP 被设计为最多大约为 150 人的规模。

团队软件过程加上 PSP 帮助高绩效的工程师在一个团队中工作，以开发有质量保证的软件产品，生产安全的软件产品，改进组织中的过程管理。通过 TSP，一个组织能够建立起自我管理的团队来计划追踪他们的工作、建立目标，并拥有自己的过程和计划。这些团队可以是纯粹的软件开发团队，也可以是集成产品的团队，规模可以为 3 ～ 20 个工程师不等。TSP 团队在广泛领域里可能运用 XP、RUP 或其他方法。TSP 使具备 PSP 的工程人员组成的团队能够学习并取得成功。如果组织运用 TSP，它会帮助组织建立一套成熟、规范的工程实践，确保安全可靠的软件。

团队成员在 PSP 的训练中，了解使用 TSP 所需的知识和技能。这些训练包括如何制作详细的计划、收集和使用过程数据、制作挣值管理、跟踪项目进度、度量和管理产品质量以及定义和使用可操作的过程。

TSP 采用了循环递增的开发策略，整个软件生产过程由多个循环出现的开发周期组成，每个开发周期划分出若干个相对独立的阶段。每一次循环，都以启动阶段开始。在启动阶段，所有成员一起制定策略、过程和完成工作的计划。

2.4　软件生存周期

同任何事物类似，软件也有一个从生到死的过程，这个过程一般称为软件生存周期或生命周期（Software Development Life Cycle，SDLC）。一般地，软件生存周期可划分为定义、开发和运行 3 个时期，每个时期又细分为若干个阶段。把整个软件生存周期划分为若干阶段，使得每个阶段有明确的任务，使规模大、结构复杂和管理复杂的软件开发变得容易控制和管理。

通常，软件生存周期包括问题的定义与可行性分析、项目计划、需求分析、软件设计、编码与测试、运行与维护等阶段，每个阶段又包含一系列的活动，可以将这些活动以适当的方式分配到不同的阶段去完成。软件产品经历了从开始到结束的整个开发周期后，新一代产品将通过开发周期的重复而发展。即使开发阶段重复进行，它们也不一定与开发周期最初的那些阶段相同。

软件生存周期的基本理念是把开发过程中复杂的问题趋于简单化，从而有效地控制和管理的方法学。对软件开发过程的研究，实际就是对软件生存周期方法学的研究，所以，软件生存周期方法学是软件工程方法学的核心内容。

软件生存周期的 6 个阶段如下。

问题的定义与可行性分析。在此阶段，软件开发人员与客户进行沟通，确定软件的开发目标、范围、规模等，以及项目的可行性。

项目计划。项目计划阶段根据项目的问题、范围、规模制订初步的开发计划，包括人员组织、项目过程、项目预算投入、项目风险管理、进度安排等。

需求分析。在确定软件开发可行的情况下，对软件需要实现的各个功能进行详细分析。需求分析阶段是一个很重要的阶段，这一阶段做得好，将为整个软件开发项目的成功打下良好的基础。同样，需求也是在整个软件开发过程中不断变化和深入的，因此我们必须制订需求变更计划来应付这种变化，以保证整个项目的顺利进行。

软件设计。此阶段主要根据需求分析的结果，对整个软件系统进行设计，如系统框架结构设计、组件设计、数据库设计等。软件设计一般分为总体设计和详细设计。好的软件设计将为软件程序编写打下良好的基础。

编码与测试。此阶段是将软件设计的结果转换成计算机可运行的程序代码。在程序编码中必须要制定统一、符合标准的编写规范，以保证程序的可读性、易维护性，提高程序的运行效率。在软件设计完成后要经过严密的测试，以发现软件在整个设计过程中存在的问题并加以纠正。整个测试过程分单元测试、组装测试以及系统测试3个阶段进行。在测试过程中需要建立详细的测试计划并严格按照测试计划进行测试，以减少测试的随意性。

运行与维护。软件维护是软件生存周期中持续时间最长的阶段。在软件开发完成并投入使用后，由于多方面的原因，软件不能继续适应用户的要求。要延续软件的使用寿命，就必须对软件进行维护。

2.5　软件工程活动

在软件工程的概念被提出来之前，开发人员错误地认为，软件就是开发活动，或者极端地认为其就是编码，至于分析和设计等都是次要的。随着软件规模的不断增大，软件开发活动中暴露出很多问题。软件工程是为克服这些问题而被提出，并在实践中不断地探索它的原理、技术和方法。软件工程的工程化思想让开发人员看到，软件工程活动包括沟通活动、计划活动、建模活动、实现活动、部署活动、维护活动、管理活动、过程改进活动。

沟通活动

沟通活动是一切项目都需要的活动。当需要开发一个项目时，一方面，开发团队必然需要与客户进行交流和沟通，获得项目的需求；另一方面，开发团队内部也需要交流，以便对项目有一个统一的理解，从而开发出满足用户需要的产品。

沟通活动包括确定合适的客户、非正式沟通和正式沟通。确定合适的用户是指发现真正的使用开发产品的用户，只有使用该产品的用户才能说出他们真正的需要。沟通是一门艺术，需要经验和技巧。非正式沟通是与用户的第一次接触，还没有建立融洽的关系，难以进行长时间和深入交流，这时由于对问题的认识还比较肤浅，或者由于双方的领域不同，对问题的理解都存在一定的隔阂和难度，非正式沟通的目的是建立良好的关系和对问题有一个初步的了解。这种良好的关系增加双方的友谊，增强信任感，为后面的正式沟通铺平道路。非正式沟通应在一种轻松愉快的氛围当中进行，双方可以从感兴趣的问题入手，进而转到主题上来，理解项目所涉及的领域和初步要求等。正式沟通时，根据非正式沟通获得的基本需求和问题，双方确定讨论的主题或问题，开展深入的分析和讨论。一般，有一个主持人按照事先确定的议程，针对问题逐步地提问和解答，保证沟通高效进行，并形成初步的文档。正式沟通持续时间较长或分几次进行。

计划活动

计划活动包括项目计划和项目跟踪管理活动。

项目计划包括项目可用的资源、工作分解以及完成工作的进度安排。在项目执行期间，项目计划一般应该经常地修正，有些项目或部分可能会频繁地改变。通常要密切跟踪项目变动的部分，并及时反馈和调整。

项目计划一般随着项目的进展不断细化，这是由于项目初期各种计划都是比较粗略的，无法做到较为详细的计划。随着项目的进展，一些要素和过程逐渐明确，因而项目的计划需要详细设计。

由于项目实际运转与计划总是有偏差的，因此项目跟踪管理就是监控项目运转过程出现的误差，及时调整项目计划，使得项目沿着正确的方向进行。

建模活动

建模是对事物的抽象，抓住问题的本质，并进行必要的描述。由于软件产品是逻辑的，是大脑的逻辑想象，是看不见、摸不着的复杂事物，因此对软件产品的建模是必不可少的。

建模活动是对软件本质的抽象，并建立完整的模型描述文档。模型是问题的某个方面的抽象。例如，需求建模就是抽象出软件的根本需求，包括数据需求、功能需求和环境需求等，可以通过实体关系模型、数据流模型和状态模型来抽象和描述。建模在软件工程活动中是普遍的现象。软件工程方法学提供许多的软件建模活动和相关的模型。我们在后续的章节会学到许多的模型。

软件建模主要包括软件过程建模和软件本身建模两大类。软件过程建模指对软件开发的过程进行建模，目的是对复杂的开发过程进行抽象，理解不同开发过程的本质特征，从而指导开发团队根据软件项目选择合适的开发过程。软件自身模型是对软件本身进行建模，从不同的方面抽象出软件的本质问题，进而给出合理的解决方案。

建模活动包括构建模型和模型的描述。构建模型指根据软件的复杂程度从不同的方面建立软件的模型，目的是理解系统。构建模型可以采用分解与抽象的方法进行。模型的描述是对构建的模型进行统一的表示，以便在开发人员之间进行交流和约定。有许多的工具支持开发人员进行高效建模。

实现活动

实现活动就是软件的构造活动，也就是我们常说的编码。实现活动根据软件的设计编写软件的代码，经过相应的测试后交付运行。

实现活动一般包括代码编写、测试与调试、重构和运行等。代码编写就是根据设计文档和代码规范将设计转换成代码的过程。开发人员要对程序语言和环境有一定的经验，理解语言的特性，编写简洁明了的代码。测试与调试指对代码进行单元测试和集成测试，并对存在的问题进行修改和回归测试等。重构活动是对能够运行的代码进行优化，使得代码的结构层次清晰，便于理解和修改，并在清晰的前提下提高代码的效率，支持代码的重用。

部署活动

一般，复杂的软件需要部署在不同的硬件环境中。部署活动就是建立系统运行的环境，确定硬件结点之间的连接关系、结点的配置，以及分配代码组件在不同的结点上。例如，一个基于 Web 的图书馆系统，需要部署 Web 服务器、应用服务器和数据库服务器的配置，建立它们之间的连接协议和带宽要求，然后部署图书馆系统的代码到不同的服务器上。

维护活动

软件开发完成交付用户使用后，就进入软件的运行和维护阶段。软件维护是指软件系统交付使用以后，为了改正软件运行错误，或者因满足新的需求而加入新功能的修改软件的过程。软件维护就是在软件交付运行后，保证软件正常运行、适应新变化等需要而进行的一系列修改活动。软件维护的主要工作是在软件运行和维护阶段对软件产品进行必要的调整和修改。

软件维护是持续时间最长、工作量最大的一项不可避免的过程。软件维护的基本目标和任务是改正错误、增加功能、提高质量、优化软件、延长软件寿命，以及提高软件产品价值。

管理活动

当今的软件开发活动是一个非常复杂的过程。项目涉及几十、几百甚至几千的人员，项目周期少则几个月，多则几年，项目费用越来越高，因此，这样的项目就需要很好地管理活动。

著名的项目管理专家 James P.lewis 指出，项目是一次性的、多任务的工作，具有明确的开始日期和结束日期、特定的工作范围、预算和要达到的特定性能水平。因而，项目涉及预期的目标、费用、进度和工作范围 4 个要素。

软件项目管理活动就是如何管理好项目的范围、进度、成本等。为此需要制订一个好的项目计划，然后跟踪与控制好这个计划。实际上，要做到项目计划切合实际是一个非常高的要求，需要对项目进行详细的需求分析，制订合理的计划，安排好进度、资源调配、经费使用等，并不断地跟踪和调整。为了降低风险，要进行必要的风险分析与制订风险管理计划等。

过程改进活动

要完成一个软件项目，项目经理需要完全了解项目的过程，确定项目需要哪几个步骤，每个步骤要完成什么事情，需要哪些资源和技术，等等。如果将项目的关注点放在项目的开发过程，无论哪个团队来做，都采用统一的开发过程，产品的质量是一样的。团队还可以通过不断改进过程来提高产品的质量。这个过程体现了团队的整体能力，而不依赖于个人能力。

软件过程不只是软件开发的活动序列，而是软件开发的最佳实践，包括流程、技术、产品、关系、角色和工具等。在软件过程管理中，首先要定义过程，然后合理地描述过程，进而建立企业过程库，并成为企业可以重用的资源。同时，也要不断地改善和规范过程，帮助企业提高生产效率。

软件过程改进是极其复杂的。必须不断总结过去做过的项目的过程经验，形成有形的过程描述，并不断地完善和在以后的项目中重复利用。

过程管理活动的主要内容是过程定义和过程改进。过程定义是对最佳实践加以总结，形成一套稳定的、可重复的软件过程。过程改进是根据实践中对过程的使用存在的偏差或不切实际的地方进行优化的活动。通过实施过程管理活动，软件开发团队可以逐步提高其软件过程能力，从根本上提高软件生产效率。

2.6　小结

开发软件产品或构建系统时，遵循一系列可预测的过程活动是非常必要的，有助于及时交付高质量的产品，这些过程活动称为软件过程。大多数软件开发过程都有一个共同的软件过程框架，即沟通、策划、建模、构建和部署的过程。每个过程有包含一系列小的任务或活动。

软件过程模型的选择取决于软件的特性和开发团队的特性。对于开发大型复杂的软件，建议采用重型软件过程模型，如螺旋模型、统一过程模型等；对于需求稳定或简单的软件，建议采用轻型软件过程模型，如极限编程、瀑布模型等。软件过程分为个人软件过程（PSP）和团队软件过程（TSP）。个人软件过程强调对软件产品或产品质量的个人测量，代表的是一种严格有序的、基于度量的软件工程方法。团队软件过程的目标是建立一个能够自我管理的项目团队，团队能够自我组织，进行高质量的软件开发。

软件工程活动包括沟通活动、计划活动、建模活动、构造活动、部署活动、维护活动、管理活动和过程改进活动。

习题

1. 什么是软件过程？请说出一些常见的软件过程框架。
2. 什么是个人软件过程？它的主要特点是什么？
3. 什么是团队软件过程？它的主要特点是什么？
4. 软件工程有哪些活动？它们之间是什么关系？
5. 什么是软件生存周期？它分为几个阶段？

第 3 章

软件过程模型

3.1 引言

软件是逻辑的和复杂的，完全依靠开发者的智力思维活动。软件开发过程涉及人员的有效组织与管理，以充分发挥开发人员的能动性。因而，软件开发过程是非常复杂的。然而，软件开发过程中的各种活动具有一般性的规律，可以对软件开发过程进行定量度量和优化，人们总结了这些规律，提出了软件过程模型。

软件过程是整个软件生存周期中一系列有序的软件生产活动的流程。软件过程模型是一种开发策略，该策略对软件工程的各个阶段提供了一套范型，使工程的进展达到预期的目的。

对于一个软件，无论其开发规模大小，我们都需要选择一个合适的软件过程模型，这种选择基于项目和应用的性质、采用的方法、需要的控制，以及要交付的产品的特点。选择一个错误的过程模型，将会使我们的开发方向迷失。

3.2 什么是软件过程模型

为了能高效地开发一个高质量的软件产品，通常把软件生存周期中各项开发活动的流程用一个合理的框架——开发模型来规范描述，这就是软件过程模型，或者称为软件生存周期模型。所以，软件过程模型是一种软件过程的抽象表示法，"建模"是软件过程中常使用的技术手段之一。

软件过程模型是从一个特定的角度表现一个过程，一般使用直观的图形来表示软件开发的复杂过程。软件过程模型主要根据软件的类型、规模，特别是软件的开发方法、开发环境等多种因素确立。

几十年来，软件工程领域先后出现了多种不同的软件过程模型，典型的代表是瀑布模型、增量模型、螺旋模型和面向对象模型等。它们各具特色，分别适用于不同特征的软件项目的开发应用。

3.3 传统的软件过程模型

3.3.1 瀑布模型

在 20 世纪 80 年代之前，瀑布模型是最早也是应用最广泛的软件过程模型，现在它仍然是软件工程中应用得最广泛的过程模型。瀑布模型提供了软件开发的基本框架，其过程是接收上一项活动的工作结果作为输入，然后实施该项活动应完成的工作，并将该项活动的工作结果作为输出传给下一项活动。同时，在开始下一个阶段的活动之前需要评审该项活动的实施，若确认，则继续下一项活动；否则返回前面，甚至更前面的活动。

瀑布模型将软件生存周期划分为软件计划、需求分析、软件设计、软件实现、软件测试、运行与维护这 6 个阶段，规定了它们自上而下、相互衔接的固定次序，如同瀑布流水逐级下落。

从本质来讲瀑布模型是一个软件开发架构，开发过程是通过一系列阶段顺序展开的，从系统需求分析开始直到产品发布及维护，每个阶段都会产生循环反馈，因此，如果有信息未被覆盖或者发现了问题，那么最好"返回"上一个阶段并进行适当的修改，开发进程从一个阶段"流动"到下一个阶段，这也是"瀑布"模型名称的由来。瀑布模型的软件过程如图 3-1 所示。

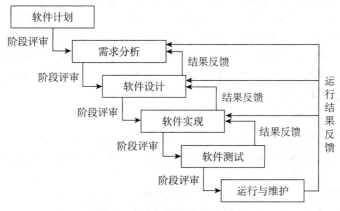

图 3-1　瀑布模型的软件过程

瀑布模型各个阶段产生的文档是维护软件产品必不可少的，没有文档的软件几乎是不可能维护的。瀑布模型中的文档约束，使软件维护变得更加容易。由于绝大部分软件预算都花费在软件维护上，因此，使软件易于维护就能显著降低软件预算。按照传统的瀑布模型开发软件，有下述的几个特点。

顺序性和依赖性。瀑布模型的各个阶段之间存在着这样的关系：后一阶段的工作必须等前一阶段的工作完成之后才能开始。前一阶段的输出文档就是后一阶段的输入文档，因此，只有前一阶段的输出文档正确，后一阶段的工作才能获得正确的结果。

推迟实现。对于规模较大的软件项目来说，往往编码开始得越早，最终完成开发工作所需要的时间反而越长。主要原因是前面阶段的工作没做或做得不到位，过早地进行下一阶段的工作，往往导致大量返工，有时甚至发生无法弥补的问题，带来灾难性后果。瀑布模型在编码之前设置了系统分析与系统设计的各个阶段，分析与设计阶段的基本任务规定，在这两个阶段主要考虑目标系统的逻辑模型，不涉及软件的编程实现。清楚地区分逻辑设计与物理设计，尽可能推迟程序的编程实现，是按照瀑布模型开发软件的一条重要的指导思想。

质量保证。为保证软件的质量，瀑布模型的每个阶段都应完成规定的文档，只有交出合格的文档才算完成该阶段的任务。完整、准确的合格文档不仅是软件开发时期各类人员之间相互通信的媒介，也是运行时期对软件进行维护的重要依据。其次，在每个阶段结束前都要对所完成的文档进行评审，以便尽早发现问题、改正错误。事实上，越是早期阶段犯下的错误，暴露出来的时间就越晚，排除故障、改正错误所需付出的代价也越高。

瀑布模型着重强调文档的作用，并要求每个阶段都要仔细验证。但这种模型的线性过程太理想化，已不再适合现代化软件开发的模式，其主要问题在于：

- 各个阶段的划分完全固定，阶段之间产生大量的文档，极大地增加了工作量。事实证明，一旦一个用户开始使用一个软件，在他的头脑中关于该软件应该做什么的想法就会或多或少地发生变化，这就使得最初提出的需求变得不完全适用了。
- 由于开发模型是线性的，用户只有等到整个过程的末期才能见到开发成果，从而增加了开发的风险；客户要等到开发周期的晚期才能看到程序运行的测试版本，而在这时发现大的错误时，其后果可能是灾难性的；实际的项目大部分情况难以按照该模型给出的顺序进行，而且这种模型的迭代是间接的，这很容易由微小的变化造成大的混乱。

3.3.2　增量模型

增量模型（incremental model）也称为渐增模型，是在项目的开发过程中以一系列的增量方式开发系统。在增量模型中，软件被作为一系列的增量构件来设计、实现、集成和测试，每一个构件由多种相互作用的模块所形成的提供特定功能的代码片段构成。

增量方式包括增量开发和增量提交。增量开发是指在项目开发周期内，在一定的时间间隔内开发部分工作软件；增量提交是指在项目开发周期内，在一定的时间间隔内以增量方式向用户提交工作软件和文档。

总体开发与增量构造模型

它在瀑布模型基础上，对一些阶段进行整体开发，如分析与设计阶段，对另一些阶段进行增量开发，如编码和测试阶段。前面的分析与设计阶段按瀑布模型进行整体开发，后面的编码与测试阶段按增量方式开发。

总体开发与增量构造模型融合了瀑布模型的基本成分和原型实现模型的迭代特征，采用随时间的进展而交错的线性序列，每一个线性序列产生软件的一个可发布的"增量"，如图 3-2 所示。

当使用增量模型时，第一个增量往往是核心的产品，即第一个增量实现了基本的需求，但很多补充的特征还没有发布。客户对每一个增量的使用和评估作为下一个增量发布的新特征和功能，这个过程在每一个增量发布后不断重复，直到产生最终的完善产品。

总体开发与增量构造模型强调每一个增量均发布一个可操作的产品。

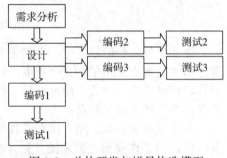

图 3-2　总体开发与增量构造模型

增量开发与增量提交模型

它在瀑布模型的基础上，所有阶段都进行增量开发，也就是说不仅是增量开发，也是增量提交。这种模型融合了线性顺序模型的基本成分和原型实现模型的迭代特征。

增量开发与增量提交模型采用随着日程时间的进展而交错的线性序列。每一个线性序列产生软件的一个可发布的"增量"。当使用演化增量提交模型时，第一个增量往往是核心的产品，也就是说第一个增量实现了基本的需求，但很多补充的特征还没有发布。客户对每一个增量的使用和评估，都作为下一个增量发布的新特征和功能。这个过程在每一个增量发布后不断重复，直到产生最终的完善产品。增量开发与增量提交模型强调每一个增量均要发布一个可运行的产品。

增量模型在各个阶段并不交付一个可运行的完整产品，而是交付满足客户需求的可运行产品的一个子集。整个产品被分解成若干个构件，开发人员逐个交付产品，这样软件开发可以很好地适应变化，客户可以不断地看到所开发的软件，从而降低开发风险。但是，增量模型也存在以下缺陷：

- 各个构件是逐渐并入已有的软件体系结构中的，所以加入构件必须不破坏已构造好的系统部分，这需要软件具备开放式的体系结构。
- 在实际的软件开发过程中，需求的变化是不可避免的。增量模型的灵活性可以使其适应这种变化的能力大大优于瀑布模型，但也很容易退化为边做边改模型，从而使软件过程的控制失去整体性。

3.3.3 螺旋模型

螺旋模型（spiral model）是由 Barry Boehm 正式提出的模型，它将瀑布模型和快速原型模型结合起来，不仅体现了两个模型的优点，而且还强调了其他模型均忽略的风险分析，特别适合于大型复杂的系统。

螺旋模型的每一个周期都包括需求定义、风险分析、工程实现和评审 4 个阶段，由这 4 个阶段进行迭代。软件开发过程每迭代一次，软件开发又前进一个层次。螺旋模型的软件过程如图 3-3 所示。

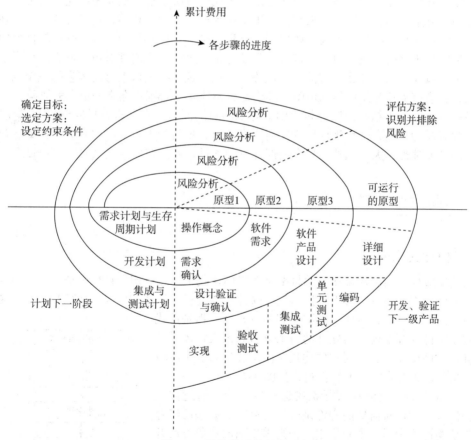

图 3-3　螺旋模型的软件过程

螺旋模型在"瀑布模型"的每一个开发阶段前引入一个非常严格的风险识别、风险分析和风险控制，它把软件项目分解成一个个小项目。每个小项目都标识一个或多个主要风险，直到所有的主要风险因素都被确定。该模型沿着螺旋线进行若干次迭代，图 3-3 中的 4 个象限分别代表了以下活动：
- 制订计划：确定软件目标，选定实施方案，确定项目开发的限制条件。
- 风险分析：评估所选方案，考虑如何识别和消除风险。
- 实施工程：实施软件开发和验证。
- 客户评估：评价开发工作，提出修正建议，制订下一步计划。

螺旋模型有许多优点：
- 对可选方案和约束条件的强调有利于已有软件的重用，也有助于把软件质量作为软件开发的一个重要目标。
- 减少了过多测试（浪费资金）或测试不足（产品故障多）所带来的风险。
- 在螺旋模型中维护只是模型的另一个周期，在维护和开发之间并没有本质区别。
- 与瀑布模型相比，螺旋模型支持用户需求的动态变化，为用户参与软件开发的所有关键决策提供了方便，有助于提高目标软件的适应能力，为项目管理人员及时调整管理决策提供了便利，从而降低了软件开发风险。

螺旋模型由风险驱动，强调可选方案和约束条件从而支持软件的重用，帮助我们将软件质量作为特殊目标融入产品开发之中。但螺旋模型也有一定的限制条件：螺旋模型强调风险分析，使得开发人员和用户对每个演化层出现的风险有所了解，继而做出应有的反应，因此特别适用于复杂并具有高风险的系统。对于这些系统，风险是软件开发不可忽视且潜在的不利因素，它可能在不同程度上损害软件开发过程，影响软件产品的质量。减小软件风险的目标是在造成危害之前，及时对风险进行识别及分析，决定采取何种对策，进而减少或消除风险的损害。风险驱动是螺旋模型的主要优势，但在一定情况下这也可能是它的一个弱点。软件开发人员应该擅长寻找可能的风险，准确地分析风险，否则将会带来更大的风险。

另一方面，如果执行风险分析将明显影响项目的利润，那么进行风险分析就需要慎重，因此，螺旋模型只适合于大规模软件项目。事实上，项目越大，风险也越大，因此，进行风险分析的必要性也越大。此外，只有内部开发的项目，才能在风险过大时中止项目。

3.4   面向对象模型

3.4.1   构件集成模型

构件集成模型利用模块化方法将整个系统模块化，并在一定构件模型的支持下重用构件库中的软件构件，通过组合手段提高应用软件系统过程的效率和质量。构建集成模型融合了螺旋模型的许多特征，本质上是演化型的，开发过程是迭代的。基于构件的开发模型由软件的需求分析和定义、体系结构设计、构件库建立、应用软件构建及测试和发布 5 个阶段组成。采用这种开发模型的软件过程如图 3-4 所示。

基于构件的开发活动从标识候选构件开始，通过搜查已有构件库，确认所需要的构件是否已经存在。如果已经存在，则从构件库中提取出来重用，否则采用面向对象方法开发它。之后利用提取出来的构件通过语法和语义检查后将这些构件通过胶合代码组装到一起实现系统，这个过程是迭代的。基于构件的开发方法使得软件开发不再一切从头开发，开发的过程就是构件组装的过程，维护的过程就是构件

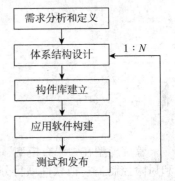

图 3-4   构件集成模型的软件过程

升级、替换和扩充的过程。其优点是构件集成模型导致了软件的重用，提高了软件开发的效率。

由于采用自定义的组装结构标准，缺乏通用的组装结构标准，这样就引入了比较大的风险。可重用性和软件高效性不容易协调，这就需要比较有开发经验的开发人员，而一般的开发人员很难开发出令客户满意的软件。由于过分依赖于构件，所以构件库的质量影响着产品质量。

构件集成模型融合了螺旋模型的很多特征，支持软件开发的迭代方法。这种面向重用的过程模型，最明显的优势是减少了需要开发的软件数量，加快了软件交付，从而降低了开发成本，同时降低了开发风险。当然，它的成功主要是依赖与可以存取的可重用软件构件，以及能集成这些软件构件的框架。

3.4.2 统一过程模型

统一过程模型（Unified Process，UP）是风险驱动的、基于用例技术的、以架构为中心的、迭代的、可配置的软件开发流程。UP 是一个面向对象且基于网络的程序开发方法论。根据 Rational Rose 和统一建模语言的开发者的说法，它可以为所有方面和层次的程序开发提供指导方针、模板以及用例支持。

统一过程模型是一个软件开发过程，是一个通用的过程框架，可以用于各类软件系统和应用领域。统一过程模型是在重复一系列组成系统生存周期的循环。每一次循环包括 4 个阶段：初始、细化、构造和移交，每个阶段又进一步细分为多次迭代的过程，如图 3-5 所示。每次循环迭代会产生一个新的版本，每个版本都是一个准备交付的产品。

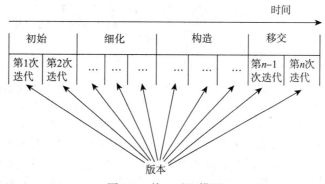

图 3-5 统一过程模型

初始阶段。在初始阶段将一个好的想法发展为最终产品的一个构想，提出了该产品的业务实例。该阶段要完成：系统向它的每个重要用户提供的基本功能是什么？该系统的逻辑架构大概是什么样子？开发该产品的计划如何？开销多大？在该阶段主要建立关键用例的简化用例模型，用于刻画系统主要功能。架构是实验性的，通常包括主要子系统的大致轮廓。要确定最主要的风险及其优先次序，对细化阶段进行详细规划，并对项目进行粗略估算。

细化阶段。在细化阶段，详细说明该系统的绝大多数用例，并设计出系统的架构。架构可以表示为系统中所有模型的不同视图，合起来表示整个系统，即架构包括用例模型、分析模型、设计模型、实现模型和实施模型的视图。在细化阶段末期，要规划完成项目的活动，估算完成项目所需的资源。关键问题是用例、架构和计划是否足够稳定、可靠，风险是否得到控制，以便按照合同的规定完成整个开发任务。该阶段的结果是架构基线。

构造阶段。构造阶段将构造出最终产品——软件。在该阶段，架构基线逐步发展成为完善的系统，将消除所需要的大部分资源，架构可以进行微调，但系统架构是稳定、可靠的。要回答的问题是早期交付给客户的产品是否完全满足用户的需求。

移交阶段。移交阶段包括产品进入分析后期的整个阶段，用户使用分析法发现产品的缺陷和不足，开发人员改正问题及完善系统形成更通用的版本。该阶段包括诸如制作、用户培训、提供在线支持以及改正交付之后发现的缺陷活动。

统一过程模型在定义 4 个阶段及其迭代过程时，又给出了 5 个核心工作流：需求、分析、设计、实现和测试。每个工作流在各个阶段所处的地位和工作不同。图 3-6 给出了统一过程模型的核心工作流。

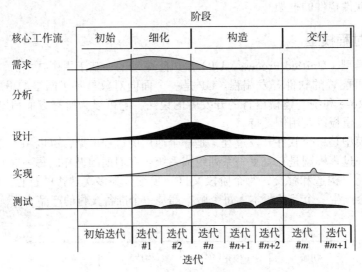

图 3-6   核心工作流

需求。需求工作流的目的是致力于开发正确的系统。需求工作流要求足够详细地描述系统需求，使客户和开发人员在系统应该做什么、不应该做什么方面达到共识。

分析。分析工作流的目的是更精确地理解需求，也是为了得到一个易于维护且有助于确定系统结构的需求描述。与需求工作流相比，分析工作流可以使用开发人员的语言来描述和组织。需求捕获阶段的需求，探究系统内部，解决用例间的干扰以及类似的问题。分析得到的需求结构可用做构造整个系统的基本输入。分析工作流使用分析模型表达系统的本质。

设计。设计工作流的目的是深入理解与非功能性需求和约束相联系的编程语言、构件使用、操作系统、分布与并发技术、数据库技术、用户界面技术和事务管理技术等相关问题。设计工作流把实现工作划分成更易于管理的各个部分，捕获早期子系统之间的主要接口，建立对系统实行的无缝抽象。

实现。实现工作流探讨如何用源代码、脚本、二进制代码、可执行体等构件来实现系统。实现工作流的目的是规划每次迭代中所要求的系统集成，通过把可执行构件映射到实施模型中的结点的方式来分布系统，实现设计过程中发现的设计类和子系统，对构件进行单元测试。

测试。测试工作流通过测试每一个构造来验证实现的结构。测试工作流的目的是规划每一次迭代需要的测试工作，包括集成测试和系统测试。设计和实现测试，执行各种测试并系统地处理每个测试的结果。

统一过程模型也存在一些缺点：统一过程模型只是一个开发过程，并没有涵盖软件过程的全部内容，如它在软件运行和支持等方面的内容略有不足。此外，它不支持多项目的开发结构，这在一定程度上降低了在开发组织内大范围实现重用的可能性。统一过程模型是一个非常好的开端，但并不完美，在实际的应用中可以根据需要对其进行改进，并可以用其他软件过程的相关模型对统一过程模型进行补充和完善。

3.5　小结

软件过程模型是对软件开发的复杂过程的抽象描述，建立各种各样的过程模型，如早期的瀑布模型、螺旋模型、增量模型，以及后来发展流行的统一过程模型等。软件过程模型是在软件生存周期模型的基础发展起来的。

瀑布模型是最早的软件过程模型，也是应用比较广泛的模型之一，其是对软件生存周期模型的概括，将软件划分为 6 个阶段并严格进行。瀑布模型是一种文档驱动的模型，通过文档审查保证软件的质量。瀑布模型适合需求稳定的中小型项目。

增量模型是将一个大型项目分解成一个个的增量来进行开发的模型，分为增量构造模型和增量提交模型两种。二者的区别是，增量构造模型是总体分析与设计，然后增量构造每一个小的增量；增量提交模型是对每一个增量采用瀑布模型进行分析设计与构造。增量模型降低了软件开发的风险，缩短了软件响应市场的时间。

螺旋模型是一种风险驱动的模型，其是瀑布模型、原型模型的结合和强调风险管理的循环开发模型。螺旋模型适合于中大规模或者风险较大的项目。

构件集成模型是一种能够快速集成已有的成熟的构件进行快速软件开发的模型，大大提高响应市场的速度。随着软件构件技术的成熟和第三方提供的大量构件，这种模型得到一些公司的青睐。

统一过程模型是一种面向对象的软件开发模型，是风险驱动的、基于用例技术的、以架构为中心的、迭代的、可配置的软件开发流程，包括初始、细化、构造和移交 4 个阶段，每个阶段包含需求、分析、设计、实现和测试 5 个核心工作流。统一过程模型作为近年来发展起来的软件过程模型，已经得到了软件业的广泛喜爱和使用。

习题

1. 什么是软件过程模型？请说说一些常见的软件过程模型的特点。
2. 什么是瀑布模型？它的主要特点是什么？
5. 螺旋模型有什么特征？并说明它的优缺点。
6. 统一过程模型的有哪几个阶段？每个阶段的任务是什么？统一过程模型有哪些核心工作流？它们与传统的生存周期阶段有什么区别？
7. 请简述构件集成模型的优点。
8. 请说明选择软件过程模型的依据。

第 4 章

敏捷软件开发方法

4.1 引言

在传统的软件开发方法中，工作人员努力构建客户想要的产品。他们花费大量的时间努力从客户那里获取需求，并针对需求进行分析和建模，并且归纳成说明书；然后评审说明书，与客户开会讨论，最后签字。从表面上看，他们开发的产品是符合客户要求的，但通常事与愿违。在项目快要结束的时候，需求和范围、产品的适用性成为争论的焦点。

敏捷方法告诉我们开发项目是一个学习的体验。没有谁能完全理解所有需求之后才开始项目，即使是客户也一样。客户一开始有一些主意，但是他们也在项目的进展过程中更加了解自己的需要。同样地，开发人员在一开始学习到他们能知道的东西，但是他们需要继续通过项目来学习更多的东西。没有人完全清楚会构建出什么，直到项目结束。因为每个人都在通过项目学习，敏捷方法改变了软件开发过程，需要开发人员和客户持续学习，能够培养每个人的学习能力。

4.2 敏捷软件开发过程

4.2.1 敏捷过程

敏捷不是一个过程，是一类过程的统称，它们有一个共性，就是符合敏捷价值观，遵循敏捷的原则。敏捷就是"快"，要快就要更多地发挥个人的个性思维。个性思维的增多，虽然能够通过结对编程、代码共有、团队替补等方式减少个人对软件的影响力，但也会造成软件开发继承性的下降，因此敏捷开发是一个新的思路，但不是软件开发的终极选择。对于长时间、人数众多的大型软件应用的开发，文档的管理与衔接作用还是不可替代的。如何把敏捷的开发思路与传统的"流水线工厂式"管理有机地结合，是软件开发组织者面临的新课题。

敏捷方法的两大主要特征是对"适应性"的强调与对"人"的关注。经典的软件工程方法借鉴了工程学领域的实践，强调前期的设计与规划，并尝试在很长的时间跨度内为一个软件开发项目指定严格而详尽的计划，然后交由具备普通技能的人群分阶段依次达成目标。

敏捷过程强调对变化的快速响应能力，通过引入迭代式的开发手段，较好地解决了如何应对变化的问题。这里要说明的是，"迭代"并非一个新概念，以迭代为特征的开发方法由来已久。例如，螺旋模型便是一种具备鲜明迭代特征的软件开发模式。

敏捷过程将整个软件生存周期分解为若干个小的迭代周期，通过在每个迭代周期结束时交付阶段性成果来获取切实有效的客户反馈。其目的是希望通过建立及时的反馈机制，来应对随时可能的需求变更，并做出响应的调整，从而增强我们对软件项目的控制能力。所以，敏捷过程对变化的环境具有更好的适应能力。相比于经典软件开发过程的计划性特征，敏捷过程在适应性上具有更大的优势。例如，作为敏捷过程典型代表的极限编程，迭代开发是其核心之一。

经典的软件工程方法旨在定义一套完整的过程规范，使软件开发的运作就像设备的运转，人在其中像是可以更换的零件，不论谁参与其中，该设备都能完好地运转，因此它是面向过程的。这种做法对于许多软件公司来说是一件好事。因为这意味着，开发进度是可预见的，流程的方法能固化与可重用，节省人力成本，人员的流动不会对软件开发构成影响。敏捷过程也非常强调人的作用，没有任何过程方法能够代替开发团队中的人员成本，因为实施过程方法的主体便是人；而过程方法在其中所起的作用，则是为开发团队的工作提供辅助支持。

4.2.2 敏捷开发原则

敏捷开发提出了 12 条原则：

（1）我们最优先要做的是通过尽早地、持续地交付有价值的软件来使客户满意。

（2）即使到了开发的后期，也欢迎改变需求。敏捷过程利用变化来为客户创造竞争优势。

（3）经常性地交付可以工作的软件，交付的间隔可以从几个星期到几个月，交付的时间间隔越短越好。

（4）在整个项目开发期间，业务人员和开发人员必须天天都在一起工作。

（5）围绕被激励起来的个体来构建项目，给他们提供所需的环境和支持，并且信任他们能够完成工作。

（6）在团队内部，最具有效果并富有效率的传递信息的方法是面对面的交谈。

（7）工作的软件是首要的进度度量标准。

（8）敏捷过程提倡可持续的开发速度。责任人、开发者和用户应该能够保持一个长期的、恒定的开发速度。

（9）不断地关注优秀的技能和好的设计会增强敏捷能力。

（10）简单是最根本的。

（11）最好的构架、需求和设计出于自组织团队。

（12）每隔一定时间，团队会在如何才能更有效地工作方面进行反省，然后相应地对自己的行为进行调整。

敏捷开发是针对强调过程控制中没有解决的问题而提出来的。针对一些重型过程方法中重过程、轻人文的缺点，敏捷开发提出了把软件开发的模式从以"过程"为重心转到以"人"为重点的方向上来。软件是人开发出来的，而开发人员的执行过程不可能像计算机执行软件一样严格，开发过程也不可能被非常详细地计划出来。试图把开发过程进行详细分解、计划和跟踪，无论在技术上还是在成本上都有难度。敏捷开发正是基于此提出了一套轻量级的方法。该方法一经提出，就得到很多软件界人士的欢迎。但是，敏捷开发对开发人员的技能、职业素养、开发团队的文化氛围都有较高的要求。

4.3 Scrum 开发过程

4.3.1 Scrum 的特点

Scrum 是一种迭代式增量软件开发过程，通常用于敏捷软件开发，是在最近的几年内逐渐流行起来的。Scrum 的基本假设：开发软件就像开发新产品，无法一开始就能定义软件产品最终的方案，过程中需要研发、创意、尝试错误，所以没有一种固定的流程可以保证方案成功。Scrum 将软件开发团队比拟成橄榄球队，有明确的最高目标，熟悉开发流程中所需具备的最佳典范与技术，具有高度自主权，紧密地沟通合作，以高度弹性解决各种挑战，确保每天、每个阶段都朝向目标有明确的推进。

Scrum 开发流程通常以 30 天（或者更短的一段时间）为一个阶段，由客户提供新产品的需求规格开始，开发团队与客户在每一个阶段开始时挑选该完成的规格部分，开发团队必须尽力于 30 天后交付成果，团队每天用 15 分钟开会检查每个成员的进度与计划，了解所遭遇的困难并设法排除。

与传统的软件开发模型（瀑布模型、螺旋模型或迭代模型）相比，Scrum 模型的一个显著特点是响应变化，即能够尽快地响应变化。随着系统因素（内部和外部因素）复杂度的增加，项目成功的可能性迅速降低。

4.3.2　Scrum 模型与过程

Scrum 是一种迭代式增量软件开发过程，通常用于敏捷软件开发。Scrum 包括一系列实践和预定义角色的过程骨架。Scrum 中的主要角色包括同项目经理类似的 Scrum 主管（Scrum Master，负责维护过程和任务）、产品负责人（Product Owner，代表利益所有者）、开发团队（Team，包括所有开发人员）。虽然 Scrum 是为管理软件开发项目而开发的，但同样可以用于运行软件维护团队，或者作为计划管理方法。下面是 Scrum 模型的一些术语。

- 订单（backlog）：可以预知的所有任务，包括功能性的和非功能性的所有任务。
- 冲刺（sprint）：一次迭代开发的时间周期，一般最多以 30 天为一个周期。在这段时间内，开发团队需要完成一个制定的订单，并且最终成果是一个增量的、可以交付的产品。
- 冲刺订单（sprint backlog）：一个冲刺周期内所需要完成的任务。
- Scrum 主管（Scrum Master）：负责监督整个 Scrum 进程，修订计划的一个团队成员。
- 时间盒（time-box）：一个开会时间段。例如，每个每日立会的 time-box 为 15 分钟。
- 冲刺计划会（sprint planning meeting）：在启动每个冲刺前召开，一般为一天时间（8小时）。该会议需要制定的任务是，产品负责人和团队成员将订单分解成小的功能模块，决定在即将进行的冲刺里需要完成多少小功能模块，确定好这个产品订单的任务优先级。另外，该会议还需详细地讨论如何能够按照需求完成这些小功能模块。制定的这些模块的工作量以小时计算。
- 每日立会（daily Standup meeting）：开发团队成员召开，一般为 15 分钟。每个开发成员需要向 Scrum 主管汇报 3 个项目：
  - 今天完成了什么？
  - 是否遇到了障碍？
  - 即将要做什么？

通过该会议，团队成员可以相互了解项目进度。

- 冲刺评审会（sprint review meeting）：在每个冲刺结束后，这个团队将这个冲刺的工作成果演示给产品负责人和其他相关的人员。一般该会议为 4 小时。
- 冲刺反思会（sprint retrospective meeting）：对刚结束的冲刺进行总结。会议的参与人员为团队开发的内部人员。一般该会议为 3 小时。

实施 Scrum 的过程如下：

（1）将整个产品的订单分解成冲刺订单，这个冲刺订单是按照目前的人力物力条件可以完成的。

（2）召开冲刺计划会，划分和确定这个冲刺内需要完成的任务，标注任务的优先级并分配给每个成员。注意，这里的任务是以小时计算的，并不是按人天计算。

（3）进入冲刺开发周期，在这个周期内，每天需要召开 daily scrum 每日立会。

（4）整个冲刺周期结束，召开冲刺评审会，将成果演示给产品负责人。

（5）团队成员最后召开冲刺反思会，总结问题和经验。

（6）这样周而复始，按照同样的步骤进行下一次冲刺。

Scrum 过程会产生下面的文档：

- 产品订单（product backlog）是整个项目的概要文档。产品订单包括所有所需特性的粗略描述。产品订单是关于将要创建什么产品。产品订单是开放的，每个人都可以编辑。产品订单包括粗略的估算，通常以天为单位。估算将帮助产品负责人衡量时间表和优先级。例如，如果"增加拼写检查"特性的估计需要花 3 天或 3 个月，将影响产品负责人对该特性的渴望。
- 冲刺订单（sprint backlog）是大大细化了的文档，包括团队如何实现下一个冲刺的需求的信息。任务被分解为以小时为单位，没有任务可以超过 16 小时。如果一个任务超过 16 小时，那么它就应该被进一步分解。冲刺订单上的任务不会被分派，而是由团队成员签名认领他们喜爱的任务。
- 燃尽图（burn down chart）是一个公开展示的图表，显示当前冲刺中未完成的任务数目，或在冲刺订单上未完成的订单项的数目。不要把燃尽图与挣值图相混淆。燃尽图可以使冲刺（sprint）平稳地覆盖大部分的迭代周期，且使项目仍然在计划周期内。

和所有其他形式的敏捷软件过程一样，Scrum 需要频繁地交付可以工作的中间成果。这使得客户可以更早地得到可以工作的软件，同时使得项目可以变更项目需求以适应不断变化的需求。频繁的风险和缓解计划是由开发团队自己制定的。在每一个阶段根据承诺进行风险缓解、监测和管理。

计划和模块开发的透明，让每一个人知道谁负责什么，以及什么时候完成。频繁地进行所有相关人员会议，以跟踪项目进展。平衡（发布、客户、员工、过程）仪表板更新、所有相关人员的变更，必须拥有预警机制，如提前了解可能的延迟或偏差。

认识到或说出任何没有预见到的问题并不会受到惩罚。在工作场所和工作时间内必须全身心投入，完成更多的工作并不意味着需要工作更长时间。

4.4　极限编程

4.4.1　什么是极限编程

极限编程（eXtreme Programming，XP）是一种软件工程方法学，是敏捷软件开发中较有成效的方法学之一，是由 Kent Beck 在 1996 年提出的。极限编程具有强沟通、简化设计、迅速反馈等特点，一般只适合于规模小、进度紧、需求不稳定、开发小项目的小团队。

极限编程的支持者认为软件需求的不断变化是很自然的现象，是软件项目开发中不可避免的，也是应该欣然接受的现象；他们相信，和传统的在项目起始阶段定义好所有需求再费尽心思地控制变化的方法相比，有能力在项目周期的任何阶段去适应变化，将是更加现实、更加有效的方法。

对比传统的项目开发方式，极限编程强调把它列出的每个方法和思想做到极限，做到最好，其他极限编程所不提倡的，则一概忽略（如开发前期的整体设计等）。一个严格实施极限编程的项目，其开发过程应该是平稳的、高效的和快速的，能够做到一周 40 小时工作制而不拖延项目进度。

与一般流行的开发过程模型相比，极限编程具有如下的优点：

- 极限编程模型是"轻量型"或"灵活"的软件过程模型，并且与面向对象语言结合起来，提供了一种很有特点的软件开发解决方案。
- 极限编程被用来解决大型软件开发过程所遇到的问题的方法，可以称为"专家协作"的开发方式。

极限编程为管理人员和开发人员开出了一剂指导日常实践的良方，这个实践意味着接受并鼓励某些特别有价值的方法。支持者相信，这些在传统的软件工程中看来是"极端的"实践，将会使开发过程比传统方法更加好地响应用户需求，因此更加敏捷、更好地构建出高质量软件。

极限编程的一个成功因素是重视客户的反馈——开发的目的就是满足客户的需要。极限编程使开发人员始终都能自信地面对客户需求的变化。极限编程强调团队合作，经理、客户和开发人员都是开发团队中的一员。团队通过相互之间的充分交流和合作，使用极限编程这种简单但有效的方式，努力开发出高质量的软件。极限编程的设计简单而高效。程序员们通过测试获得客户反馈，并根据变化修改代码和设计，他们总是争取尽可能早地将软件交付给客户。极限编程程序员能够勇于面对需求和技术上的变化。

4.4.2 极限编程的要素

极限编程有 4 个要素：交流、简单、反馈和勇气。Kent Beck 和 Martin Fowler 把这 4 个要素统一起来，就构成了极限编程的精髓。

交流

开发人员与客户的交流：开发人员与客户有效的交流是软件开发前期必不可少的，因为这些交流将直接影响一个项目是否能够符合客户的要求。在极限编程中，需要一个非常精通业务的现场客户，他们不仅随时提供业务上的信息，而且要编写业务验收测试的测试代码，这样就可以在很大的程度上保证项目的方向不会错误。

开发人员之间的交流：当前在软件开发的过程中，项目经理们都会强调团队精神。传统的教育上，人们所受到的教育是一种独立解决问题的能力，所以，在遇到问题的时候我们想到的大多是自己来解决，而不是和其他人一起来完成。

开发人员与管理人员的交流：在一个项目组里面，管理人员和开发人员之间的关系是影响项目的一个非常重要的因素，如果处理不好，可能会直接导致一个项目的失败。对管理人员所具备的素质要求更高，如果开发人员能够和管理人员进行好的交流，他们的工作环境就会得到很大的改善，并不一定要非常豪华的房间和高级的家具，只需要一个非常舒服的工作环境，就可以让一个团队的战斗力得到很大的提升。而且，对于一个项目的计划和预算，如果开发人员能够提出自己的想法，就会避免最后争取到了项目却最终得不到利润的情况的出现。

简单

设计简单：在极限编程的过程中，提倡一种简单设计的观点。这样做的好处是我们不需要在设计文档上面花费太多的时间，因为文档没有不修改的，一般情况下，在一个项目结束的时候，会发现当初的文档已经改得"面目全非"了。因此，在软件开发的前期，设计工作中要做的就是确定需要实现的最重要的功能。简单的设计并不意味着这些设计是可有可无的，相反，简单的几页纸比厚厚的几十页甚至上百页更加重要，因为一个项目的核心内容都在上面，所以在编写的过程中一定要慎重。

编码简单：编码的简单表现在迭代的过程中，在极限编程的过程，不需要一次完成所有需要的功能，相反，变化在极限编程中是被提倡的。我们可以先简单地实现一点功能，然后添加详细的内容，再对程序进行重构，最终的代码将是非常简单的，因为依照重构的原则进行修改了之后，所有的类和函数、过程都是非常简短而非冗长的，每一个模块完成的功能是非常明确的。

注释简单：在某些项目中，有时对注释要求很严格。一般，程序员与其在程序中添加注释来解释程序，不如用大家都能够理解的变量、过程和函数名作为名称，那样可使注释简单化。我们要编写的是代码，如果带有太多的无关轻重的注释，不仅浪费时间，还可能引起歧义。

测试简单：在极限编程中，测试主要是通过编写测试代码来自动完成的。特别是在一些面向对象的编程环境中，可以使用 XUnit 工具来快速、有效地进行单元测试。每一次修改了程序之后，都要运行测试代码来看程序是否有问题。对于程序的集成，极限编程提倡的是持续集成，也就是不断地将编写好的通过了单元测试的代码模块集成到编写完毕的系统中，在那里可以直接进行集成测试，从而保证代码不会影响整个系统。

反馈

客户对软件的反馈：在极限编程的过程中，强调现场客户的重要性。因为一旦有了现场客户，就能够随时对软件做出反馈，能够保证在"反馈"的过程中不断调整，保证软件开发的方向。现场客户的选择也很重要，他们的选择将直接影响一个项目的开发，一个好的现场客户不仅可以准确地把握软件的方向，回答业务问题，而且可以编写验收测试程序，保证软件中的业务数据没有错误。这样就要求他不仅是一个管理人员，而且计算机的水平也要有一定的高度。

测试代码对功能代码的反馈：这里极限编程强调的是先测试、后编程的思想，也就是说在编写功能代码之前就先要编写测试代码，测试代码可以用来保证功能代码的运行是否正确。因此，我们一定要有一定的测试理论知识，明白需要采用什么样的数据作为测试用例，这样才能够做到真正好的测试，才能够保证程序的质量。另外，测试代码的编写不是一次就能完成的，随着功能的不断添加，测试代码也同样需要随之而改变，在保证原有代码没有问题的前提下，继续编写新的代码。

勇气

项目开始时，一般由管理人员来为开发人员分配任务，但这种分配只不过是根据管理人员自己对每个人的估计来完成的，所以很难做到每一个人都很满意。事实上，凭管理人员主观的判断来给大家分配任务，一定会有一些人对自己的任务不够满意。在这个时候，我们不妨尝试这样的一种方法，将所有的任务公布给大家，然后让开发人员自己来选择自己想要做的任务。这样，由于任务是自己选定的，那么满意度会有很大程度上提高。

在这种情况下，开发人员要有接受任务的勇气，如果所有的人都选择自己觉得容易的任务，而回避困难的任务，那么这个方法就肯定会失败了。在这个时候，管理人员应该采取适当的方式鼓励开发人员，能够选择一些对自己具有挑战性的任务，那样对于个人的提高也是很有好处的。

4.5　结对编程

极限编程的实践中有一个非常重要的原则——结对编程（pair programming），这里结对编程并非是一个人在编程，另一个在看着，另外一个人也同样起着非常重要的作用，他需要帮助编码的人找到低级的失误，防止其编码出现方向性的错误，特别是在出现一个正在编码的人不擅长解决的问题的时候，他会直接替换另外一个人来进行编程。这样做的好处也许只有在实践了之后才能够体会到，它不仅可以避免一些错误的发生，而且可以通过直接的讨论来解决一些容易产生歧义的问题，更加快速地解决问题。而且，在交流的过程中，大家的水平也会有很快的提高。结对编程的过程也是一起学习的过程。

4.5.1   什么是结对编程

结对编程是一个非常直观的概念，简单地说是指两位程序员肩并肩地坐在同一台计算机前，面对同一个显示器，使用同一个键盘、同一个鼠标一起工作。他们一起分析，一起设计，一起写测试用例，一起编码，一起单元测试，一起集成测试，一起编写文档等。基本上所有的开发环节都面对面、平等、互补地进行，并且这两人的角色可以随时交换。

结对编程是一个合作式编程模式，是在必要的软件开发环节（如需求分析、设计、编码、测试、评审等）中，让两名程序员合作来完成同一个任务。Williams 等人把结对编程定义为："在结对编程中，两名程序员合作开发同一产品模块（设计、算法、代码）。这两名程序员就像是一个联合的智慧的有机体，共同思考问题，负责产品模块的各个方面。一名结对者作为驾驭者（driver），控制鼠标或键盘并编写代码。另一名结对者作为领航员（navigator）主动持续地观察和辅助驾驭者的工作，找出代码的缺陷，思考替换方案，寻找资源和考虑策略性的暗示。结对双方周期性地交换角色。在这个过程的任何时候，双方都是平等活跃的参与者，并且不管是一个上午还是整个项目的工作中，双方完全分享所获得的工作成绩。

目前，有关结对编程的相关理论基本上来自国外。结对编程的概念起源于 20 世纪 90 年代。1995 年，澳大利亚悉尼理工大学计算机科学教授、国际公认的软件工程理论与实践权威人士 Larry Constantine，在专栏中第一次提到他所观察到的一个现象："两个程序员一起工作，可以比以往更快地交出完成并经过测试的代码，而且这些代码几乎是没有错误的。"这是结对编程概念的雏形。1996 年，由 Kent Beck、Ward Cunningham 和 Ron Jeffries 三位软件开发理论与实践极限编程倡导者一同提出了极限编程及它的 12 个实践，极限编程是由他们开发面向对象软件经验发展而来的。极限编程包括一系列关于软件开发的基本原理以及如何快速开发高质量软件的理论，极限编程包括 12 个最好的软件开发实践并在实际软件开发中将 12 个实践运用到极限编程。

结对编程是极限编程的 12 个主要实践之一，它吸收合作式编程（collaborative programming）的关键思想，强调合作和交流。随着敏捷开发思想和极限编程方法在 21 世纪初的快速普及，结对编程也迅速被大家熟知和尝试。

结对编程的结对角色分为驾驶员和导航员：①驾驶员控制鼠标和键盘，负责编码工作；②导航员在驾驶员一旁观察和思考，负责检查错误和考虑解决方案。结对角色是需要互换的。若驾驶员的编码活动停滞不前或者出现方向性的错误，结对双方可交换角色，让导航员转为驾驶员角色继续编码。这种角色互换应该经常发生，有时可能每隔几分钟（甚至更频繁）互换一次。一旦结对者习惯了这种做法，并且适应了另一方结对人员，结对者就会进入这种流程，很自然地来回互换角色。

通过大量的实验以及以前的研究表明，结对编程具有如下几个方面的优点。

最大化地提高工作效率。软件开发并不只是程序员堆砌代码的过程，更多的是一个创新的过程，是一个发现问题、分析问题、解决问题的过程。一个人编程时，往往有了一丝零碎的想法就开始编写代码。写完代码之后，忽然发现这个方案行不通，只好废弃这些代码，重新开始新的想法。当一个人在遇到疑难问题时，很容易走入"死角"。而结对编程则不同，一个人有了想法，首先要表达出来，让自己的同伴理解，经过深刻的讨论，一致认可之后才开始编写代码。一个人编写代码，另一个则在旁边思考，为下一步的工作提出建设性的意见，发现了问题可以及时地指正，大大地提高了代码质量。

两个人一起结对，一个人编写代码，另一个人则从设计的角度思考下一步的工作，有了想法之后，互相讨论，再互换角色。在开发过程中，设计思考和编码实现不停地进行交换，保持了良好的开发节奏。结对双方互相督促，使彼此更加认真地工作。遇到问题和压力时，可以一起面对，互相鼓励，一起分享解决问题的成就和乐趣。

生成高质量的代码。两个人编写的代码总比一个人写的代码好。两个人的智慧确实胜过一个人的，对于影响整个系统的设计决策更是如此。无论一个程序员多么聪明，别人的意见有助于避免由于无知、自大或只是由于疏忽而产生错误决策。虽然许多程序员保持专心致志可能没有问题，但是让其他人使另一些普通的程序员不出闪失当然也是有帮助的。当程序员尝试解决困难的问题时，这特别有帮助。当程序员想要放弃时，旁边有人鼓励，从而继续前进。团队也不太可能忽略测试或其他重要的细节，只有这样才会增加生产力。

减少风险。风险会使大多数团队停滞不前。在团队的软件开发项目中，管理者会想要做但不敢冒险去做一些事，这是大多数管理者求稳而考虑的结果。减少风险的最佳方法是确保团队中的每个人都完全熟悉系统的所有部件以及对系统的所有更改。

技术讲解和设计文档很有用，但对于大多数快节奏的项目，它们并不能很好且迅速地传播知识。传播知识最有效的方法是让一个知道代码的人与不知道代码的人一起解决问题。

知识传播的最好途径。很多软件公司都建有自己的知识库，有的还建立自己的培训部门，甚至高薪聘请一些专家做技术培训，但发现效果并不理想。培训之后，开发人员面临实际的项目，还是感觉茫然。

而与有经验的同事一起结对则是在实际项目中学习，具有非常强的针对性。结对人员学到的不仅是一些技术和技巧，更多是彼此思考问题方式、解决问题的方法。和各种不同经验的同事一起结对，经验和能力可以得到快速的提高。

打造最佳的合作团队。团队是有组织、有计划的，应合理有效地利用各种资源，进行最佳的组合。结对并不是一对固定的伙伴，我们鼓励在团队中经常交换结对伙伴。这时我们发现，项目不再是一个人的事情，也不是两个人的事情，而是整个团队的事情。

通过结对，大家可以在最短的时间内完成磨合。结对能很好地促进团队的沟通与交流，经常一起合作结对的伙伴，彼此了解、熟悉，很多都是工作和生活上的好友。在这样的团队里，大家很乐意互相协助，一起分享知识，分享快乐。

现在越来越多的项目都交给在不同地理位置的员工组成的虚拟团队来完成，而且很多开源软件都是由分布在世界各地的开发者共同完成的，这使得极限编程推崇的结对编程很难应用到这样的虚拟团队，因为结对编程要求两个开发人员坐在一台机器前去共同完成同一个开发目标，以达到优势互补的目的。

另外，现有的即时通信软件也不能帮助两个开发者共同编辑一个源代码文件，地理位置的限制使得实施结对编程变得几乎不可能。然而为了有效地支持软件分布式开发，提高软件协同开发环境的易用性和有效性，国外软件工程方面的专家提出分布式结对编程的概念，这是对结对编程的探索，从而发挥结对编程在分布式软件开发中的价值。

4.5.2 结对编程的优势分析

结对编程与敏捷实践

极限编程的 12 个实践被划分成了 3 个极限编程实践过程中的关注点：

- "编程"视角：描述编程工作的关注点。
- "团队活动"视角：描述团队的一系列实践活动。
- "交付／管理"视角：描述团队与客户之间的交互过程。

结对编程位于"编程"视角。我们可以把这个模型看成一个 3 层结构的"洋葱",而这个"洋葱"的核心是"编程",它是极限编程推荐关于编程的 4 个关注点,即结对编程、测试驱动开发、重构和简单设计。后 3 个实践在业界一直得到广泛应用,而结对编程没有得到同样的重用。

结对编程与测试驱动开发

测试驱动开发(Test Driven Development,TDD)是极限编程的一个重要组成部分,它的基本思想是在明确要开发的功能后,首先完成这个功能测试代码的编写,及编写相关的代码满足这些测试用例并运行测试;测试通过后继续添加其他功能;循环添加,直至完成全部功能的开发。

人们普遍认可测试驱动开发是一个可以极大提高软件质量的实践。但是仅仅使用测试驱动开发实践不能完全保证软件的质量,因为测试的通过只表示代码通过了测试案例的验证,测试案例的好坏直接影响了测试的结果。测试驱动开发只能代表最准确的测试,不能代表最正确的测试。也就是说,由需求和业务流程的偏见和误解引起的软件质量问题是不可能通过测试驱动开发修正的。

为了消除用户需求和业务流程的偏见和误解引起的软件质量问题,需要引进结对编程,将测试驱动开发与结对编程一起使用,结对双方一起对需求进行探讨,并通过互相编写对方的测试案例,一起高质量地通过测试。因此,结对编程对测试驱动开发有非常积极的意义:结对编程是测试驱动开发的双重验证,又是质量控制的有力保证。

另外,结对可以使两个人的注意力更加集中,可扩展思路以创造更简单、更严谨、更加有利于测试和修改的代码。

结对编程与代码重构

重构就是改进代码的设计,但不会影响外部行为的过程。重构能够简化代码,并能够应对可能出现的任何变化。但是在实施重构过程,程序员需要深入考虑如下两个问题。

首先,重构目的是得到好的代码和架构,那么何谓"好的?",目前对"好的"还没有明确的标准。在重构过程中,一般情况下,我们认为只要是易于修改和扩展的设计或编码,就算做该次重构成功。那么,扩展和修改最低标准是需要其他程序员可以理解,即重构需要以"具备良好的可读性"为最低标准。而结对可以很容易地使重构满足这一要求。试想如果某个程序员的设计或编码连他的合作伙伴都不能完全理解,那就不能算做好的设计或编码。实际上,极限编程的重要性在于设计或编码要朝着易于修改和扩展的方向进行重构,即以所有人都能理解的代码的目标实施重构。

其次,在极限编程中,一个关键的假设是"只注重眼前需求的简单设计而通过重构来适应需求变化"的代价和成本要小于"对系统进行充分详细的设计,但是随着需求的变化设计失效"的代价和成本。而结对编程可以轻松满足这一个假设,因为结对对重构的价值在于:我们无法在项目的初期进行一个详细的设计,即使完成一个设计,随着需求的变化,设计也需要频繁地改动。

因此在重构中引入结对编程,可以起到非常重要的作用。结对可以保证重构按照正确的方向发展,能够成为一个好的架构或设计的最初保证;结对能够使代码实现无错误且最简单;结对能够使代码更好地、更有效地易于重构;结对能够进行及时、有效的重构,避免单人开发的私有性而不愿重构。

结对编程与简单设计

简单设计是指以目前的需求而不是未来某些潜在的需求为目标进行设计。通常采用测试优先的方式进行开发,把设计限制在满足让测试通过的需求下,以使设计保持清晰、简单。

结对编程是简单设计的实际检验。因为即便是最复杂的设计、只要是程序员自己想出来的，他都觉得简单无比，理由显而易见。但是我们要的"简单"，是对项目组里所有人的"简单"。如果他的搭档都不能理解他的设计，那么说明这个设计复杂了；如果两个人都懂，但是交换搭档的时候，新搭档不懂，也说明设计复杂了。结对编程正是检验简单设计的过程。

如果我们认为我们有很成熟的设计、很稳定的架构，可以说我们的系统不需要修改就可以满足所有需求，那么结对编程的价值就大幅度下降了；如果我们认为我们的需求会不断变化，我们的设计需要不断地进行调整、改进，那么结对编程是这种标准最好的保障和实施。

综上所述，结对编程保证测试驱动开发、重构、简单设计，防止过度设计。可以说，结对编程是检验其他 3 个实践的重要标准。

4.5.3　结对编程的分类

自结对编程概念被提出以来，有许多关于结对编程的实践和变化被不断地提出或扩展，因而出现了结对编程不同形式的变种。下面归纳一下结对编程的分类。

结对编程按照团队人员数目可以分为：

- 两人结对编程团队：其中一个队员充当驾驶者角色，另一个充当领航员角色，且过一段时间两人可以互换角色。
- 多人结对编程团队：两人以上的合作编程，例如，除驾驶者和领航员角色外，还可以有两个观察者角色，他们可以是学习者，也可以是指导人员。

按照结对任务相同是否可以分为：

- 共同任务的结对编程：一般的两人结对编程，其任务在整个结对过程中是相同的。
- 不同任务的结对编程：两个人尽管结对工作，但是任务不同，各自需要完成自己的任务。但需要交流各自的工作和难点分析，需要一起讨论，相互帮助。

按照结对过程代码共享方式分为：

- 代码完全共享的结对编程：两个人完成合作，一起完成所有工作，代码完全共享，归两人所有。
- 代码非共享的结对编程：两个人一起结对进行设计，然后分开编写代码，最后一起进行测试。其代码归个人所有，并一起测试，具有一定独立性。

按照结对搭档是否变化分为：

- 静态结对编程：两个结对搭档在结对过程中始终结对，不更换搭档，完成整个任务。
- 动态结对编程：结对者在结对过程中可不断互换搭档，目的是结对学习和经验交流。

4.5.4　结对编程的方式

结对编程有两种方式，即面对面结对编程和分布式编程。

面对面结对编程

面对面结对编程是指两个程序员肩并肩坐在同一台计算机前在同一个软件制品上一起工作的软件开发方式。面对面结对编程有许多好处，其中包括直接快速的交流、高质量的代码和增强程序员工作的乐趣。

面对面结对编程最大的好处就是交流非常方便，因为两个人靠得很近，言语和手势的交流非常自然，效果也非常好。甚至遇到困难的问题，两个人会拿起一张纸，以绘制各种图形和文字的方式来表达问题，很容易达成一致，从而快速地解决问题。

另外一方面，面对面交流没有隔阂，两个人通过情感交流，产生和谐的气氛，合作愉快。面对面结对编程效率较高，因为一方看着另一方在工作，因此编程的一方就不会想别的事情或停下来关注其他事情，因而能够集中精力完成工作，即存在一种"结对压力"。

面对面结对编程需要不定期地进行角色交换，以发挥两个人的能力。当面对面结对编程环境配置不当的时候，交换角色时就需要双方一同站起来互换位置，然后继续工作。这样就会导致停顿，引起不便和不顺畅，往往会打断双方的思路，可以通过提供宽敞的结对环境来解决，例如，提供一个较大的办公桌，双方交换时只需要移动键盘和鼠标即可。在环境受限的情况下，可以通过提供双键盘和双鼠标的方式来解决，结对者可以在各自的键盘上工作，可通过系统来控制键盘和鼠标的切换。

传统的面对面结对编程是程序员肩并肩坐在同一台计算机上进行工作的。不幸的是，程序员不能方便地找到聚集在同一个物理位置上的时机，甚至根本不可能。他们可能由于个人原因而不能相会，如时间上的计划冲突或家庭的约定。在这种情况下，程序员可以从异地的结对编程上获益。同样地，工业中的团队由于许多原因已经开始以分布方式工作，这些原因包括工程师不想团队迁移，工程师被安排在不同的地点，较高的出差费用以及缺少办公地点。

分布式结对编程

在结对编程环境中，基础设施缺乏、地理位置分离和时间安排冲突这些障碍经常给结对编程带来困难。分布式结对编程让程序员在不同的地方进行合作编程成为了可能。软件行业的一个大趋势是软件的全球化。这个趋势背后的驱动因素包括软件公司雇佣不同城市或国家的高水平程序员，为客户就近成立研究小组，创造快速虚拟发展小组，持续做一些关键性的项目，虽然他们不在一个时区也没关系。

近几年，灵活的软件方法在教育和业界中已经引起了越来越多的关注，而极限编程被认为是这些灵活工具中最重要的。尽管已经有一些工具能够比较好地支持分布式灵活软件的开发，我们仍然有必要对分布式极限编程的工具和处理进行更多的研究，特别是在提供共享编码方式的扩展问题上。鉴于全球化软件发展趋势的继续，要求两名开发者进行面对面的交流并不符合全球化软件发展的需求。这就要求两名程序员虽然在不同的地点，但是他们还能一起合作使用结对编程编写代码，这种方法称为分布协同编程。

分布式结对编程是一种编程风格，两个程序员在地理上是分布的，通过网络在同一个软件制品上同步工作。分布式结对编程可以克服面对面结对编程的一些不足，结对者通过网络可以随时随地地结对工作，大大提高结对的机会。

另外，当一方在编写代码的时候，结对的另一方也可以有机会搜索 Internet 上的相关资源。当然，结对者需要遵守结对纪律，以便他不会离开工作。分布式结对编程被强制保存其工作的电子副本（如设计图和说明），否则这些可能会丢失。

为了进行分布式结对编程，需要功能较为强大的结对工具支持结对者高效地工作。第一，需要共享的代码编辑工具支持。一方的编辑工作能够被另一方实时地看到，同时代码能够进行编译，以便能够检查语法错误，因此需要与现有的开发环境集成。第二，结对者需要充分的交流。由于双方在不同的地方，合适的交流工具是必要的，基本的交流工具包括基于文本的交流和基于语音的交流。基于文本的交流比较容易实施，但由于一方在编程，文本交流会对其造成干扰。语音交流是一个必然选择，交流起来比较自然，只是对网络带宽有一定的要求。语音交流只能听到声音，看不到对方，不能感知对方的表情，影响了进一步的了解。随着网络带宽技术的发展，基于视频的交流是今后的必然选择。第三，角色交换支持。结对双方经过一段时间交换角色，这是结对编程的特定要求。分布式结对编程的角色交换本质上是对编辑器的控制，允许一方处于编辑状态，而另一方则处于查看状态。第四，分布式结对编程支持用户管理、发起结对等功能。

4.6 小结

　　敏捷开发强调快速响应软件的变化，充分发挥人的能动作用。

　　极限编程和结对编程是敏捷过程的两个成功的重要实践。极限编程的思想是开发人员要做到极致。极限编程有 4 个要素：交流、简单、反馈和勇气。这 4 要素统一在一起就构成了极限编程的精髓。结对编程要求两个程序员合作完成同一个任务，互相审查以降低编程错误，提高代码质量。结对编程方式分为面对面结对编程和分布式结对编程两种。面对面结对编程要求两个程序员肩并肩坐在一起进行编程任务，而分布式结对编程允许程序员在不同地方通过网络进行协同工作，提高结对工作的效率。

习题

1. 什么是敏捷过程？敏捷开发的原则是什么？
2. Scrum 有什么特点？ Scrum 过程是什么？
3. 相比传统的过程模型，Scrum 有哪些优势？
4. 极限编程有哪些内容？
5. 什么是结对编程？结对编程有哪些好处？有哪些不足？
6. 分布式结对编程相对于面对面结对编程有什么好处和不足，如何克服这些不足？
7. 结对编程有哪些角色？交换角色的目的是什么？

第二部分

结构化分析、设计与测试

　　本部分将介绍结构化的基本原理、方法和过程及其模型，包括软件需求分析、结构化分析、结构化设计、结构化软件测试和高要求系统分析与设计 5 章内容，将关注以下问题：

- 软件分析与设计原理。
- 软件需求分析过程。
- 结构化分析模型。
- 软件概要设计方法。
- 软件详细设计方法。
- 软件测试技术。
- 高要求系统的分析与设计方法。

学过本部分内容后，请思考下列问题：

- 软件分析与设计要建立哪些模型？
- 概要设计与详细设计的关系是什么？
- 软件概要设计的主流技术是什么？
- 软件详细设计的主流技术是什么？
- 软件分析与设计有哪些文档？它们的作用是什么？
- 软件测试的目的是什么？测试的过程有哪些？测试的主要技术是什么？
- 什么是高要求系统？它们的需求描述有何不同？

第 5 章

软件需求分析

5.1　引言

　　软件需求是软件开发的基础，每个软件开发过程都是以获取需求为目的的活动：理解客户的基本需求和目标。准确获取用户的需求是项目成功的开端。然而，软件工程所需要解决的问题往往十分复杂，尤其是当软件系统是全新的时候，了解问题的本质是一个非常困难的过程。因此，对软件需求的完全理解和系统描述，是保证软件开发成功至关重要的前提。

5.2　什么是软件需求

　　在软件工程中，所有的风险承担者都感兴趣的是需求分析阶段。这些风险承担者包括客户、用户、业务或需求分析员、开发人员、测试人员、用户文档编写者、项目管理者和客户管理者。这部分工作若处理好了，能开发出很出色的产品，同时会使客户感到满意，开发者也倍感满足；若处理不好，则会导致误解、挫折、障碍以及潜在质量和业务价值上的威胁。因为需求分析是软件工程和项目管理的基础，所以所有风险承担者最好采用有效的需求分析过程。

　　软件需求包括 4 个不同的层次：业务需求、用户需求、功能需求和非功能需求。

- 业务需求反映了组织机构或客户对系统、产品高层次的目标要求，它们在项目视图与范围文档中予以说明。
- 用户需求站在用户的角度描述软件产品必须要完成的业务功能，这在使用实例文档或场景说明中予以详细描述。
- 功能需求站在开发人员的角度定义了必须实现的软件功能，使得用户能完成他们的任务，从而满足了业务需求。
- 非功能需求是指逻辑上与软件相关的整体特性需求的集合，给用户提供处理能力并满足业务需求。

　　业务需求也称为领域需求，源于系统的应用领域需求，是一个新的特有的功能需求，对已存在的功能预期的约束或者是需要实现的一个特别的计算。它们常常反映应用领域的基本问题，业务需求很重要，直接影响系统的可用性问题。

　　用户需求从用户的角度定义系统应用提供哪些服务，以辅助用户完成实际业务要求。例如，用户要购买一套住房，需要进行贷款，那么软件可以提供帮助用户计算贷款额度和还款额度等计算服务。用户需求不一定全部需要软件来实现。

　　功能需求描述系统预期提供的功能或服务，包括对系统应提供的服务，如何对输入做出反应以及系统在特定条件下的行为描述。在某些情况，功能需求可能还需明确声明系统不应该做什么。功能需求是站在软件的角度来分析的，其取决于开发的软件类型、软件的用户和行业类型。

系统的功能需求描述应该具有完整性、一致性和准确性。完整性意味着用户所需的所有的服务应该全部给出描述。一致性意味着需求描述不能前后矛盾。准确性是指功能需求不能出现模糊和二义性的地方。实际上，要做到需求描述满足以上 3 点几乎是不可能的，只有深入地分析之后问题才能暴露出来，在评审或是随后的阶段发现问题并加以改正。

非功能需求是指那些不直接与系统具体功能相关的一类需求，也是站在软件的角度来分析的。非功能需求主要与系统的总体特征相关，是一些限制性要求，是对实际使用环境所做的要求，如性能要求、可靠性要求、安全性要求等。非功能需求关心的是系统整体特征而不是个别的系统的特征，因此，非功能需求比功能需求对系统更关键。一个功能需求没有满足可以降低系统的功能，而一个非功能系统需求没有满足可能使整个系统无法使用。例如，在一个图书馆系统中的"借书"服务，如果可以实现借书服务，但借一本书需要十分钟以上就不可容忍了，自然没有用户愿意使用这样的系统。

非功能需求源于用户的限制，包括预算上的约束、机构政策、与其他软硬件系统间的互操作性，还包括安全规章、隐私权保护的立法等外部因素。非功能需求可分为：

- 产品需求：描述产品行为的需求，包括系统运行速度和内存消耗等性能需求、出错率等可靠性需求和可用性需求。
- 机构需求：客户和开发者所在机构中的政策和规定要求，如过程标准、实现要求、交付需求。
- 外部需求：包括所有的系统外部因素和开发过程，如互操作需求、道德需求等。

非功能需求很难检验，例如，系统的易用性、可恢复性和对用户输入的快速反应性能的要求比较难以描述和不确定，给开发者带来许多问题。理论上，非功能需求能够量化，从而使其验证更容易，而实际上，对需求的量化通常是非常困难的，客户没有能力量化这些需求，而且成本很高。

非功能需求与功能需求有时会发生冲突，它们之间存在着相互作用关系。例如，一个 POS 机系统所需的存储因为成本原因有所限制，而商品的描述和价目表的信息量很大。如果采用远程服务器提供商品描述和价目表信息，那必然需要网络通信，而这需要网络技术，同时 POS 机数量多时必然引起服务器处理瓶颈问题。

5.3　需求分析过程

需求分析主要是理解客户需要什么、分析要求、评价可行性、协商合理的方案、无歧义地详细说明方案、确认规格说明、管理需求以至将这些需求转化为可行系统。

沟通

通常的做法是当确定了商业需求或发现了潜在的新市场时项目才开始。业务领域的共利益者定义业务用例，确定市场的范围，进行可行性分析，并确定项目范围的工作说明。

在项目起始阶段，软件工程师会询问一些似乎与项目无直接关系的问题，目的是对问题、方案需求方、客户和开发人员之间初步的交流和合作的效果建立基本的协商准备。

导出需求

导出需求应理解以下问题：

- 确定系统范围。系统的范围就是系统的边界，是客户和开发者共同关心的部分。
- 理解客户需要。客户 / 用户并不完全确定需要什么，对其计算环境所知甚少，对问题域或许没有完整的认识，且可能存在与工程师沟通上的问题。系统工程师的任务是确定业务需求、需求冲突，说明有歧义和不可测试的需求。

- 易变问题。由于各种原因如用户讲不清楚、业务发生变化等，需求随时间变化。分清需求稳定部分和易变部分非常重要，这将对系统架构设计、适应需求变化和降低反复成本等有直接的影响。

为了解决这些问题，需求工程师必须以有条理的方式开展需求收集活动：

- 识别真正的客户与用户。识别真正的客户不是一件容易的事情，项目要面对多方面的客户，有时他们的利益各不相同。例如，在POS机系统中，收银员希望能够快速、准确地输入，而且没有支付错误，因为少收货款将从薪水中扣除；售货员希望自动更新销售提成。客户希望以最小代价完成购买活动并得到快速服务，希望看到输入的商品项目和价格，得到购物凭证，以便出门验证或退货。
- 正确理解客户的需求。客户可能会说出客户不需要的、模糊、混乱矛盾的信息，甚至会夸大或者弱化真正的需求，这就要求工程师了解行业知识、业务和社会背景，过滤需求，理解和完善要求，确认用户需求。
- 耐心听取客户意见。获取需求应能够从客户凌乱的建议和观点整理出真正的需求，耐心分析客户不确定性需求和过分要求，并进行沟通。
- 尽量使用符合客户语言习惯的表达。使用符合客户熟悉的术语进行交流，可快速地了解客户的需求，同时也可以在谈论的过程中为客户提供一些建议和有针对性的问题。站在客户的立场上分析问题，为客户着想，反而会得到更好的效果。

精化需求

开发一个精确的技术模型，用以说明软件的功能、特征和约束。精化是一个分析建模动作，由一系列建模和求精任务构成。例如，使用场景技术描述最终用户如何与系统交互过程来刻画业务本质，进入精炼业务实体及其属性和关系。也可以精炼为分析类，定义每一个类的属性和所需求的服务，确定类之间的关联和协作关系，可以用UML图来描述。精化的结果是形成一个分析模型，该模型定义了问题的信息域、功能域和行为域。

可行性研究

可行性研究的目的是确定用最小的代价，在尽可能短的时间内确定问题是否能够解决。可行性研究的输入是系统的一个框架描述和高层逻辑模型，输出是一份需求开发评估报告。需求开发评估报告提供了对需求工程和系统开发是否值得做的具体建议和意见。它让部门了解到需求执行下去所需要花费的成本和代价，帮助用户对需求进行重新评估。可行性研究主要回答以下3个问题：系统是否符合机构的总体要求？系统是否可以在现有的技术条件、预算和时间限制内完成？系统能否把已存在的其他系统集成？

可行性研究的内容包括信息评估、信息汇总和报告生成。信息评估找出上述问题的信息，分析和澄清问题。信息汇总是建立系统的逻辑模型和探索解决方案，并从技术可行性、经济可行性、管理可行性和时间可行性4个方面研究每种方案的可行性。报告生成即产生需求报告。报告内容包括是否要开发系统的意见和建议、可能的系统范围的修正、预算和时间的调整意见及对高层需求的建议等。

与客户和用户协商

用户和客户提出了过高的目标要求，或者提出了相互冲突的要求，这就需要工程师通过协商和沟通的过程来调节这些冲突和问题。由于资源有限，应该让用户/客户和其他共利益者对各自的需求排序，按优先级讨论冲突，决定哪些特征是必要的，哪些是重要的，哪些是需求开发的主要部分。识别和分析与每项需求相关的风险、开发工作量、成本和交付时间。使用迭代的方法，删除、组合或者修改需求，以使各方都能达到一定的满意度。

编写需求规格说明

一个规格说明可以是一份写好的文档、一套图形化的模型、一个形式化的数学模型、一组使用场景、一个原型或以上各项的任意组合。对于大型系统而言，文档最好采用自然语言描述和图形化模型来编写。

软件需求规格（Software Requirement Specification，SRS）是需求分析任务的最终"产品"，是客户、管理者、分析工程师、测试工程师、维护工程师交流的标准和依据。软件需求规格说明文档描述了系统的数据、功能、行为、性能需求、设计约束、验收标准以及其他与需求相关的信息。

需求规格说明文档一旦经过评审通过，便可以成为客户与开发商之间的一项合同，也是系统验收的一个标准集。需求规格说明文档包括系统的用户需求和一个详细的系统需求描述。其中，用户需求从用户角度来描述系统的功能需求和非功能需求，以便让不具备专业技术方面知识的用户能看懂。

用户需求是描述系统的外部行为，用自然语言、图表和直观的图形来叙述。在需求文档中，将用户需求和细节层次需求描述分开表达，便于用户阅读。我国国家标准 GB 856D—1988 给出了需求规格说明文档的内容框架，如图 5-1 所示。

1. 引言
　1.1 编写目的：说明编写的目的、预期的读者等
　1.2 项目背景：项目名称
　　　　　　　项目的提出者、开发者、用户和实施单位
　　　　　　　与其他系统的关系
　1.3 缩写说明：列出缩写词及其说明
　1.4 术语定义：列出项目所涉及的专门术语和解释
　1.5 参考资料：列出相关的参考资料
　1.6 版本信息：具体版本如下。

修改编号	修改日期	修改后版本	修改位置	修改内容概述

2. 任务概述
　2.1 系统定义
　　2.1.1 项目来源及背景
　　2.1.2 项目要达到的目标，如市场目标、技术目标等
　　2.1.3 系统整体结构，如系统框架、系统提供的主要功能、接口等
　　2.1.4 系统各部分组成、与其他部分的关系、各部分的接口等
　2.2 运行环境
　　2.2.1 设备环境：型号、处理器、内存、外存、联机或脱机、数据通信设备和专用硬件
　　2.2.2 硬件环境
　　2.2.3 软件环境
　　2.2.4 网络环境
　　2.2.5 操作环境
　　2.2.6 应用环境

图 5-1　需求规格说明文档标准

2.3   条件限制

    2.3.1   列出进行本软件开发工作的假定和约束，如经费限制、开发期限等

    2.3.2   列出本软件的最终用户、用户的教育水平和技术专长

    2.3.3   列出本软件的预期使用频度等

3. 数据描述

3.1   静态数据：需要存储在磁盘上的文件、数据表等

3.2   动态数据：运行过程需要临时输入的数据和输出的数据等

3.3   数据库描述：数据库名称、版本

3.4   数据字典：数据流、存储、过程等详细定义

3.5   数据采集：系统运行时需要预先读取的数据，或实时通过外设读取的数据

4. 功能需求

4.1   功能划分

    4.1.1   系统功能组成

    4.1.2   功能编号和优先级

    4.1.3   功能定义

4.2   功能描述

    4.2.1   功能说明

    4.2.2   详细描述

5. 性能需求

5.1   数据精确度：说明对软件输入、输出的数据精度的要求，以及传输的精度

5.2   时间特性：说明对软件的时间特性要求，包括响应时间、更新处理时间、数据的传输和传送时间、计算时间等要求

5.3   适应性：说明对该产品的灵活性要求，如需求发生变化时的软件适应能力、操作方式的变化、运行环境的变化、接口的变化、精度的变化和时效的变化等

6. 运行需求

6.1   用户界面

    6.1.1   界面风格

    6.1.2   界面描述和样式

6.2   硬件接口：与外部硬件的接口

6.3   软件接口：与其他软件的接口

6.4   故障处理：列出可能的软件、硬件故障以及对各项性能所产生的后果和对故障处理的要求

7. 其他需求

7.1   检测或验收标准：列出故障率、出错率等验收标准

7.2   可用性、可维护性、可靠性、可转换性、可移植性要求

7.3   安全保密性要求

7.4   开发要求：支持软件，包括操作系统、编译程序、测试软件等

图 5-1 （续）

验证需求

    验证需求，对需求说明文档和制品进行质量评估，确保需求说明文档准确、完整；表达必需的质量特征，并将作为系统设计和最终验证的依据。验证需求包括正确性、一致性、完整性、可行性、必要性、可检验性、可跟踪性及最后的签字。

管理需求

随着业务水平的提高和信息化建设的推进，客户会在不同的阶段和时期对项目的要求提出新的要求和需求变更，而且这种变更一般不可避免，所以在进行需求分析时要尽可能分清哪些是稳定的需求，哪些是易变的需求，以便在设计时将软件的架构建立在稳定的需求上，同时留出变更的空间。

管理需求是对需求进行组织、控制和文档化的系统方法。建立基线以便在客户和开发人员之间建筑一个约定。管理需求包括在项目进展过程中维持需求规格一致性和精确性的活动。管理需求从标识开始，遍历跟踪表。每个跟踪表将标识的需求与系统或其环境的一个或多个方面相关联。需求跟踪表可以跟踪需求的特征、来源、依赖、子系统和接口等关系。

5.4　会谈技术

在需求分析的最初阶段，需求分析员要与客户碰头协商，决定目标产品中需要什么信息。通常由客户决定最初的会谈，以后的会谈可在前次会谈过程中决定。会谈工作要持续到需求分析员确信所有来自客户和产品未来使用者的信息都已完全明确了为止。会谈有两种形式，即非正式会谈和正式会谈。

5.4.1　非正式会谈

非正式会谈将提出一些可自由回答的问题来鼓励会谈人员表达自己的想法。初次会谈时，往往没有人知道说什么或者问什么。双方均担心所说的话被误解，双方均在考虑最终谈话将导向何处，双方均希望能够控制事情的进程并获得成功。

一般，非正式会谈时可以询问客户为什么对目前的产品不满意，了解问题的性质、需要解决的方案、所需的人数和能力，同时关注客户的目标和收益。

非正式会谈是与客户建立友好与融洽关系的主要时机。由于双方在行业领域的不同，而初次见面还没有彼此了解对方，讲话都比较慎重，以免发生不愉快的事情。非正式会谈一般从其他话题入手，如天气、爱好、新闻等开始聊天，建立融洽的气氛后，才开始转到项目的事情上来。

一般建立融洽的气氛之后，双方就项目的基本情况展开讨论，解释一些专业术语和交流不同的理解，分析业务的基本要求和现状，进一步引出存在的问题，如需要软件产品完成什么要求，以及企业的预算和期望等。一旦双方建立信任关系，双方可讨论软件方面的本质问题和规模等。

经过初步接触，双方可约定下一次会谈的时间和主要议题。非正式会谈一般持续时间比较短，2～4 小时即可。非正式会谈的目的是了解项目的背景、规模、约束和要求等。

5.4.2　正式会谈

正式会谈将提出一些事先准备好的议题。例如，如何刻画某个解决方案的成功之处，该解决方案强调了什么问题，解决方案的应用环境，等等。会谈者要准备一份有关会谈结果概要的书面报告，最好每人一份，以便进一步陈述或者增加忽略的项目。

对于任何大、中型系统，通常有不同类型的最终用户。例如，一个银行自动柜员机系统（ATM）项目的相关人员包括：

- 接受系统服务的当前银行客户。
- 银行间自动柜员机有互惠协议的其他银行的代表。

- 从该系统中获得管理信息的银行支行管理者。
- 负责系统日常运转和处理客户意见的支行柜台职员。
- 负责系统和客户数据库集成的数据库管理者。
- 负责保证系统信息安全的银行信息安全管理者。
- 将该系统视为银行市场开拓手段的银行市场开发部。
- 负责硬件和软件维护及升级的硬件和软件维护工程师。

上述众多的项目相关人员说明，即便是一个相对简单的系统，也会有许多不同的视点需要考虑。因为从不同视点观察一个问题，可以得到不同的解决方法。然而，视点之间不是完全孤立的，一些视点之间也会存在重叠。

对多个视点（客户）分析的关键是发现众多视点的存在，并提供一个框架以从发现不同视点提出的需求之间的冲突。一个视点可以有以下几种情况。

- 数据源或数据接收者：该视点用于产生或者接收数据。分析过程包括视点的识别，产生或者接收了什么数据，以及采取了什么处理过程。
- 一个表示框架：一个视点被看成一种特别的系统模型类型，如实体关系模型、数据流图等。不同分析方法会对被分析的系统有不同的理解。
- 服务接收者：该视点被看成系统之外的一个成分，接收来自系统的服务。

视点可以给服务提供数据或者控制信号。分析过程就是检查不同视点接收的服务，收集这些信息以解决需求冲突。

面向多视点的需求分析过程如下：

- 视点识别：包括发现接收系统服务的视点和发现提供给每个视点的特别服务。
- 视点组织：包括组织相关的视点到层次结构中，通用的服务放在较高的层次，并被较低层次的视点继承。
- 视点文档编写：包括对被识别的视点和服务描述的精炼。
- 视点系统映射：包括在面向对象设计中通过封装在视点中的服务信息识别对象。

当服务被子视点"客户"继承的时候，与"客户"视点相关的通用服务被"账户持有者"和"外部客户"继承；接着就是发现所提供服务的详细信息，即服务所需的数据，以及这些数据如何使用。需求视点的导出来自于每个相对应的项目相关人员，每个服务需要与相关视点对应的最终用户一起讨论，当视点为另外的一个自动化系统时，就要和视点专家一起讨论。

5.5 调查技术

获得需求的另外一种方法是向客户组织的相关人员发调查表。

5.5.1 确定调查内容

当需要对数百人进行个人意见调查时，调查技术十分有效。而且，一个经过仔细考虑的书面回答可能比会谈者对问题的口头回答要准确。然而，在一个有条理的会谈者引导下的非正式会谈中，会谈者先仔细倾听，并在最初回答的基础上提出问题，往往能比一个书面的调查获得更多、更好的信息。因为，调查表是预先定好的，对于在回答问题的过程中产生的问题无法动态提出。

一般做法是，先与主要的用户进行非正式会谈。在对此次会谈理解的基础上制定调查表，然后分发给所有的客户组织人员。

特别是在事务环境中，获得信息的另一种方法是分析客户的各种表格。例如，一个财务部门，表格形式可以表现为各种记账单，包括入账金额、入账时间、入账科目、经办人等。这种表格中的各种字段说明了财务工作流程和各个环节的相关重点。

有关客户当前事务是如何进行的信息对决定客户的需求是十分有益的。获取这些信息的一个更新的方法是在工作现场安装摄像机，准确记录工作流程。需求分析组获得所有雇员的合作也是十分重要的。

5.5.2　可靠可信分析

虽然问卷调查对于有大量用户的项目而言是一个非常好的方法，然后由于问卷题目设置不当或者题目内容的不合理，也会导致得出错误的结论。因此，需要根据问卷调查结果进行问卷可靠可信分析。

可靠可信分析的目的是检查问卷的指标设置是否合理，指标之间是否存在关联，以及结果是否可信等。进行可靠可信分析的基本方法是层次分析法。

5.6　场景分析技术

通常，人们容易把事物与现实生活中的例子相联系，而不容易与一个抽象描述联系起来。若能把人与一个软件系统交互的过程用一个场景来描述，人们就容易理解并评论它。需求分析从对场景的评论中得到信息，然后将其以形式化方式表示出来。这种方法称为场景分析，或情景分析。

场景分析是用户根据应用目标产品的"样本"，把他们的需求明确地告诉需求分析员，从而实现对某个目标表述的一种方法。场景分析可以在很随意的情况下进行，分析员与项目相关人员共同识别出场景，并捕获这些场景的细节。场景是对交互实例片断的描述，每个场景可能包含一个或多个交互，它们能在不同的细节层次上提供不同类型的场景信息。

场景开始于一个框架，在导出过程中，细节被逐渐增加，直到产生交互的一个完整的描述。绝大多数情况，一个场景可能包括如下内容：

- 在场景开始部分有一个系统状态描述。
- 一个关于标准事件流的描述。
- 一个关于哪儿会出错，以及如何处理错误的描述。
- 有关其他可能在同一时间进行的活动的信息。
- 在场景完成后系统状态的描述。

场景分析在各个方面都很有用。首先，它可以在某种程度上演示产品的行为，以便于用户理解，并可揭示一些其他的需求；其次，由于场景分析能为用户所理解，因此可确保客户和用户在需求分析过程中始终扮演一个积极的角色。

下面是 ATM 机"取款"场景描述：

场景名：取款

参与者：银行客户

场景描述：

1. 插入有效的银行卡。
2. ATM 机验证该银行卡。
3. 系统要求输入银行卡密码，用户输入密码。
4. 系统通过网络向银行内部系统请求验证密码。

5. 若验证通过，系统请求选择业务，选择取款。

6. 系统要求输入取款金额，如 1000 元。

7. 系统验证有足够的现金，并请求验证银行内部服务器处理取款。

8. 若处理成功，系统计算钞票数目，并送出现金。

9. 用户取走现金。

10. 系统打印凭条，用户取走凭条。

11. 系统退出银行卡，用户取走银行卡。

5.7　小结

需求分析也称为需求工程，是一个非常重要而又很复杂的，需要交替进行、反复迭代的过程。

软件需求分为业务需求、功能需求和非功能需求等。业务需求是一种特有的功能需求，反映应用领域的基本问题。功能需求描述系统所预期提供的服务，而非功能需求描述与系统不直接相关的一些整体性需求。

软件需求规格说明文档描述了系统的数据、功能、行为、性能需求、设计约束、验收标准以及其他与需求相关的信息，它有可能成为客户与开发商之间的合同。

需求分析过程通过执行初步沟通、导出需求、精化需求、可行性研究、与客户协商、编写规格说明文档、验证需求和管理需求八个不同的活动来完成。

非形式技术主要包括会谈技术、调查技术和场景分析技术，用于获取用户需求和系统需求。

习题

1. 需求分析过程主要有哪几个步骤？

2. 软件需求有哪几类，它们有什么不同？

3. 用户需求和系统需求各有什么特点？

4. 请分析 POS 机系统中共利益者之间的功能有哪些冲突的地方？

5. 请说明功能需求和非功能需求的区别与联系。

6. 请给出 ATM 机系统的非功能需求。

7. 请给出面对面结对编程系统的业务需求。

8. 请描述图书馆系统中借书过程的一个常规场景。

9. 请描述银行客户从 ATM 机上存入一笔钱的场景。

第 6 章

结构化分析

6.1 引言

结构化分析（Structured Analysis，SA）方法是一种传统的系统建模技术，其过程是创建描述信息内容和数据流的模型，依据功能和行为对系统进行划分，并描述必须建立的系统要素。

在需求工程中，分析员创建系统模型，以便可以更好地理解数据和控制流、处理功能和操作行为，以及信息内容，并综合系统的功能、非功能要求和数据要求的分析结果导出系统详细的逻辑模型。例如，使用精化的软件分解模型，建造软件处理的数据、功能和行为模型，为软件设计者提供可被翻译成数据、体系结构、界面和过程设计的模型，以及通过需求规格说明文档为开发者和客户提供软件质量评估的依据等。

结构化分析方法是 20 世纪 70 年代，由 E. Yourdon 等人倡导的一种适用于大型数据处理系统的、面向数据流的需求分析方法。结构化分析方法一般采用以下一些指导性原则：

- 理解问题。人们通常急于求成，甚至在问题未被很好地理解前，就产生了一个解决错误问题的软件。
- 开发模型。使用户能够了解将如何进行人机交互（推荐使用原型技术）。
- 描述需求。记录每个需求的起源和原因，这样能有效地保证需求的可追踪性和可回溯性。
- 建立系统模型。使用多个需求分析视图，建立数据、功能和行为模型；为软件工程师提供不同的视图，这将减小忽略某些东西的可能性，并增加识别不一致性的可能性。
- 确定需求优先级。给需求赋予优先级，优先开发重要的功能，提高开发生产效率。
- 验证需求。需求常用自然语言描述，存在含糊的可能，这可以通过复审发现问题。删除需求描述含糊性和不一致地方。

6.2 结构化分析模型

结构化分析方法是一种半形式化的建模技术，其过程是对系统信息进行分析，抽取其本质要素，创建描述数据和行为的模型。

系统模型不是系统的替代表示，而是抛弃了具体细节的系统的一个抽象。在理想情况下，系统表示需要给出系统中实体的全部信息，而系统抽象就是挑出系统中最突出的特征做简化。所以，系统模型可以从不同的角度表述系统。

结构化分析模型必须分别达到以下主要目标：描述客户的需要，建立软件设计的基础，定义在软件完成后可以确认的一组需求。

不同的系统模型基于不同的抽象方法。结构化的需求分析模型有面向数据的模型和面向系统行为的模型两大类。

面向数据的模型主要刻画软件中所涉及的数据及其关系，用来确定系统的数据结构和存储模型。实体关系模型就是面向数据的模型。实体关系模型关心的是寻找系统中的数据及其之间的关系，而不关心系统中包含的功能。

面向系统行为的模型包括两类模型：一类是数据流模型，用来描述系统中的数据处理过程。数据流模型关心数据的流动和数据转换功能，而不关心数据结构的细节。另一类是状态转换模型，用来描述系统如何对事件做出响应。这两种模型既可以单独使用，也可以一起使用，要视系统的具体情况而定。

结构化分析模型分别用数据字典（Data Dictionary，DD）、数据流图（Data Flow Diagram，DFD）、状态转换图（State Transition Diagram，STD）、实体关系图（Entity Relationship Diagram，ERD）等描述。分析模型结构的核心是数据字典，包含了软件使用或生产的所有数据对象描述的中心库。分析模型结构的中间层有 3 种视图：

数据流图服务于两个目的：一是指明数据在系统中移动时如何被变换，二是描述对数据流进行变换的功能和子功能。数据流图提供了附加信息，它们可以用于信息域的分析，并作为功能建模的基础。

实体关系图描述数据对象间的关系。实体关系图是用来进行数据建模活动的记号。

状态转换图（简称状态图）指明作为外部事件的结果，系统将如何动作。状态转换图表示系统的各种行为模式，以及在状态间转换的方式，是行为建模的基础。

分析模型结构的外层是描述。在实体关系图中出现的每个数据对象的属性可以使用数据对象描述来描述。在数据流图中出现的每个加工／处理的功能描述包含在加工规约中。软件控制方面的附加信息包含在控制规约中。

6.3　面向数据流的建模方法

结构化分析是面向数据流进行需求分析的方法，是一种建模活动，该方法使用简单、易读的符号，根据软件内部数据的传递和变换关系，自顶向下逐层分解，描绘满足用户要求的软件模型。

6.3.1　数据流建模方法

数据流图

用数据流图描述系统处理过程是一种很直观的方式。在需求分析中用它来建立现存目标系统的数据处理模型，描述数据流被处理（人工／计算机）或者转换的加工过程。当数据流图用于软件设计时，这些处理或者转换在最终生成的程序中将是若干个程序功能模块。

数据流图有 4 种基本符号，如图 6-1 所示。其中，矩形（或立方体）表示数据源点或终点，圆角矩形（或圆形）代表变换数据的处理，开口矩形（或两条平行线）代表数据存储，箭头表示数据流。

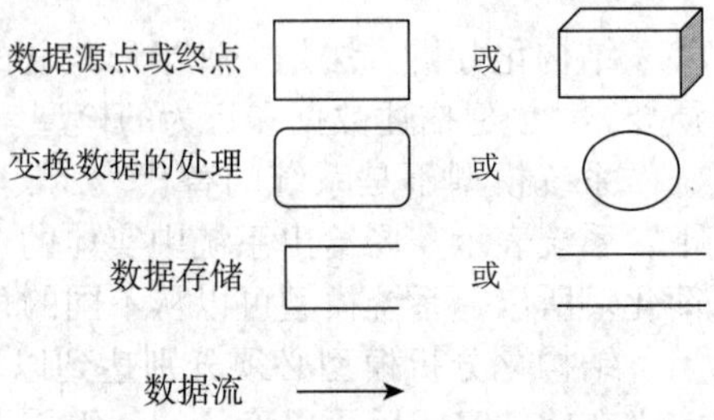

处理可以是一个程序或一系列程序的模块，甚至可以代表人工处理过程。一个数据存储可以表示一个文件或文件的一部分、数据库的元素或记录的一部

图 6-1　数据流图的基本符号

分等；数据可以存储在磁盘、主存等任何介质上。数据存储是处于静止状态的数据，而数据流是处于活动中的数据。数据源点有时会和终点相同，若只用一个符号代表数据的源点和终点，则至少将有两个箭头与这个符号相连。

数据流图的基本要点是描绘"做什么"，而不考虑"怎样做"。通常数据流图要忽略出错处理，也不包括诸如打开和关闭文件之类的内部处理。

数据流图通常作为与开发人员交流的工具，是软件分析和软件设计的工具，对更详细的设计也有帮助。

数据字典

数据字典是分析模型中出现的所有名字的一个集合，并包括有关命名实体的描述。如果名字是一个复合对象，它还应对其组成部分的描述。数据字典在系统模型开发中非常有用，它可以管理各种类型关系模型中的各种信息。使用数据字典有以下两个作用：

- 它是所有名字信息管理的有效机制。在一个大型系统中，需要给模型中的许多实体和联系命名，而这些名字在系统中必须保持一致并不能发生冲突。数据字典可以检查名字的唯一性。
- 作为连接软件分析、设计、实现和进化阶段的开发机构的信息存储。随着系统的改进，字典中的信息也会发生相应变化，新的信息会随时加入进来。

一般说来，数据字典应该由 4 类元素的定义组成：数据流、数据流分量、数据存储和处理。对于处理，用输入—处理—输出图描述更方便。除数据定义之外，数据字典中还应该包括关于数据的其他信息：

- 一般信息：包括名字、别名、描述等；
- 定义：包括数据类型、长度、结构等；
- 使用特点：包括取值的范围、使用频率、使用条件、使用方式、条件值等；
- 控制信息：包括用户、使用特点、改变数、使用权等；
- 分组信息：包括文档结构、从属结构、物理位置等。

数据字典中，应对组成的数据元素定义进行自顶向下的分解。分解的原则是：当包含的元素不需要进一步定义，且每个和工程有关的人都清楚时为止。

由数据元素组成数据的方式有以下 3 种基本类型。可以使用这 3 种类型的任意组合定义数据字典中的任何条目：

- 顺序：顺序连接两个或多个分量元素。一般用加号表示顺序连接关系。
- 选择：从两个或多个可选的分量元素中选取一个。选择运算符用方括号表示，对于多个可供选择的元素，用"|"符号分隔。例如，[A-1 | A-2 | A-3] 表示 3 个可选数据元素。
- 重复：描述的分量元素重复零次或多次。重复运算符用大括号表示，并与重复的上下限同时使用。如果上下限相同，表示重复次数固定；如果上下限分别为 0 和 1，表示分量可有可无。

数据字典描述通常采用卡片形式。一张卡片上应包含名字、别名、描述、定义、位置等信息。

数据流建模方法的步骤

数据流建模方法的步骤分为数据流图要素分析、构建数据流图和建立数据字典 3 个步骤。数据流图要素分析是指根据问题确定数据的源点、终点、数据流、数据存储和处理等。构建数据流图是指根据数据流图要素绘制数据流图。前两个步骤是一个逐步求精的过程，一开始从整体的角度分析数据流过程，然后针对每一个数据流过程进行二次分解，精化数据流图，直到不能分解为止。建立数据字典是指对数据流分析中所涉及的所有要素进行详细的规格描述。

下面以订货系统为例说明数据流图的构建过程。设一个工厂采购部每天需要一张订货报表。订货的零件数据有零件编号、名称、数量、价格、供应者等。零件的入库、出库事务通过计算机终端输入到订货系统。当某零件的库存数少于给定的库存量临界值时，就应该再次订货。

（1）数据流分析

- 数据源点：仓管员（负责将入库或出库事务输入到订货系统）。
- 数据终点：采购员（接收每天的订货报表）。
- 数据流：事务，订货。
- 数据存储：订货信息，库存清单。
- 处理：处理事务，产生报表。

（2）画出基本系统模型

一个系统的本质是将输入转换成输出，任何系统的基本模型都由若干数据源点／终点和一个代表系统对数据加工变换基本功能的处理组成。图 6-2 所示为订货系统基本模型的数据流图。

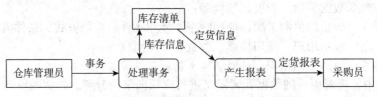

图 6-2　订货系统基本模型的数据流图

（3）第一步求精

系统基本模型的数据流图非常抽象，因此需要把基本功能细化，描绘出系统的主要功能。订货系统细化后的数据流图如图 6-3 所示，可分为"处理事务"和"产生报表"两个主要功能，同时增加了"库存清单"和"订货信息"两个数据存储，并对应出现了"事务""库存信息""订货信息""订货报表"4 个数据流。

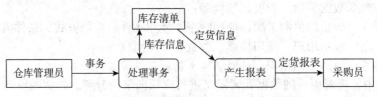

图 6-3　订货系统数据流图：第一步求精

（4）第二步求精

对描绘系统主要功能的数据流图进一步细化。订货系统第二步求精的数据流图如图 6-4 所示。当发生一个事务时，接收它并按照事务的内容修改库存清单，然后根据库存临界值确定是否订货。考虑入／出库是不同的事务处理，把"处理事务"分为"处理入库"和"处理出库"。"产生报表"仅是按一定顺序排列订货信息，按格式打印出来，已没有必要细分。

注意，数据流和数据存储的命名必须有具体含义。处理的命名应反映整个处理的功能，通常由一个动词加上一个具体的宾语组成。

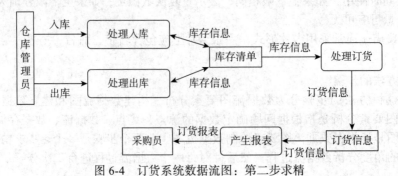

图 6-4　订货系统数据流图：第二步求精

订货系统中部分卡片形式的数据定义如图 6-5 所示。

数据字典应能产生交叉参照表，有错误检测、一致性校验等功能。

6.3.2 实例分析

问题描述

结对编程技术是一个非常简单和直观的概念：两位程序员肩并肩地坐在同一台计算机前合作完成同一个设计、同一个算法、同一段代码或同一组测试。与两位程序员各自独立工作相比，结对编程往往只需花费大约一半的时间就能编写出质量更高的代码。但是，人与人之间的合作不是一件简单的事情——尤其是在人们都早已习惯了独自工作的现在。两个有经验的人可能会发现结对编

名称：订货报表
别名：订货信息
描述：每天一次需要订货的零件表
定义：定货报表＝零件编号＋零件名称＋订货数量＋价格＋ 1{ 供应者 }3
位置：输出到打印机
零件编号＝ 8 位字符
零件名称＝ 20 位字符
订货数量＝ [1 ｜ 2 ｜ 3 ｜ 4 ｜ 5]
价格＝ { 零件单价 }
供应者＝ 24 位字符

图 6-5 数据字典卡片方式示例

程中没有什么技能的转移，但可以让他们在不同的抽象层次解决同一个问题，这会让他们更快地找到解决方案，而且错误更少。为了更方便地支持结对编程，南京师范大学结对编程与结对学习实验室希望为学校教师和学生提供一个结对编程与学习的环境，为此委托南京师范大学计算机学院设计与开发一套面对面结对编程与学习装置与软件系统。

面对面结对编程系统采用双鼠标、双键盘和双显示器共享一台主机的硬件环境，软件具有主动角色转换、强制角色转换、相容性分析、Driver 时间统计等功能，可以免去结对编程者之间频繁地相互交换座位等细节，使结对者更加方便地交流，最大化地提高工作效率，打造出最佳的合作团队。

系统组成结构

面对面结对编程系统的物理组成结构如图 6-6 所示。双显示器通过共享器连接到主机上，主机上配置双鼠标和双键盘。结对工作时，每次只有一对键盘和鼠标具有控制权，并由驾驭者操作编写代码。隔一段时间双方交换角色，则系统释放该对鼠标和键盘的控制权，并将控制权交给另外一对鼠标和键盘，允许另一个结对者进行编码工作。导航员尽管不能操作键盘和编写代码，但可以观看对方编写的代码，提出意见和思考总体方面的问题。

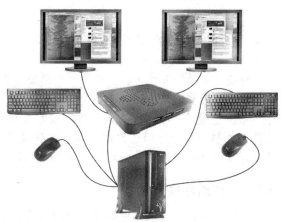

图 6-6 面对面结对编程系统的物理组成结构

功能划分

面对面结对编程系统的主要功能如下：

- 系统设置。系统设置功能完成系统工作的基本变量设置，包括系统交互提醒时间间隔、强制转换角色时间间隔等。
- 个性评测。个性评测功能完成结对者个人的性格、能力等方面的评测，以便分析结对相容性的情况。
- 相容性分析。相容性分析功能评估结对者双方结对效果并给出建议。

- 主动角色互换。主动角色互换功能完成结对者双方工作一段时间后进行角色的交换，以便充分发挥两个人的能力。
- 系统强制角色互换。当结对一定时间后，如果没有主动进行角色互换，则系统会提醒结对者交换角色，并强制进行角色交换，以充分体现结对的特色。

数据流分析

这里我们给出主动角色互换功能的数据流图。

主动角色互换功能的处理流程为：结对者主动进行角色互换，原来的导航员变为驾驭者，操作键盘编程代码；原来的驾驭者变为导航员，不再拥有键盘的控制权，负责代码审查等。主动交换角色的数据流图如图6-7所示。

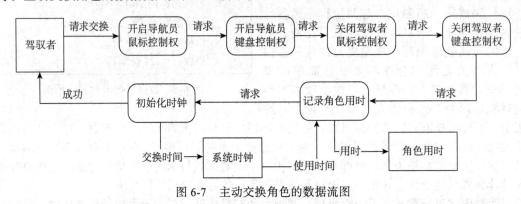

图6-7   主动交换角色的数据流图

主动角色互换功能的发起者是驾驭者，即数据源点是驾驭者，而数据终点也是驾驭者，他们都会看到该功能的处理结果。该功能的处理流程包括鼠标控制权的交换、键盘的控制权交换、记录角色用时和初始化时钟。

6.4   面向数据的建模方法

分析建模通常开始于数据建模，就是要定义在系统内处理的所有数据实体、数据实体之间的关系以及其他与这些关系相关的信息。

系统建模的一个重要方面是要定义系统处理的逻辑结构。广泛采用的数据建模技术是实体-关系模型，它描述数据实体、关联及实体属性。实体-关系模型可用实体-关系图（Entity-Relationships Diagram，ERD）来表示。

6.4.1   数据建模方法

实体是软件系统能够理解的复合信息的表示，是具有若干不同的特征或属性的事物，是现实世界中存在的且可相互区分的事物。实体可以是外部事物，也可以是发生的事件、组织单位、地点或结构等。例如，图书馆系统中的借书者、图书、借书记录等都是实体。实体只封装数据，内部没有对作用于数据的操作的引用。实体在ERD中用圆角矩形表示，内部的数据反映了实体的属性。

通常，一个实体有若干个属性。例如，"借书者"实体有编号、姓名、性别、单位、住址等属性。"试题"实体有题号、题干、题干图、答案、答案图、难度、知识点、使用时间等。属性可用矩形表示。在对复杂的系统的数据建模中，为了简化模型，在ERD中，属性可以不出现在实体中，可以用表的方式表示属性。

实体之间往往是有联系的。例如，"借书者"实体与"图书"实体之间就有借或还的关系。实体可以以多种不同的方式相互连接。要确定这种关系，需要理解所创建的软件环境中"借书者"与"图书"的角色，可以用一组"实体/关系对"来定义有关的关系。例如，对于借书的人、买书的人等，如果在图书馆系统中，可以理解为借书的人，而在书店可理解为买书的人。关系在 ERD 中用一条菱形表示，实体与关系相连。

关系描述了实体与实体之间的联系，但还不能提供足够的信息，还需要理解实体 X 出现的次数与实体 Y 的出现次数相关，这称为关系的基数。关系的基数可以定义为能够参与一个关联的最大实体实例数。关系的基数分为 3 类：

- 一对一（1∶1）关系：表示一个实体只能和一个实体关联。
- 一对多（1∶N）关系：表示一个实体可以和很多实体关联。
- 多对多（M∶N）关系：表示一个实体的多次出现和另一个实体的多次出现关联。

建立实体–关系模型分为抽取实体和建立实体关系图两个步骤。抽取实体采用领域分析的方法实现。首先，要进行领域分析，获取领域所涉及的各种名词和术语，这些都有可能称为实体。然后针对这些候选的实体，剔除与系统无关的或关系不密切的实体，或者属于其他实体属性的实体等。

建立实体关系图就是根据实体及它们之间的关系构建实体关系图。首先，分析这些实体，确定它们之间的关系和这些关系的重数。然后，绘制完整的实体关系图。最后，编写实体关系图中所涉及的元素的规格说明。

6.4.2　实例分析

面对面结对编程系统涉及系统相容性分析和评测，以及结对工作。所以，面对面结对编程系统的主要实体有结对者（包括驾驭者、导航员）、个性能力。关系有结对、评测、相容。面对面结对编程系统的实体关系图如图 6-8 所示。

每个实体的卡片描述如下：

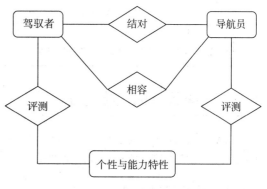

图 6-8　面对面结对编程系统的实体关系图

```
名称：驾驭者
别名：编程人员或控制键盘的合作者
描述：负责代码的输入
定义：驾驭者＝编号＋姓名＋个性＋能力＋用户名＋密码
     编号＝1{数字}8
     姓名＝1{字符}8
     个性＝{内向|外向}
     能力＝{高|中|低}
     用户名＝1{字符}8
     密码＝1{数字或字符}8
位置：评测、结对、角色交换和相容性分析
```

名称：导航员

别名：审查者

描述：负责查看代码，指明问题和提出意见

定义：导航员者＝编号＋姓名＋个性＋能力＋用户名＋密码

　　　编号＝1{数字}8

　　　姓名＝1{字符}8

　　　个性＝{内向 | 外向}

　　　能力＝{高 | 中 | 低}

　　　用户名＝1{字符}8

　　　密码＝1{数字或字符}8

位置：评测、结对、角色交换和相容性分析

名称：个性与能力特性测评

别名：性格与能力

描述：测试结对者的性格特性和能力的一组题目

定义：个性与能力特性测评＝编号＋题目＋类别

　　　编号＝1{数字}8

　　　题目＝1{字符串}100

　　　类别＝{个性 | 能力}

位置：评测、结对、角色交换和相容性分析

6.5 面向状态的建模方法

状态模型特别适合于具有复杂状态的系统建模，可以刻画系统处于不同状态时对事件的响应行为，尤其对控制系统和网络通信协议的分析特别有效。

6.5.1 状态建模方法

状态模型是一种描述系统对内部或者外部事件响应的行为模型。它描述系统状态和事件，以及事件引发系统在状态间的转换。这种模型适用于描述实时系统，因为实时系统往往是由外界环境的激励而驱动的。

状态模型一般采用状态图的标记方法。状态图描述了系统中某些复杂对象的状态变化，主要有状态、变迁和事件3种符号。

- 状态是可观察的行为模式，用圆角矩形表示。
- 变迁表示状态的转换，用箭头表示。
- 事件是引发变迁的消息，用箭头上的标记表示。

状态图还可以用事件后的方括号表示先决条件，只有当这个条件为真时，才会发生状态变化。用状态自身的弧线箭头表示先决条件不为真时，状态不会改变。

状态建模方法分为系统状态、行为与事件分析和构建状态图两个步骤。系统状态、行为与事件分析确定系统有哪些状态、行为和事件。可以通过系统运行场景来确定，也可以人为划分为一些逻辑状态。状态分析确定状态之间的转移和导致转移的事件。行为与事件分析需要确定事件导致什么样的状态转移，以及事件发生的条件等。构建状态图就是利用前面分析的结果绘制状态图。

6.5.2 实例分析

下面通过一个电梯控制系统的实例来描述状态模型的应用步骤。

问题描述

在一幢有 m 层的大厦中安装一套 n 部电梯的产品，按照下列条件求解电梯在各楼层之间移动的逻辑关系：每部电梯有 m 个按钮，每一个按钮代表一个楼层。当按下一个按钮时，该按钮指示灯亮，同时电梯驶向相应的楼层，当到达相应楼层时，指示灯熄灭。除了最底层和最高层之外，每一层楼都有两个按钮分别指示电梯上行和下行。按下按钮后指示灯亮，当电梯到达此楼层时指示灯熄灭，并向所需要的方向移动。当电梯无升降运动时，关门并停在当前楼层。

状态、行为与事件分析

通过上述的问题描述，我们分析知道，电梯控制系统主要控制电梯的运行，而电梯的运行比较复杂，具有很多状态。因此，我们重点分析电梯对象的各种状态和行为。电梯在运行过程一般具有下列状态：

- 空闲：无请求时，电梯处于休息状态。
- 暂停：上下乘客时，电梯处于暂停，开门和关门。
- 上行：电梯处于向上运行状态。
- 下行：电梯处于向下运行状态。
- 处于第一层：初始启动，电梯会在第一层处于等待状态。
- 向第一层移动：当电梯长时间没有请求而处于空闲时，电梯会移动到第一层。

电梯控制系统的事件如下：

- 向上：驱动电梯向上运行。
- 向下：驱动电梯向下运行。
- 停止：电梯停止运行。
- 无请求：没有乘客请求乘坐电梯。
- 长时间无请求：长时间没有乘客请求乘坐电梯。

绘制状态图

绘制状态图时，一般要确定系统的初始状态和终止状态。初始状态是指系统加电或启动时要进入的第一个状态。这里指电梯处于第一层状态。终止状态是指结束时系统的状态，即系统最后一个转向到终止的状态。这里没有终止状态。一般，起始状态只有一个，而终止状态可以有多个，也可以没有。电梯对象的状态图如图 6-9 所示。

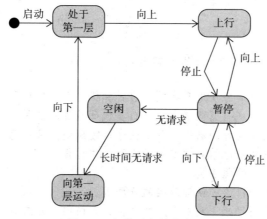

图 6-9　电梯对象的状态图

复杂的状态还可进一步分解为子状态。例如，"暂停"状态是一个复合状态，其可以进一步分为"电梯门打开"状态、"系统计时"状态和"电梯门关闭"状态，如图6-10所示。

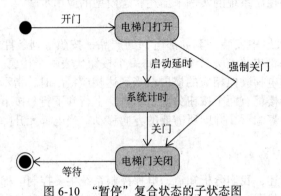

图6-10　"暂停"复合状态的子状态图

6.6　规格说明书编写示例

下面以面对面结对编程系统为例，介绍如何详细编写一个较为完整的软件规格说明书。

项目文档：需求规格说明书

1. 引言

1.1　目的

该文档是关于面对面结对编程系统的功能和性能的描述，重点描述了系统的功能需求，并作为系统设计阶段的主要输入。

本文档的预期读者包括：需求分析人员、设计人员、开发人员、项目管理人员、测试人员、用户。

1.2　项目背景

项目名称：面对面结对编程系统。

项目的提出者：南京师范大学结对编程与结对学习实验室。

开发单位：南京师范大学计算机学院。

用户：全校学生和教师。

项目实施单位：南京师范大学结对编程与结对学习实验室。

与其他系统的关系：本系统独立运行。

1.3　缩写说明

南师大：南京师范大学。

结对实验室：结对编程与结对学习实验室。

1.4　术语定义

结对编程：两位程序员肩并肩地坐在同一台计算机前合作完成同一个设计或者同一段代码的编写，其中一个程序员充当驾驭者角色，负责代码的编写，另一个程序员充当导航员的角色，负责查看代码错误和设计缺陷等。两个程序员定期地互换角色。

结对学习：两个合作者一起结对学习知识或讨论的过程。

驾驭者：负责编写代码的程序员。

导航员：负责查看代码错误和设计缺陷的程序员。

性格评测：根据一些题目来评测一个人的个性，如内向、外向等。

能力评测：根据一些题目评价一个人的编程水平，如高、中、低等。

相容性：两个合作者是否适合结对工作。

角色：充当不同的工作职责，如驾驭者和导航员。

角色交换：两个人的角色可以互换。

MBTI（Myers Briggs Type Indicator）：一种迫选型、自我报告式的性格评估测试，用以衡量和描述人们在获取信息、做出决策、对待生活等方面的心理活动规律和性格类型。MBTI 倾向显示人与人之间的差异，分为 4 个维度：他们把注意力集中在何处，从哪里获得动力（外向 | 内向）；他们获取信息的方式（实感 | 直觉）；他们做决定的方法（思维 | 情感）；通过认知的过程或判断的过程（判断 | 知觉）。

1.5 参考资料

[1] Williams L. 结对编程技术 [M]. 北京：机械工业出版社，2004.

[2] 需求规格说明书标准 [S]. GB 856D—1988.

[3] 窦万峰. 软件工程方法与实践 [M]. 北京：机械工业出版社，2009.

1.6 版本信息

具体版本信息如表 A-1 所示。

表 A-1 具体版本信息

修改编号	修改日期	修改后版本	修改位置	修改内容概述
1	2011-3-21	1.0	全部	完成第一次编写

2. 任务概述

2.1 系统定义

2.1.1 项目来源及背景

该项目是南京师范大学结对编程与结对学习实验室提出的一个面向全校学生进行面对面结对编程或学习的支持系统，并安装在南京师范大学结对编程与结对学习实验室供学生使用，或供教师进行结对效果分析。

2.1.2 项目要达到的目标

该软件是为了更方便和科学地进行结对编程与结对学习而研发的。目标是寻求合适的人员组队进行结对编程与学习，以及更好地协调双方的工作，使得结对编程与学习的效率达到理想的高度。

鉴于结对编程本身对于编程效率有较大的提升能力，该软件的出现必然迎合了许多软件开发企业的需求，因而具有广阔的市场空间。

2.1.3 系统整体结构

图 A-1 给出了系统的物理组成结构。

2.1.4 系统各部分组成、与其他部分的关系、各部分的接口等

本系统是一个独立运行的系统，不需要与其他系统连接。

2.2 运行环境

2.2.1 设备环境

普通 PC：处理器 P4 以上，内存 1GB 以上；需要 4 个以上的 USB 接口，支持双鼠标和双键盘工作。

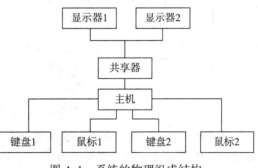

图 A-1 系统的物理组成结构

共享器：连接两个显示器，共享同一个主机的视频输出。如果主机提供双显卡输出，则可以不用共享器。

鼠标与键盘必须是 USB 接口。

2.2.2 硬件环境

对硬件的要求主要是能够同时连接两个键盘和两个鼠标，对计算机的配置要求不高，只要能正常运行当前主流编程软件的计算机，即可正常运行该程序。

2.2.3 软件环境

该软件适用于目前主流的操作系统，所以必须支持 Windows XP、Windows 7 两种系统。如特殊需求可开发支持 Linux 或者 MAC OS 等平台的版本。

2.2.4 网络环境

无。

2.2.5 操作环境

计算机桌面操作。

2.2.6 应用环境

系统工作流程如图 A-2 所示。

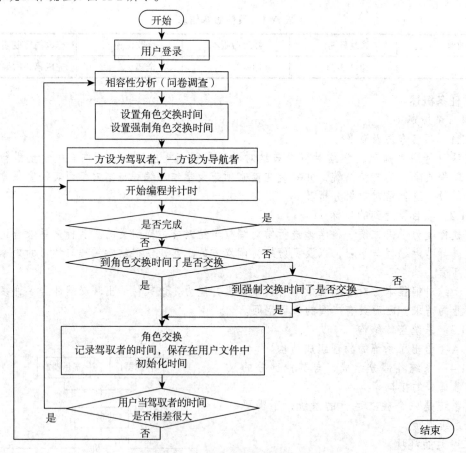

图 A-2 面对面结对编程工作流程

首先用户登录，通过调查问卷来进行相容性分析，如果两人性格和能力合适，那么即开始结对，随机分配一方为驾驭者角色，即 Driver，另一方为导航员角色，即 Navigator，并设置角色交换时间为 20 分钟，强制转换时间为 30 分钟，然后开始编程并计时。

驾驭者的键盘和鼠标正常运行，导航员的键盘被禁用，鼠标只能移动，不能单击。驾驭者发出交换请求时，两者的键盘和鼠标进行控制权交换；当时间达到 20 分钟时，弹出"交换"提示框，驾驭者可以选择"交换"或"不交换"；当时间达到 30 分钟时，两者的键盘和鼠标的控制权进行强制交换。

当发生控制权交换后，记录驾驭者的时间，分别存在该用户的文件里。初始化计时器时间。

如果一次编程结束后，每个用户当驾驭者的总时间相差太大，则重新进行相容性分析。

面对面结对编程系统分为以下几个子系统。

- 角色交换子系统：完成结对双方角色的互换，记录相关信息。
- 用户测评子系统：根据性格和能力评测结对者的个人特性。
- 用户管理子系统：用户访问权限管理。
- 相容性分析子系统：根据个人特性和结对情况进行结对者相容性分析和提出建议。

2.3 条件限制

2.3.1　列出进行本软件开发工作的假定和约束，如经费限制、开发期限等

本项目要求在 Visual Studio 2008 以上版本进行开发，需要 Windows DDK、Windows SDK 支持。本项目由 2009 级学生开发，经验不足，需要在教师指导下进行。开发经费较少。

2.3.2　列出本软件的最终用户、用户的教育水平和技术专长

最终用户一般具有大专以上学历，学习过计算机编程，最好是具有若干年工作经验的程序员。同时以善于交流、易于合作者为佳。

若以结对学习为目的，要求结对者熟悉计算机基本操作和结对原理。

2.3.3　列出本软件的预期使用频度等

本软件是在学生结对情况下使用的，使用频率较频繁。一次需要支持学生 2～3 小时的工作。

3. 数据描述

3.1　静态数据

本系统支持合作者进行面对面结对编程，需要分析结对者是否能够高效工作，所以需要了解他们的相容性。因此，本系统需要存储评测题目、个人评测结果、个人结对工作信息和用户登录的身份信息，以及系统设置，如强制交换时间等。

3.2　动态数据

- 用户登录信息
- 用户回答问题的选项
- 交换请求
- 显示相容性分析结果
- 显示工作时间、角色累计时间、工作角色等

3.3　数据库描述：数据库名称、版本

本软件采用平面文件记录各种信息，因此可以不用数据库。如果使用数据库，采用 MS Access 6.0，或 MS SQL 5.0 即可。

3.4　数据字典

数据字典描述系统的实体－关系图中的实体和关系，以及数据流图中的过程、数据流、数据存储的部分内容。

3.5　数据采集

系统运行时需要预先读取数据，或实时通过外设读取数据。

系统启动时，需要读取用户的个人信息和评测结果信息，以及系统设置信息等。

4. 功能需求

4.1 功能划分

4.1.1 系统功能组成

- 系统初始化设置
- 相容性测评
- 相容性分析
- 角色交换
- 强制交换
- 用户管理

4.1.2 功能编号和优先级

系统功能优先级如表 A-2 所示。

表 A-2   系统功能优先级

编号	名　称	优先级	描　述	主要发起者
1	系统初始化设置	次要	交换时间设定	结对者
2	相容性测评	重要	性格、能力测试	结对者
3	相容性分析	重要	结对效率分析	结对者
4	角色交换	重要	交换鼠标、键盘控制权	结对者
5	强制交换	重要	交换鼠标、键盘控制权	系统
6	用户管理	次要	用户注册与更新	管理员

4.1.3 功能定义

设置系统初始化：设置基本参数，包括系统强制角色交换的时间、系统提示交换的时间，并记录在系统文件中，或者注册表中。系统在启动时自动从文件或注册表中装载这些信息。用户调研该功能并能改变这些设置。

相容性测评：个性测评可采用 MBTI 职业性格测试标准题目测定个性特性，尤其是内、外向特性；能力特性通过编程年限、程序数量来测评。

相容性分析分为初始相容性分析和最终相容性分析。

相容性分析：

- 初评：结对开始前，根据测评的个性和能力结果，初步给出是否相容，以及建议如何做，以改善结对效率。
- 终评：结对结束后，根据任务复杂度、类型和交互过程，分析出结对相容性和存在的问题。

角色交换：结对者主动进行角色交换，原来的导航员变为驾驭者，原来的驾驭者变为导航员。

强制交换：当结对者在给定的时间没有进行角色交换，为了体现结对的基本思想，强制转换双方的角色。当到达提示时间时，系统提示是否要交换，如果是则交换；若否，则继续。当到达强制转换时间，系统强制切换鼠标与键盘的控制权，并记录角色用时。重新开始工作。

用户管理：进行用户信息管理，包括注册用户、更新用户、注销用户，以及登录验证等。

4.2 功能描述

4.2.1 功能说明

系统初始化设置：设置系统工作的基本参数，包括系统强制角色交换的时间、系统提示交换的时间。

相容性测评：根据给定的题目测试程序员的个性、能力特性和工作的任务复杂度等。个性测评可采用 MBTI 职业性格测试标准。

初始相容性分析：结对开始前，根据测评的个性和能力结果，初步给出是否相容，以及建议如何做，以改善结对效率。

最终相容性分析：结对结束后，根据任务复杂度、类型和交互过程，分析出结对相容性和问题。

角色交换：结对者主动进行角色互换，原来的导航员变为驾驭者，操作键盘编程代码；原来的驾驭者变为导航员，不再拥有键盘的控制权，负责审查复杂代码等。

强制交换：当结对者在给定的时间没有进行角色交换时，为了体现结对的基本思想，强制转换双方的角色。

交换提醒：当结对交换时间快到时，系统会发出提醒，请求是否交换角色。若用户选择交换，则启动角色互换，否则继续工作。

开始结对：开始结对时，系统要求选择角色，分配好角色以后，系统启动系统时钟开始计时。

注册用户：创建新用户。

更新用户：更新用户信息。

注销用户：删除用户信息。

登录验证：系统登录验证。

4.2.2 详细描述

采用数据流图的方法建立模型。

系统初始化设置的数据流图如图 A-3 所示。

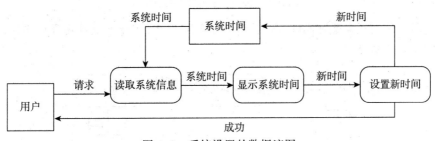

图 A-3　系统设置的数据流图

相容性测评的数据流图如图 A-4 所示。

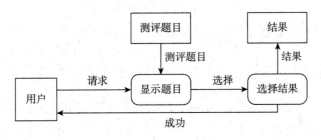

图 A-4　相容性测评的数据流图

相容性分析的数据流图如图 A-5 所示。

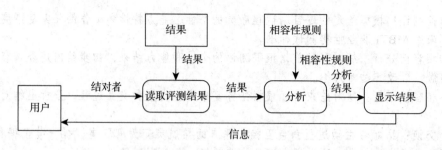

图 A-5　相容性分析的数据流图

角色交换的数据流图如图 6-7 所示。

强制交换的数据流图类似于角色互换，如图 A-6 所示。唯一不同点的是由系统发起而不是驾驭者。

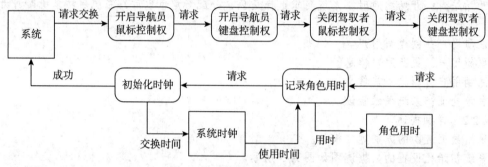

图 A-6　强制交换的数据流图

另外，当系统到达提醒时间时，会显示提醒交换，若用户选择交换则开始交换，否则系统继续，如图 A-7 所示。

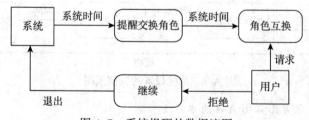

图 A-7　系统提醒的数据流图

进行用户信息管理，包括注册用户、更新用户和注销用户等。用户管理的数据流图比较简单，这里略去。

登录的数据流图如图 A-8 所示。这里两个用户一起结对，所以需要两个人一起登录。

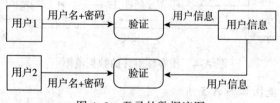

图 A-8　登录的数据流图

发起结对的数据流图如图 A-9 所示。

图 A-9 发起结对的数据流图

5. 性能需求

5.1 数据精确度

- 时钟设置到以秒为单位。
- 系统计时误差在 10 秒以内。

5.2 时间特性

- 角色交换响应时间在 5 秒以内。
- 相容性分析时间不超过 10 秒。

5.3 适应性

- 适应 Windows 操作系统不同的版本。
- 支持不同类型的 PC 兼容机和笔记本电脑。

6. 运行需求

6.1 用户界面

6.1.1 界面风格

遵守 Windows 风格。

6.1.2 界面描述和样式

- 登录界面。
- 测评界面。
- 交换角色界面。

6.2 硬件接口：与外部硬件的接口

鼠标、键盘必须是 USB 接口。

6.3 软件接口：与其他软件的接口

Windows SDK 开发包。

6.4 故障处理

鼠标、键盘控制权交换故障，可通过重启或重插拔恢复。

7. 其他需求

7.1 检测或验收标准：列出故障率、出错率等验收标准

- 鼠标、键盘控制权交换故障率低于 10%。
- 鼠标、键盘控制权交换出错率低于 20%。

7.2 可用性、可维护性、可靠性、可转换性、可移植性要求

软件故障率低于 5%；

软件要求模块设计，设备驱动可以更换。

软件可在不同的 Windows 平台上使用。

软件支持不同的 PC 兼容机。

7.3 安全保密性要求

无。

7.4 开发要求：支持软件，包括操作系统、编译程序、测试软件等

- MS VisualStudio2008 以上。
- Windows 驱动 SDK。

- 按照黑盒测试方法设计测试用例进行验收。

6.7　小结

需求分析方法分为非形式化和形式化需求分析两种。非形式化需求分析一般采用会谈、调查表、场景（或情景）分析的方式来获取用户需求和系统需求；形式化需求分析采用各种模型来描述系统的需求。

结构化分析方法是一种典型的分析建模技术，已经获得了广泛应用。抽象和分解是结构化分析的指导思想。模型是系统忽略所有细节的抽象视图。结构化分析模型的工具有数据字典、数据流图、实体关系图和状态转换图等。数据流图和数据字典常用于结构化分析，用于描述系统的数据流信息，它们一起被称为系统逻辑模型。实体关系图和状态转换图辅助描述系统数据的动态变化。

习题

1. 什么是结构化分析？
2. 结构化分析要创建哪些模型？
3. 请给出面对面结对系统的用户管理的数据模型。
4. 状态图主要用于描述系统的什么需求？
5. 请给出网上书店的主要功能和优先级。
6. 系统强制角色交换的条件是什么？
7. 请给出网上书店的实体 – 关系图。
8. 请给出电子表系统的状态图。（提示：电子表具有 3 种状态，分别为显示时间、设置小时、设置分钟。模式按钮是外部事件，导致电子表发生状态变化。）
9. 图书馆管理系统在检查读者能否借书时要考虑哪些规则？
10. 借书功能的可借性是否要考虑预约？
11. 请建立图书馆管理系统的实体 – 关系模型。

第 7 章

结构化设计

7.1 引言

软件设计处于软件工程技术的核心地位。过去的几十年出现了各种非常实用的软件设计技术。软件设计包含一套原理、概念和实践，可以指导高质量的系统或产品开发。设计原理建立了最重要的原则，用以指导设计工作。在运用设计技术和方法之前，必须理解设计概念，而且设计本身会产生各种软件设计表示，这些将指导以后的实现活动。

"设计先于编码"，这是软件工程"推迟实现"基本原则的又一体现。软件设计是把软件需求"变换"为用于构造软件的蓝图。所以，它的"输入"是需求分析的各种模型元素，"输出"是软件设计模型和表示。

软件设计的目标是对将要实现的软件系统的体系结构、系统的数据、系统模块间的接口，以及所采用的算法给出详尽的描述。软件设计包括以下任务：

- 数据设计将分析模型转化为设计类的实现以及软件实现所要求的数据结构。
- 体系结构设计定义了软件的主要结构元素之间的联系，可用于达到系统所定义需求的体系结构风格和设计模式以及影响体系结构实现方式的约束。
- 接口设计描述了软件和协作系统之间、软件和使用人员之间是如何通信的。接口是信息流和特定行为的类型。
- 构件设计将软件体系结构的结构元素变换为对软件构件的过程性描述。

7.2 软件设计过程

对于软件设计，设计者不可能一次就完成一个完整的软件设计，所以，软件设计是一系列迭代步骤的过程。软件设计过程，就是使设计者能够通过设计模型，描述将要构造软件的所有侧面。

软件设计过程主要包括概要设计和详细设计。然而，软件设计的这两个过程活动在各具特色的软件设计方法中是以不同的过程形式表现的。

概要设计

软件设计的第一类活动是概要设计，也称为总体设计、结构设计、高层设计。软件概要设计主要是仔细地分析需求规格说明，研究开发产品的模块划分，形成具有预定功能的模块组成结构，表示出模块间的控制关系，并给出模块之间的接口。软件概要设计中的输出是模块列表和如何连接它们的描述。

软件概要设计一般采用以下的典型步骤。

- **设计供选择的方案**：分析员根据系统的逻辑模型，从不同的系统结构和物理实现角度考虑，给出各种可行的软件结构实现方案，并且分析、比较各个方案的利弊。

- 选取合理的方案：按照低成本、中等成本和高成本将可供选择的方案进行分类，然后根据系统的规模和目标，以及成本／效益分析、系统进度计划等征求用户的意见。
- 推荐最佳方案：分析员综合分析、对比各种合理方案的利弊，推荐一个最佳的方案，并制订实现计划。
- 功能分解和软件结构设计：对于一个大型系统，分析员一下子就从全局角度考虑软件的结构可能会比较复杂，不利于设计。因此，采用"分而治之"的方法，将系统分解成一系列子系统，然后对每个子系统进行结构设计。
- 数据库设计：对于需要使用数据库的应用领域，分析员在已经分析的系统数据的基础上，进一步设计数据库。数据库设计包括模式设计、子模式设计、完整性和安全性设计，以及设计优化等。
- 编制设计文档：设计文档应包括系统说明、用户手册、测试计划、详细的实现计划和数据库设计结果等。
- 审查和复审：对设计的结果，包括设计文档进行严格的技术审查和复审。

概要设计阶段的主要任务是把系统的功能需求分配给软件结构，形成软件的系统结构图。在软件理论和工程的实践中，人们已经在采用各种表达软件构成的描述形式，构成了软件设计结构表达的一些规范。

软件概要设计说明书的标准模板如下所示。

软件概要设计说明书

1. 引言
1.1 目的
说明编写说明书的目的。
1.2 范围
 1.2.1 系统目标
 1.2.2 主要软件需求
 1.2.3 软件设计约束、限制
1.3 缩写
1.4 术语
1.5 考资料
1.6 版本信息
2. 数据设计
2.1 数据对象和形成的数据结构
2.2 文件和数据库结构
 2.2.1 外部文件结构
　　　　包括文件的逻辑结构、逻辑记录描述、访问方法。
 2.2.2 全局数据
　　　　描述全局数据结构。
 2.2.3 文件和数据交叉索引
3. 体系结构设计
3.1 数据和控制流复审
　　对需求规格说明或产品规格说明中要实现的功能进行归纳、分析，对涉及的数据和控制流进行汇总和归并，为概要设计做准备。

3.2　得出的程序结构

根据复审的数据流图，逐步得出软件的逻辑组成结构。利用优化思想，对软件结构图进行优化设计，得出模块层次结构适中的软件结构图。

4. 界面设计

4.1　人机界面规约

给出界面风格、约定和操作要求，设计出用户的所有界面。

4.2　人机界面设计规约

给出界面序列关系、每个界面的操作规则和处理规则。

5. 接口设计

5.1　外部接口设计

与外部系统或设备的连接关系和通信方式。

5.1.1　外部数据接口

描述外部数据格式和规范等。

5.1.2　外部系统或设备接口

与外部系统或设备接口的连接方式和通信方式。

5.2　内部接口设计规约

5.2.1　内部模块接口调用关系

5.2.2　接口数据结构

描述接口的每个参数的数据结构、参数顺序和默认值。

6. 模块过程设计

针对每一个模块，设计出每个模块的算法、内部数据结构、输入 / 输出等。

6.1　处理说明

简要描述每个模块的任务和处理过程。

6.2　接口描述

详细描述模块接口的参数与结构。

6.3　设计语言描述

对采用的语言进行简要说明。

6.4　使用的模块

与其他模块的调用关系。

6.5　内部设计结构

内部处理算法或步骤，可采用结构化程序设计方法来描述。

6.6　注释 / 约束 / 限制

给出模块的代码的注释、约束和限制。

7. 需求交叉索引

描述需求与模块的关系、存在交叉的部分，即共享模块的调用关系。

8. 测试部分

8.1　测试方针

给出测试的原则、策略和方法。

8.2　集成策略

模块集成策略和测试策略及其方案等。

8.3　特殊考虑

其他特殊要求。

9. 附录（包括特殊注解）

附加包括特殊说明、资料等。

详细设计

软件设计的第二类活动是软件详细设计，也称为模块设计、过程设计、低层设计。详细设计为结构设计中的各个模块设计过程细节，确定模块所需的算法和数据结构等。详细设计具体化要解决的问题。详细设计过程主要针对程序开发部分来说，但不是真正的编码，而是设计出程序的详细规格说明，即软件蓝图，包含必要的细节，程序员可以根据它们写出实际的程序代码。

详细设计是将概要设计的框架内容具体化、明细化，将概要设计模型转换为可以操作的软件模型，它是设计出程序的蓝图。程序员根据这个蓝图编写实际的程序代码，因此详细设计的结果决定了最终的程序代码的质量。详细设计的目标不仅设计准确地实现模块的功能，而且设计出的处理过程应该尽可能简明易懂。

详细设计主要描述每个模块或构件的设计细节，主要包括模块或构件的处理逻辑、算法、接口等。详细设计的内容包括：

- 模块或构件描述：描述模块或构件的功能，以及需要解决的问题，这个模块或构件在什么时候可以被调用，为什么需要这个模块或构件。
- 算法描述：确定模块或构件的处理算法和步骤，包括公式、边界和特殊条件，甚至参考资料等。
- 数据描述：描述模块或构件内部的数据流。

模块或构件的处理逻辑可采用流程图、PDL 语言、盒图、判定表等描述算法的图表来表示。

详细设计说明书又称为程序设计说明书。编制目的是说明一个软件系统各个层次中的每一个程序（每个模块或子程序）的设计考虑，如果一个软件系统比较简单，层次很少，本文档可以不单独编写，有关内容合并入概要设计说明书。详细设计说明书模板如下所示。

1　引言

1.1　编写目的

阐明编写详细设计说明书的目的，指明读者对象。

1.2　项目背景

应包括项目的来源和主管部门等。

1.3　定义

列出本文档中所用到的专门术语的定义和缩写词。

1.4　参考资料

- 项目经核准的计划任务书、合同或上级机关的批文。
- 项目开发计划、需求规格说明书、概要设计说明书。
- 测试计划、用户操作手册，列出有关资料的作者、标题、编号、发表日期、出版单位或资料来源。
- 文档所引用的资料、软件开发的标准或规范。

2　总体设计

2.1　需求概述

2.2　软件结构

如给出软件系统的结构图。

> 3　程序描述
>
> 3.1　模块基本信息
>
> 说明性能、输出项、功能、输入项。
>
> 3.2　算法
>
> 模块所选用的算法和依据。
>
> 3.3　程序逻辑
>
> 详细描述模块实现的算法，可采用标准流程图、PDL 语言、N-S 图、判定表等描述算法的图表。
>
> 3.4　接口
>
> 描述模块的限制条件和存储分配。
>
> 3.5　测试要点
>
> 给出测试模块的主要测试要求、方法等。

7.3　软件模块化设计

模块是一个独立命名的，拥有明确定义的输入、输出和特性的程序实体。它可以通过名字访问，可单独编译，例如，过程、函数、子程序、宏等都可作为模块。

把一个大型软件系统的全部功能，按照一定的原则合理地划分为若干个模块，每个模块完成一个特定子功能，所有的这些模块以某种结构形式组成一个整体，这就是软件的模块化设计。软件模块化设计可以简化软件的设计和实现，提高软件的可理解性和可测试性，并使软件更容易得到维护。

分解

随着软件规模的不断扩大，软件设计的复杂性也在不断增大，采用有效的分解，即"分而治之"，是能够使问题得以很好解决的必不可少的措施。

一般来说，问题的总复杂性和总工作量会随着分解逐步减少，但是，如果无限地分解下去，总工作量反而会增加。这是因为，一个软件系统的各个模块之间是相互关联的，模块划分的数量越多，模块间的联系也越多。模块本身的复杂性和工作量虽然随着模块变小而减少，模块的接口工作量却随着模块数的增加而增大。因此，软件模块化必须保证科学、合理地进行模块分解。

如何控制软件设计能科学而合理地进行模块分解，这与抽象和信息隐蔽等概念紧密相关。软件的模块化分解进程是对系统有层次地思维和求解过程。软件结构的每一层次中的模块表示对软件抽象层次的一次精化。用自顶向下、从抽象到具体的方式分配控制，不仅可以使软件结构非常清晰，容易设计，便于阅读和理解，也增加了软件的可靠性，提高了软件的可修改性，而且有助于软件的测试、调试和软件开发过程的组织管理。

抽象

当我们在考虑一个复杂问题时，最自然的办法就是抽象，因为复杂的问题涉及多方面的问题和细节，如果全盘考虑势必造成不能清楚地思考问题，必然导致给出不合理的解决方案。分解必然需要抽象的支持。抽象是抓住主要问题，隐藏细节，这样才能容易分解。

抽象具有不同的级别。在最高的抽象级上，使用问题所处环境的语言以概括性的术语描述解决方案。在较低的抽象级上，将提供更详细的解决方案说明。例如，当我们开始考虑需求时，与用户使用业务描述语言和领域术语来交谈，主要目的是了解用户的动机；然后使用用例和场景等方法得到用户的基本要求；最后使用各种建模方法描述和理解用户的真正需要。

当我们在不同的抽象级间移动时，我们试图创建过程抽象和数据抽象。过程抽象是指具有明确和有限功能的指令序列。过程抽象侧重于功能，而隐藏了具体的细节。例如，在图书馆系统中，用例"借书"功能名称或用例图中的"借书"用例图标，实际上隐含了一系列的细节：浏览书库，找到要借的书，到借阅处办理借书手续，最后带着图书离开。数据抽象是描述数据对象的集合。例如，在过程抽象"借书"的情形下，我们可以定义"图书"、"借书记录"、"借书者"的数据抽象。

抽象是人类解决复杂问题的基本方法之一。只有抓住事物的本质，才能准确分析和处理问题，找到合理的解决方案。

信息隐蔽

信息隐蔽原则建议模块应该具有的特征是：每个模块对其他所有模块都隐蔽自己的设计决策。也就是说，模块应该详细说明且精心设计以求在某个模块中包含的信息不被不需要这些信息的其他模块访问。

根据信息隐蔽原则，应该使"模块内部的信息，对于不需要这些信息的其他模块来说是隐蔽的"。"隐蔽"意味着有效的模块化可以通过定义一组独立的模块而实现，这些独立的模块之间仅仅交换那些必须交换的信息。也就是说，独立的构件或模块之间的"接口"简单而清晰。

把信息隐蔽用做模块化系统的一个设计标准，在软件测试和维护过程中，在需要修改时将提供最大的益处。由于构件内部的数据和程序对软件的其他部分是隐蔽的，在修改过程中，无意地引入错误并传播到软件其他部分的可能性很小。

逐步求精

逐步求精是一种自顶向下的设计策略。通过连续精化层次结构的软件细节来实现软件的开发，层次结构的开发将通过逐步分解功能的过程抽象直至形成程序设计语言的语句。逐步求精是人类采用抽象到具体的过程把一个复杂问题趋于简单化控制和管理的有效策略。逐步求精是一个细化的过程。我们从在高抽象级上定义的功能陈述或数据描述开始，然后在这些原始陈述上持续细化越来越多的细节。

模块独立性

模块独立性是指开发具有独立功能而和其他模块没有过多关联的模块，也就是说，使每个模块完成一个相对独立的特定子功能，并且和其他模块之间的关系尽可能简单。模块独立性体现了有效的模块化。独立的模块由于分解了功能，简化了接口，使得软件比较容易开发；独立的模块比较容易测试和维护。因此，模块独立性是一个良好设计的关键，而良好的设计又是决定软件质量的关键。

模块独立性可以由两个定性标准度量，即模块自身的内聚和模块之间的耦合，前者也称为块内联系或模块强度，后者也称为块间联系。显然，模块独立性越高，则块内联系越强，块间联系越弱。

内聚性从功能的角度对模块内部聚合能力进行量度。模块的内聚性按照从弱到强，逐步增强的顺序，可分成 7 类，如图 7-1 所示。高内聚是模块独立性追求的目标。

图 7-1 内聚性的划分

- 偶然性内聚：模块内的各个任务在功能上没有实质性联系，纯属"偶然"因素组合为块内各个互不相关的任务。
- 逻辑性内聚：模块通常由若干个逻辑功能相似的任务组成，通过模块外引入的一个开关量来选择其一执行。这种内聚增大了模块间的耦合性。
- 时间性内聚：模块内的各个任务由相同的执行时间联系在一起，如初始化模块。
- 过程性内聚：模块内的各个任务必须按照某一特定次序执行。
- 通信性内聚：模块内部的各个任务靠公用数据联系在一起，即均使用同一个输入数据，或者产生同一个输出数据。
- 顺序性内聚：模块内的各任务是顺序执行的。上一个任务的输出是下一个任务的输入。
- 功能性内聚：模块各个成分结合在一起，完成一个特定的功能。显然，功能性模块具有内聚性最强、与其他模块联系少的特点。

"一个模块，一个功能"已成为模块化设计的一条重要准则。当然，应尽量使用高、中内聚性的模块，而低内聚性模块由于可维护性差，应尽可能避免使用。

耦合性是对一个软件结构内不同模块之间互连程度的度量。耦合性的强弱取决于模块间接口的复杂程度，以及通过接口的数据类型和数目。模块的耦合度按照从弱到强，逐步增强的顺序，也可分成 7 类，如图 7-2 所示。弱的耦合是模块独立性追求的目标。

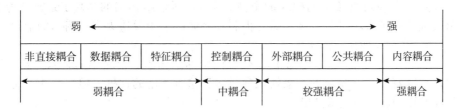

图 7-2　耦合度的划分

- 非直接耦合：同级模块相互之间没有信息传递，属于非直接耦合。
- 数据耦合：调用下属模块时，如果交换的都是简单变量，便构成数据耦合。
- 特征耦合：调用下属模块时，如果交换的是数据结构，便构成特征耦合。由于传递的是数据结构，不仅数据量增加，而且会使模块的相关性增加，显然其耦合度比数据耦合高。
- 控制耦合：模块间传递的信息不是一般的数据，而是作为控制信息的开关值或标志量。例如，逻辑性内聚的模块调用就是典型的控制耦合，由于控制模块必须知道被调模块的内部结构，从而增强了模块间的相互依赖。
- 外部耦合：若一组模块访问同一个全局变量，我们可称它们为外部耦合。
- 公共耦合：若一组模块访问同一个全局性的数据结构，则称它们为公共耦合。全局性的数据结构可以是共享的通信区、公共的内存区域、任何存储介质文件、物理设备等。
- 内容耦合：若一个模块可以直接调用另一个模块中的数据，或者直接转移到另一个模块中去，或者一个模块有多个入口，则称为内容耦合。内容耦合是最强的耦合，往往被称为是"病态"的块间联系，应尽量不用。

耦合是影响软件复杂程度的一个重要因素。考虑模块间的联系时，应该尽量使用数据耦合模块，少用控制耦合模块，限制公共耦合的范围，不采用内容耦合模块。

7.4　软件结构

软件结构是软件系统的模块层次结构，反映了整个系统的功能实现。软件结构以层次表示程序的系统结构，即一种控制的层次体系，并不表示软件的具体过程。软件结构表示了软件元素之间的关系，如调用关系、包含关系、从属关系和嵌套关系等。

软件结构一般用树状或网状结构的图形来表示。在软件工程中，一般采用结构图（Structure Chart，SC）来表示软件结构。软件结构图的主要元素如下：

- 模块：用带有名称的方框表示，名称应体现模块的功能。
- 控制关系：用单向箭头或直线表示模块间的调用关系。
- 信息传递：用带注释的短箭头表示模块调用过程中传递的信息。
- 循环调用和选择调用：在上部模块底部加一个菱形符号，表示选择调用；在上部模块的下方加一个弧形箭头，表示循环调用。

软件结构图（图 7-3）具有以下的形态特征：

- 深度：结构图控制的层次，也是模块的层数。图 7-3 所示结构图的深度为 5。深度能粗略表示一个系统的大小和复杂程度，和程序长度之间存在着某种对应关系。
- 宽度：一层中最大的模块个数。图 7-3 所示结构图的宽度为 8。一般来说，结构的宽度越大，则系统越复杂。
- 扇出：一个模块直接下属模块的个数。图 7-3 所示结构图的模块 I 的扇出为 4。扇出过大，表示模块过分复杂，需要控制和协调的下级模块太多。扇出的上限一般为 5～9，平均一般为 3 或 4。
- 扇入：一个模块直接上属模块的个数。图中的结构图的模块 T 的扇入为 4。扇入过大，意味着共享该模块的上级模块数目多，这有一定的益处，但是不能违背模块的独立性原则而片面追求高扇入。

画结构图应注意模块不能重名，调用关系只能从上到下。

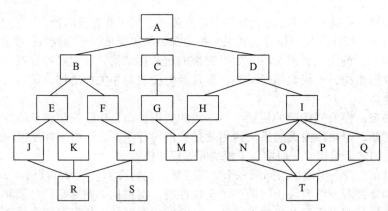

图 7-3　软件结构图

软件设计应该始终考虑要开发一个能满足所有功能和性能需求，并能满足设计质量要求的软件。软件的模块化设计除了要达到"正确"目标之外，还必须进行优化，以达到"最佳"设计。优良的模块化设计往往又能实现程序设计的高效。

人们在开发软件的长期实践中积累了丰富的经验，总结出以下一些软件模块化设计的优化策略，给软件工程师们提供有益的启示。

改进软件结构提高模块独立性。通过模块的分解或合并，力求降低耦合度、提高内聚性。模块功能应该可以预测，但也要防止模块功能过分局限。

减少复杂的数据结构。在满足模块化要求的前提下尽量减少模块数量，在满足信息需求的前提下尽可能减少复杂的数据结构。

模块规模适中。经验表明，一个模块的规模不应过大。一般做法是，对过大的模块应进行分解，但不应降低模块的独立性；过小的模块开销大于有效操作，而且规模数目过多将使系统接口复杂，可以进行适当的合并。

软件结构的深度、宽度、扇入数和扇出数适当。深度表示软件结构中控制的层次，它往往往能粗略地表征一个系统的大小和复杂程度。如果层数过多，应该适当调整分解程度，原则是上层分解得快（抽象）些，下层分解得慢（具体）些。宽度是软件结构内同一层次上模块数目的最大值。宽度越大表示系统越复杂。一般，宽度数量应控制在 7±2，即 5～9 个模块。

扇出数是一个模块直接调用的模块数目。扇出数过大意味着模块过分复杂，需要控制和调用过多的下级模块；扇出数过小也不好，会导致层次加深。一般来说，平均扇出数是3～5。扇入数指一个模块被上级模块调用的数目。扇入数越大意味着共享该模块的上级模块越多。一般来说，扇入数大（称为高扇入）是好的，但是，不能违背模块独立性原理单纯追求高扇入。

模块的作用域应该在控制域之内。模块的作用域定义为，受该模块内一个判定影响的所有模块的集合。模块的控制域定义为这个模块本身，以及所有直接或间接从属于它的模块的集合。在一个好的设计系统中，所有受影响的模块应该都属于做出判定的那个模块，最好是局限于做出判定的那个模块自身，以及它的直属下级模块。而且，软件的判定位置离受它控制的模块越近越好。

设计单入口、单出口的模块。力求降低模块接口的复杂程度，单入/出口的模块易于理解，也容易维护。

模块接口复杂是发生错误的一个重要原因。应该仔细设计模块接口，使得信息传递简单，并且和模块的功能一致。接口复杂或者不一致是强耦合、低内聚的征兆，应该按照模块的独立性原则，重新分析设计这个模块接口。

7.5 结构化概要设计

结构化软件概要设计的目的是建立软件结构。面向数据流分析（Data Flow Analysis，DFA）的设计方法是基于数据处理过程建立软件结构。

7.5.1 数据流模型

根据基本的系统模型，数据信息必须以"外部"信息形式进入软件系统。例如，键盘输入的数据、鼠标交互的事件等，经过内部处理以后再以"外部"的形式离开系统，如报表、界面显示等。根据数据信息的"流动"特点，有 3 种数据流类型：变换流、事务流、混合流。

变换流。图 7-4 表示信息的时间"历史"状况。信息可以通过各种路径进入系统，信息在"流"入系统的过程中由外部形式变换成内部数据形式，被标识为输入流。在软件的核心，输入数据经过一系列加工处理，被标识为变换流。通过变换处理后的输出数

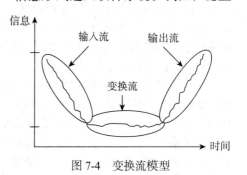

图 7-4 变换流模型

据，沿各种路径转换为外部形式"流"出软件，被标识为输出流。整个数据流体现了以输入、变换、输出的顺序方式，沿一定路径前行的特征，这就是变换型数据流，简称变换流。

事务流。当数据流经过一个具有"事务中心"特征的数据处理时，可以根据事务类型从多条路径的数据流中选择一条活动通路。这种具有根据条件选择处理不同事务的数据流，称为事务型数据流，简称事务流。图 7-5 所示的是事务流模型。

混合流。在一个大型系统的数据流图中，变换流和事务流往往会同时出现。例如，在一个事务型的数据流图中，分支动作路径上的信息流也可能会体现出变换流的特征，即以事务流为中心，在分支通路上出现变换型的数据流。在有的系统中是以变换流为中心，在变换中以拥有多条通路的事务流形式存在。

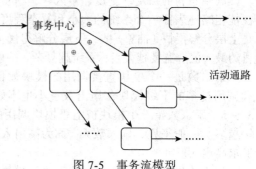

图 7-5 事务流模型

7.5.2 数据流设计方法

面向数据流分析的设计是一种结构化的软件结构设计方法，即数据流设计方法。面向数据流分析的设计能与大多数需求规格说明技术配合，可以使模块达到高内聚性（顺序性内聚）。这一设计技术是从数据流图分析模型映射为软件模块组成结构的设计描述，所以也称为结构化设计方法。

面向数据流分析的设计是以数据流图为基础的，根据数据流的类型特征，其设计也相应分成变换设计方法和事务设计方法。但是，无论是哪一种类型的设计，设计的步骤基本相同，步骤如下：

（1）复查基本系统模型，并精化系统数据流图。不仅要确保数据流图给出了目标系统正确的逻辑模型，而且应使数据流图中的每个处理都表示一个规模适中、相对独立的子功能。

（2）确定数据流类型。分析数据流类型，确定数据流具有变换流特征还是事务流特征。

（3）第一次分解。如果数据流具有变换流特征，则按照变换设计方法进行；如果数据流具有事务流特征，则按照事务设计方法进行。

（4）逐步分解，形成初步软件结构。采用自顶向下、逐步求精的方式完成模块分解，确定相应的软件结构，并对每一个模块给出一个简要说明，包括模块接口信息、模型内部信息、过程陈述、约束等。

（5）优化软件结构。根据模块独立性原理和运用设计度量标准，对导出的软件结构进行优化，得到具体的有尽可能高的内聚性、尽可能松散耦合的模块结构。

变换设计方法

变换设计方法的要点是分析数据流图，确定输入流、输出流边界，根据输入流、变换流、输出流 3 个数据流分支将软件映射成一个标准的树形体系结构。变换设计方法是将具有变换流特征的数据流图映射为软件结构图，其设计过程除基本过程步骤外，不同之处是确定输入和输出边界以及变换设计。

具有变换流特征的软件结构第一次分解主要是将软件分解成 3 个组成部分，即输入部分、输出部分和变换处理部分，它们分别对应数据流图的输入、输出和处理。因此，我们需要确定输入流和输出流的边界，也分别称为最高输入/输出抽象点。

确定输入流边界的方法是：从最初的输入流开始，逐步检查后续的数据流是否发生数据本质的改变，如数据流类型和性质变化。如数据流发生了变化，则前一个数据流就是一个最高输入抽象点。如果只有一个输入流，则该最高输入抽象点就是输入边界。如果存在多个输入流，则可找到多个最高输入抽象点，由这些抽象点组成一个边界，就是输入边界。

同样，输出边界是从最后一个输出流向前移动，分析数据是否发生本质改变，则可确定最高输出抽象点，进而确定输出边界。

确定了输入边界和输出边界以后，输入流边界和输出流边界之间就是变换流，也称为"变换中心"。第一次分解就是根据输入/输出边界将系统分解为 3 个部分，分别为输入模块、输出模块和变换模块。注意，要给这 3 个模块起合适的名称。

事务设计方法

事务设计是把事务流映射成包含一个接收分支和一个发送分支的软件结构。接收分支的映射方法与变换设计映射出输入结构的方法相似，即从事务中心的边界开始，把沿着接收流通路的处理映射成一个模块。发送分支结构包含了一个分类控制模块和它下层的各个动作模块。数据流图的每一个事务动作流路径应映射成与其自身信息流特征相一致的结构。

事务设计方法是将具有事务流特征的数据流图映射为软件结构图，其设计过程除基本过程外，不同之处是确定事务中心和事务设计。

如果是事务流特征，则必然存在一个事务中心，并由事务中心往下存在多个分支，每个分支组成一个通道，而每次执行只有一个通道被执行，称为活动通道。每一个活动通道的执行取决于事务中心的"指令"。

一旦确定事务中心，接口将软件划分为两部分：一个接收分支和一个发送分支。发送分支包含一个"事务中心"和各个事务动作流。接收分支为输入部分。注意，分别给各个分支起合适的名称。

7.5.3 实例分析

变换设计实例

下面设计一个"统计输入文件中单词数目"程序，数据流图如图 7-6 所示。

图 7-6 统计输入文件中单词数目的数据流图

这是一个简单的、具有明显变换流特征的程序。首先读文件名，验证文件名的有效性；再对有效的文件进行"统计单词数"处理；单词总数经过格式化处理，最后被送到"显示单词数"输出。

分析输入流边界的方法是从输入流开始，经过多个处理以后，发现数据流的性质发生变化，则可确定该数据流的前一个数据流处就是输入流边界。例如，图 7-6 中开始的数据流是"文件名"，经过"读文件名"和"验证文件名"以后变为"有效的文件名"，但数据流性质并没有发生改变，但经过"统计单词数"后变为"单词总数"，明显发生性质变化，因此，输入流边界为"有效的文件名"处。同样，输出流边界应从输出端向前回溯，当发现输出流的性质改变时，可确定该数据流处向后一个数据流为输出流边界。例如，图 7-6 中"单词总数"向前回溯一直到"有效的文件名"才发生性质改变，故输出流边界应在"单词总数"处。根据输入流边界和输出流边界确定了输入、变换、输出数据流，软件可映射成图 7-7 所示的 3 个模块的结构。

图 7-7　统计输入文件中单词数目的软件结构图：第一次分解

　　"读取和验证文件名"、"统计单词数"和"格式化和显示单词数"模块分别对应数据流图的输入、变换和输出 3 个部分。"读取和验证文件名"模块把验证标志传给"统计单词数"模块。文件名若无效，则输出错误信息，退出系统；若有效，则统计该文件的单词数目，然后传给"格式化和显示单词数"模块。"读取和验证文件名"及"格式化和显示单词数"模块具有通信内聚性，可分别把各自的功能进一步分解为下属模块功能。图 7-8 给出了第二次分解后的软件结构图。然后对其进行结构优化，保证每个模块具有功能内聚性，各模块之间仅有数据耦合。最后给出各个模块的简要描述。

图 7-8　统计输入文件中单词数目的软件结构图：第二次分解

　　该"统计输入文件中单词数目"的例子比较简单，只有一个输入流和一个输出流。一个软件系统往往具有多个输入流和多个输出流。在有多个输入流和多个输出流时，应分别找出各个输入流和输出流的边界，即最高抽象点，然后分别连接这些输入流的最高抽象点和输出流的最高抽象点，分别形成输入边界和输出边界。

事务设计实例

　　下面设计"自动柜员机（ATM）业务"软件，数据流图如图 7-9 所示。ATM 机系统是一个典型的具有事务流特征的程序。用户将磁卡插入 ATM，输入密码验证后，机器会根据用户的选择操作，执行一系列业务服务，如存款、取款、查询等。

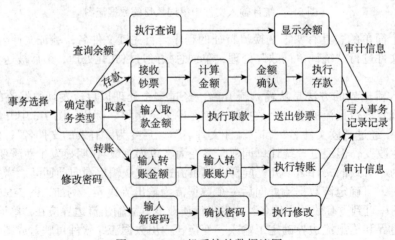

图 7-9　ATM 机系统的数据流图

ATM 机系统结构应分解为分析器与调度器两部分。分析器确定事务类型，并将事务类型信息传给调度器，然后由调度器执行该项事务。事务操作部分可以逐步求精，直到给出最基本的操作细节。事务基本操作细节模块往往是被上层模块共享的，这部分结构模式往往称为"瓮型"结构。图 7-10 给出了 ATM 机系统的软件结构图。

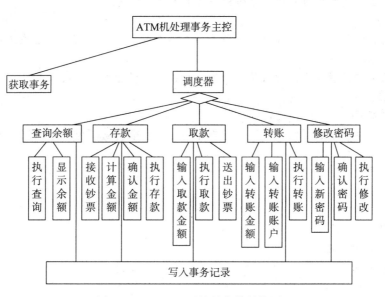

图 7-10　ATM 机系统的软件结构图

混合流设计实例

混合数据流设计是将变换流设计与事务流设计相结合。设计方法同变换流设计和事务流设计一样。混合流设计中的关键是变换流和事务流的边界划分。例如，我们对图 7-9 中的输入数据流进行细化，如图 7-11 所示。

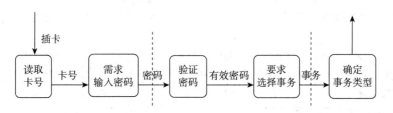

图 7-11　输入数据流图

显然，这是一个混合流数据流图，输入部分是一个变换流，后面部分是一个事务流。我们可以采用混合流的方法进行设计。首先，对输入部分按照变换流设计方法给出输入边界和输出边界，如图 7-11 中的虚线。输入部分结构如图 7-12 所示。

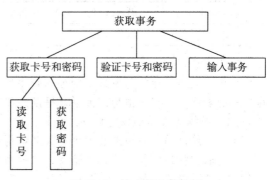

7.6　概要设计文档编写示例

软件概要设计文档规格说明书描述软件

图 7-12　输入部分结构图

的逻辑组成结构和接口，从软件整体方面描述软件的逻辑架构。下面以面对面结对编程系统为例介绍概要设计说明书的编写。

1. 引言部分

引言部分主要说明编写目的、系统的范围和参考资料等。

1.1　目的

该文档的目的是描述面对面结对编程系统的概要设计，主要内容包括系统功能简介、系统结构设计、系统接口设计、模块设计和界面设计等。

本文档预期的读者包括设计人员、开发人员、项目管理人员、测试人员。

1.2　范围

1.2.1　系统目标

开发一个支持学生进行结对编程和结对学习，并和教师进行结对效果研究与分析实验的系统，满足结对实践的需要。

1.2.2　主要软件需求

该系统主要功能包括：

- 发起结对
- 交换角色
- 个性与能力评测
- 相容性分析
- 用户管理

1.2.3　软件设计约束、限制

软件支持双鼠标、双键盘的物理结构。

1.3　缩写

无。

1.4　术语

软件结构：软件的逻辑架构，指软件模块的层次组成结构。

角色交换：指结对者的角色互换，在这里要求键盘和鼠标的控制权发生改变。

1.5　参考资料

[1] 软件概要设计文档格式标准 [S]. GB 856D—1988.

[2] 窦万峰 . 软件工程方法与实践 [M]. 北京：机械工业出版社，2009.

1.6　版本信息

具体版本信息如表 B-1 所示。

表 B-1　具体版本信息

修改编号	修改日期	修改后版本	修改位置	修改内容概述
1	2011-4-21	1.0	全部	完成第一次编写

2. 数据设计

本部分主要描述软件所涉及的外部数据的结构描述。如果数据以数据库文件呈现，则要描述表的名称和表字段结构；如果数据以外部文件形式呈现，则要描述文件的内部结构。

2.1　数据对象和形成的数据结构

面对面结对编程系统涉及的主要数据结构如下：

结对者：描述结对者的基本信息，包括用户名、密码等。其数据结构是一个顺序数据结构，包括结对者基本信息。

角色：指明结对者所充当的角色，包括驾驭者、导航员和学习者。其数据结构是一个枚举类型。

个性：描述结对者的性格特性，包括以下内容。

- 情感精力：外向 E – 内向 I。
- 认识世界：实感 S – 直觉 N。
- 判断事物：思维 T – 情感 F。
- 生活态度：判断 J – 知觉 P。

这 4 种类型两两组合，可以组合成 16 种人格类型。每一对中那些得分较高的字母代表 4 种最强的偏好，当它们合并起来时，将决定性格典型。例如，你也许是记者型（ENFP），或是公务员型（ISTJ），或是 16 种典型个性中的任何一类，完全看那 4 个字母的组合。如果在你所偏好的字母上的得分是 4，那表示这个偏好是中度的；得 5 分或 6 分表示渐强的偏好；7 分则代表非常强烈的偏好。例如，你在（E）上得了 7 分，代表你是一个非常外向的人。你喜欢花很多时间和其他人在一起，同时你比一般人都要享受说话的乐趣。另一方面，若你在（E）上得了 4 分，则表示你对外向的偏好是适中的，这表示你大概比一般典型的内向型（I）外向和健谈，但同时比一个强烈的外向型（E）保守和内敛。

能力：描述结对者的编程能力或学习能力。

个性评价问卷：MBTI 是一种迫选型、自我报告式的性格评估测试，用以衡量和描述人们在获取信息、做出决策、对待生活等方面的心理活动规律和性格类型。MBTI 倾向显示了人与人之间的差异。MBTI 提供了 4 种类型，共 28 个题目。

相容性信息：结对者是否适合结对，即相容性程度。其数据结构是一个顺序结构。

相容性评价：根据个性、能力和任务复杂度得出结对相容性程度。其是一个布尔值。

2.2　文件和数据库结构

描述文件的数据结构或者据库表的结构。

2.2.1　外部文件结构

包括文件的逻辑结构、逻辑记录描述、访问方法。面对面结对编程系统主要的外部文件有：

- 结对者信息文件 pairs.txt。
- 个性评测题目文件 mbti.txt。
- 相容性文件 comm.txt。
- 相容性评测文件 paircomm.txt。

2.2.2　全局数据

面对面结对编程系统的全局变量有：

- 驾驭者角色时间 DriverTotalTime。
- 交换角色时间间隔 SwitchInterval。
- 结对者 PairInfo，其数据结构定义如下：

```
Struct  pairInfo {
    Name;
    Sex;
    Major;
    Mbti;
    Power;
    DriverTotaltime;
    CurrentRole;
} currentpairinfo;
```

- 系统时钟 Timer。

2.2.3   文件和数据交叉索引

- 结对者信息文件用在用户管理和结对功能中；
- 个性评测题目文件用于相容性评测功能中；
- 相容性文件用在相容性评测功能中；
- 相容性评测文件用于结对效果评价中。

3. 体系结构设计

这一部分主要描述软件的逻辑组成接口，即软件结构图的绘制。

3.1   数据和控制流复审

对需求规格说明或产品规格说明中要实现的功能进行归纳分析，对涉及的数据和控制流进行汇总和归并，为概要设计做准备。

一般对数据流图的精化分析包括两个方面的内容，一是审查整个数据流图，查看有没有遗漏的地方，并补充和完善；二是分析每一个数据流图，去掉一些细节的内容，这里去掉数据存储和外部用户。

对于面对面结对编程系统，我们补充了一个总体数据流图，如图 B-1 所示。

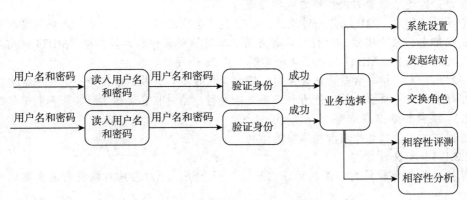

图 B-1   面对面结对编程系统的总体数据流图

对部分数据流图的精化如下。

设置系统工作的基本参数，其精化的数据流图如图 B-2 所示。

图 B-2   精化的系统设置数据流图

相容性测评精化的数据流图如图 B-3 所示。

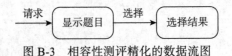

图 B-3   相容性测评精化的数据流图

相容性分析精化的数据流图如图 B-4 所示。

图 B-4   相容性分析精化的数据流图

交换角色精化的数据流图如图 B-5 所示。

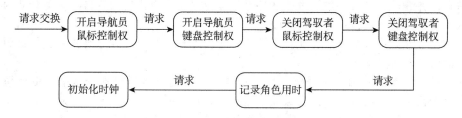

图 B-5 交换角色精化的数据流图

强制交换精化的数据流图类似于角色互换。

另外,当系统到达提醒时间时,会显示提醒交换,若用户选择交换则开始交换,否则系统继续,如图 B-6 所示。

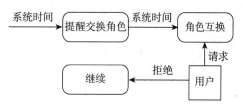

图 B-6 系统提醒精化的数据流图

3.2 得出的程序结构

根据复审的数据流图,逐步得出软件的逻辑组成结构。利用优化思想,对软件结构图进行优化设计,得出模块层次结构适中的软件结构图。图 B-7 是优化过的面对面结对编程系统结构图。

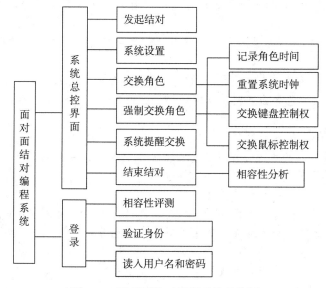

图 B-7 面对面结对编程系统结构图

4. 界面设计

这一部分主要给出界面设计的总体要求和界面序列,以及界面设计规约。

4.1 人机界面规约

给出界面风格、约定和操作要求,设计出用户的所有界面。面对面结对系统的界面主要包括下面几种。

读入用户名和密码界面:该界面能够输入用户名和密码。由于本系统登录需要两个结对者同时工作,因此需要输入两组用户名和密码,因此有两种方案:一是一次输入两个用户名和密码进行验证,这样的问题是出现错误后无法知道是哪个用户,而且费时;二是采用先后次序的方式进行登录系统,而且有利于用户的评测。另外,登录界面还要有用户注册功能。

系统总控界面：系统总控界面是系统的主界面，主要完成与用户的交互任务，接收用户的请求，并调用相应的模块。另外总控界面应能够显示用户的角色信息和驾驭者的工作时间，以及显示强制交换的系统时间等。

系统设置界面：系统设置界面主要设置系统的运行参数，包括系统强制交换的间隔时间和提醒的间隔时间。

相容性评测界面：相容性评测界面主要能够显示题目和用户选择结果。由于题目有多组，可以有两种方案实施，一是全部显示题目和选项，用户全部答完，记录结构；二是显示一个题目，用户答完后，单击下一题，系统显示下一题，直到结束。

相容性分析界面：相容性分析界面主要显示相容性分析结果和建议。

系统提醒界面：系统提醒界面显示需要交换角色了。同时，系统也支持用户选择交换功能。

4.2　人机界面设计规约

给出界面序列关系，以及每个界面的操作规则和处理规则。面对面结对编程系统有以下几种界面序列。

登录、注册与评测界面序列：
- 两个新用户的界面序列：注册 – 评测 – 登录 – 注册 – 评测 – 登录 – 相容性分析 – 进入总控界面。
- 一个新用户和一个老用户的界面序列：注册 – 评测 – 登录 – 登录 – 相容性分析 – 进入总控界面。
- 一个老用户和一个新用户的界面序列：登录 – 注册 – 评测 – 登录 – 相容性分析 – 进入总控界面。
- 两个新用户的界面序列：登录 – 登录 – 相容性分析 – 进入总控界面。

总控界面与交换角色界面序列：总控界面 – 交换角色 – 刷新总控界面 – 鼠标、键盘控制权互换。

总控界面与交换提醒界面序列：
- 交换提醒并交换角色界面序列：总控界面 – 交换提醒 – 角色交换 – 刷新总控界面。
- 交换提醒界面序列：总控界面 – 交换提醒。

强制交换界面序列：刷新总控界面。

发起结对界面序列：总控界面 – 开始结对 – 选择角色 – 刷新总控界面。

结束结对界面序列：总控界面 – 结束结对 – 相容性分析。

5. 接口设计

本部分主要描述模块的接口参数和类型等。

5.1　外部接口设计

与外部系统或设备的连接关系和通信方式。

5.1.1　外部数据接口

描述外部数据格式和规范等。面对面结对编程系统目前没有外部数据接口。

5.1.2　外部系统或设备接口

与外部系统或设备接口的连接方式和通信方式。面对面结对编程系统与外部的接口仅仅是硬件的接口要求，鼠标与键盘要求是 USB 接口连接。

5.2　内部接口设计规约

内部接口是指软件逻辑模块之间的调用接口。内部接口设计规约定义内部模块之间的调用关系和传递的数据结构。

5.2.1　内部模块接口调用关系

内部模块的接口调用关系可参看图 B-8，为了便于讨论，我们给每个模块一个编号，并对结构图进一步进行优化。它们的接口调用关系如下。

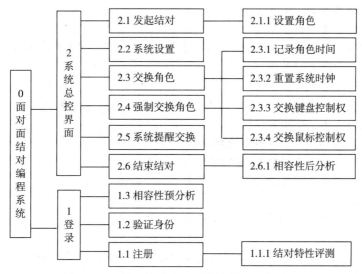

图 B-8　面对面结对编程系统结构图（带编号）

- 系统总模块：main( )：void。
- 登录模块：login (username1, username2：string, password1, password2：string)：pairusers。
  - 注册：register (void)：user。
  - 验证身份：verify (users)：bool。
- 1-3 相容性预分析：pairevaluate (users)：void。
  - 结对特性评测：evaluate( )：feature。
- 总控模块：paierprogram (pairusers)：void。
- 2-1 发起结对：startpairing (roles)。
- 2-1-1 指定角色：setrole( )：roles。
- 2-2 系统设置：setpairtime( )：time。
- 2-3 交换角色：switchrole (roles)：roles。
- 2-3-1 记录角色时间：recordroletime (drivertime：time)：time。
- 2-3-2 重置系统时钟：initiatetimer (switchinterval：time)：void。
- 2-3-3 交换键盘控制权：switchkeyboard (currentkeyboard：string)：string。
- 2-3-4 交换鼠标控制权：switchmouse (currentmouse：string)：string。
- 2-4 强制交换角色：systemswitchrole (roles)：roles。
- 2-5 系统提醒交换：remind( )：void。
- 2-6 结束结对：endpairing( )：void。
- 2-6-1 相容性后分析：comfortible (users)：void。

5.2.2　接口数据结构

描述接口的每个参数数据结构、参数顺序和默认值。面对面结对编程系统的接口数据结构主要有 user、pairinfo、feature 和 roles。

6. 模块过程设计

略。

7. 需求交叉索引

描述需求与模块的关系，存在交叉部分，即共享模块的调用关系。

- 登录功能：1 登录。
- 用户管理：1-1 注册。
- 相容性分析：1-3 相容性预分析、2-6-1 相容性后分析、1-1-1 结对特性评测。
- 发起结对：2-1 发起结对。
- 设置系统：2-2 系统设置。
- 交换角色：2-3 交换角色、2-3-1 记录角色时间、2-3-2 重置系统时钟、2-3-3 交换键盘控制权；2-3-4 交换鼠标控制权。
- 系统强制交换角色：2-4 强制交换角色。
- 系统提醒交换：2-5 系统提醒交换。
- 结束结对：2-6 结束结对。

8. 测试部分

本部分描述测试的原则与方法，以及测试策略和计划。

8.1 测试方针

针对主要功能优先测试，以黑盒测试技术为主、白盒测试技术为辅来设计测试用例。

8.2 集成策略

面对面结对编程系统采用自顶向下和自底向上混合的集成测试策略。其中 0、1、2、1-1、2-1、2-2、2-3、2-4、2-5、2-6 模块采用自顶向下的策略进行测试。其他模块采用自底向上的策略进行测试。

8.3 特殊考虑

特别注意鼠标、键盘的稳定性，建议进行压力测试。

7.7 详细设计

软件设计采用自顶向下、逐次功能展开的设计方法，首先完成总体设计，然后完成各有机组成部分的设计。根据工作性质和内容的不同，软件设计分为概要设计和详细设计。概要设计实现软件的总体设计、模块划分、用户界面设计、数据库设计等；详细设计则根据概要设计所做的模块划分，实现各模块的算法设计，实现用户界面设计、数据结构设计的细化，等等。

详细设计是软件工程中软件开发的一个步骤，是对概要设计的一个细化，即详细设计每个模块的处理过程与算法，以及所需的局部结构。详细设计的目标是：实现模块功能的算法要在逻辑上正确，算法描述要简明易懂。详细设计重点在于描述系统的实现方式，详细说明各模块实现功能所需的类及具体的方法函数，包括涉及的 SQL 语句等。

详细设计的基本任务如下：

- 为每个模块进行详细的算法设计。用某种图形、表格、语言等工具将每个模块处理过程的详细算法描述出来。
- 为模块内的数据结构进行设计。对于需求分析、概要设计确定的概念性的数据类型进行确切的定义。
- 为数据结构进行物理设计，即确定数据库的物理结构。物理结构主要指数据库的存储记录格式、存储记录安排和存储方法，这些都依赖于具体所使用的数据库系统。
- 根据软件系统的类型，还可能要进行以下设计：

■ 代码设计。为了提高数据的输入、分类、存储、检索等操作，节约内存空间，对数据库中的某些数据项的值要进行代码设计。
■ 输入 / 输出格式设计。
■ 人机对话设计。对于一个实时系统，用户与计算机频繁对话，因此要进行对话方式、内容、格式的具体设计。
● 编写详细设计说明书。
● 评审。对处理过程的算法和数据库的物理结构都要评审。

7.8　结构化详细设计

结构化程序设计的理念是在 20 世纪 60 年代，由 Dijkstra 等人提出并加以完善的。结构化的程序一般只需要用 3 种基本的逻辑结构就能实现。这 3 种基本逻辑结构是顺序结构、选择结构和循环结构。它们都强调对功能域的维护，每一种逻辑结构都有可预测的逻辑结构，并且都是单入口和单出口。顺序结构最为简单。选择结构有 if-then-else（二分支）和 do-case（多分支）两种结构形式。循环结构有 do-while 和 do-until 两种结构形式。

详细设计描述工具，可以分为以下几类：
● 图形工具：把过程的细节表示成一个图的组成部分，逻辑构造用具体的图形来表示。
● 列表工具：用一个表来表示过程的细节，列出了各种操作及其相应的条件。
● 语言工具：用类语言来表示过程的细节，这种类语言很接近于编程语言。

一种设计工具应当表现出控制的流程、处理功能、数据的组织以及其他方面的实现细节，从而在编码阶段能把对设计的描述直接翻译成程序代码。

流程图

流程图是一种图形设计工具，也称为程序框图，能直观地描述过程的控制流程，便于初学者掌握。流程图中较常用的一些符号如图 7-13 所示。方框表示一个处理步骤，菱形代表一个逻辑条件，箭头表示控制流向。注意：流程图中使用的箭头代表控制流而不是数据流。

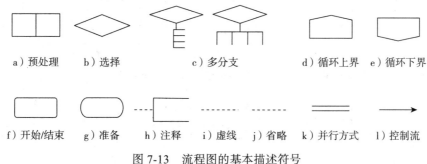

a）预处理　　b）选择　　　　c）多分支　　　　d）循环上界　e）循环下界

f）开始/结束　　g）准备　　h）注释　　i）虚线　　j）省略　　k）并行方式　　l）控制流

图 7-13　流程图的基本描述符号

流程图的主要优点是对控制流程的描绘很直观，便于初学者掌握。流程图的主要缺点是：流程图本质上不是逐步求精的好工具，它诱使程序员过早地考虑程序的控制流程，而不去考虑程序的全局结构；流程图中用箭头代表控制流，因此程序员不受任何约束，随意转移控制；流程图不易表示数据结构。

盒图

盒图也是一种图形设计工具，是由 Nassi 和 Shneiderman 提出的，所以又称为 N-S 图。其基本描述符号如图 7-14 所示。

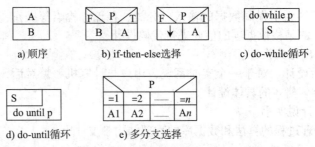

图 7-14　盒图的基本描述符号

　　每个处理步骤都用一个盒子来表示，这些处理步骤可以是语句或语句序列，在需要时，盒子中还可以嵌套另一个盒子，嵌套深度一般没有限制，只要整张图可以在一张纸上容纳下就行。盒图具有下述特点：

- 功能域（一个特定控制结构的作用域）明确，可以从盒图上一眼就看出来。
- 由于只能从上边进入盒子，然后从下面走出盒子，除此之外没有其他的入口和出口，因此盒图限制了任意的控制转移，保证程序有良好的结构。
- 很容易确定局部数据和全局数据的作用域。
- 很容易表现嵌套关系，也可以表示模块的层次结构。

　　盒图很容易表示程序结构化的层次结构，确定局部数据和全局数据的作用域。由于没有箭头，因此不允许随意转移控制。坚持使用盒图作为详细设计的工具，可以使程序员逐步养成用结构化的方式思考问题和解决问题的习惯。

PAD 图

　　PAD（Problem Analysis Diagram，问题分析图）是一种图形设计工具，自 1973 年由日本日立公司发明以后，已得到一定程度的推广。它由程序流程图演化而来，用二维树形结构的图来表示程序的控制流，将这种图翻译成程序代码比较容易。图 7-15 所示为 PAD 图的基本符号。

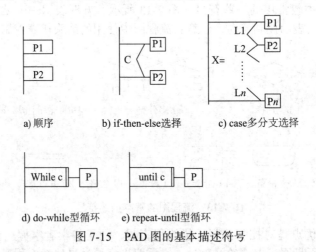

图 7-15　PAD 图的基本描述符号

　　PAD 图的基本原理：采用自顶向下、逐步细化和结构化设计的原则，力求将模糊的问题求解的概念逐步转换为确定的和详尽的过程，使之最终可采用计算机直接进行处理。

　　PAD 图的主要优点如下：

- 使用表示结构化控制结构的 PAD 符号设计出来的程序必然是结构化程序。
- PAD 图所描绘的程序结构十分清晰。PAD 图中最左边的竖线是程序的主线，即第一层结构。随着程序层次的增加，PAD 图逐渐向右延伸，每增加一个层次，图形向右扩展一条竖线。PAD 图中竖线的总条数就是程序的层次数。

- 用 PAD 图表现程序逻辑，易读、易懂、易记。PAD 图是二维树形结构的图形，程序从图中最左竖线上端的结点开始执行，自上而下，从左向右顺序执行，遍历所有结点。
- 容易将 PAD 图转换成高级语言源程序，这种转换可用软件工具自动完成，从而可省去人工编码的工作，有利于提高软件可靠性和软件生产率。
- PAD 图既可用于表示程序逻辑，又可用于描绘数据结构。

PAD 图的符号支持自顶向下、逐步求精方法的使用。开始时，设计者可以定义一个抽象的程序，随着设计工作的深入而使用 def 符号逐步增加细节，直至完成详细设计，如图 7-16 所示。

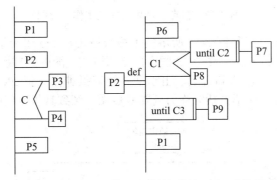

　　a) 初始的PAD图　　　　b) 使用def符号细化处理框P2后的PAD图

图 7-16　使用 def 符号逐步细化

PAD 的执行顺序从最左主干线的上端的结点开始，自上而下依次执行。每遇到判断或循环，就自左而右进入下一层，从表示下一层的纵线上端开始执行，直到该纵线下端，再返回上一层的纵线的转入处。如此继续，直到执行到主干线的下端为止。

HIPO 图

HIPO（Hiberarchy Plus Input-Process-Output, 层次加输入 – 处理 – 输出）图是根据 IBM 公司研制的软件设计与文件编制技术发展而来的。HIPO 图最初只用做文档编写的格式要求，随后发展成比较有名的软件设计手段。

HIPO 图采用功能框图和过程描述语言（Procedure Description Language，PDL）联合来描述程序逻辑，它由两部分组成：可视目录表和 IPO 图。可视目录表给出程序的层次关系，IPO 图则为程序各部分提供具体的工作细节。

可视目录表由体系框图、图例、描述说明 3 部分组成。具体描述如下：

体系框图又称层次图（H 图），是可视目录表的主体，用来表明各个功能的隶属关系。它自顶向下逐层分解得到一个树形结构。它的顶层是整个系统的名称和系统的概括功能说明；第二层把系统的功能展开，分成了几个框；第二层功能进一步分解，就得到了第三层、第四层……直到最后一层。每个框内都应有一个名称，用以标识它的功能；还应有一个编号，以记录它所在的层次及在该层次的位置。

每一套 HIPO 图都应当有一个图例，即图形符号说明。附上图例，不管人们在什么时候阅读它都能对其符号的意义一目了然。

描述说明是对层次图中每一个框的补充说明，在必须说明时才用，所以它是可选的。描述说明可以使用自然语言。例如，应用 HIPO 法对盘存 / 销售系统进行分析，可以得到图 7-17 所示的工作流程图。

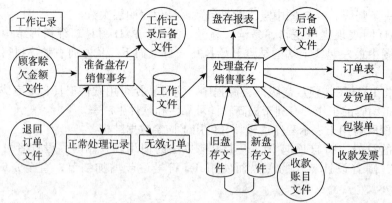

图 7-17 盘存／销售系统的工作流程图

分析此工作流程图，可得图 7-18 所示的可视目录表。IPO 图为层次图中每一功能框详细地指明输入、处理及输出。通常，IPO 图有固定的格式，图中处理操作部分总是列在中间，输入和输出部分分别在其左边和右边。由于某些细节很难在一张 IPO 图中表达清楚，常常把 IPO 图又分为两部分，简单概括的称为概要 IPO 图，细致具体一些的称为详细 IPO 图。

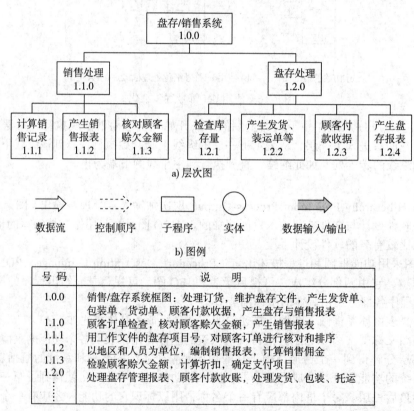

图 7-18 盘存／销售系统的可视目录表

概要 IPO 图用于表达对一个系统，或对其中某一个子系统功能的概略表达，指明在完成某一功能框规定的功能时需要哪些输入、哪些操作和哪些输出。图 7-19 是表示销售／盘存系统第二层的对应于 H 图上的 1.1.0 框的概要 IPO 图。

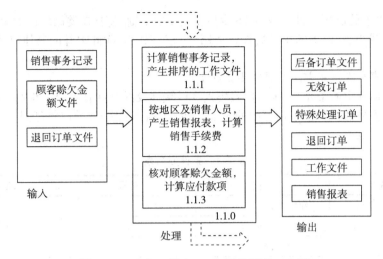

图 7-19　对应 H 图上 1.1.0 框的概要 IPO 图

在概要 IPO 图中，没有指明输入、处理、输出三者之间的关系，用它来进行下一步的设计是不可能的。故需要使用详细 IPO 图以指明输入、处理、输出三者之间的关系，其图形与概要 IPO 图一样，但输入、输出最好用具体的介质和设备类型的图形表示。图 7-20 是销售／盘存系统中对应于 1.1.2 框的一张详细 IPO 图。

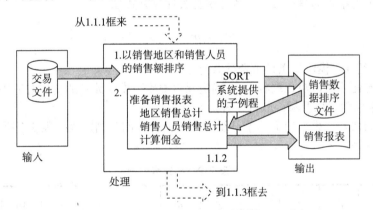

图 7-20　对应于 H 图 1.1.2 框的详细 IPO 图

HIPO 图有自己的特点：①这一图形表达方法容易看懂；② HIPO 的适用范围很广，不限于详细设计。事实上，绘制可视目录表就是与概要设计密切相关的工作。如果利用它仅仅表达软件要达到的功能，则是需求分析中描述需求的很好的工具。因为 HIPO 图是在开发过程中的表达工具，所以它又是开发文档的编制工具。开发完成后，HIPO 图就是很好的文档，而不必在设计完成以后，专门补写文档。

判定表与判定树

判定表与判定树是一种列表设计工具，常用于条件嵌套的复杂判定情况的分析和设计，以及多分支结构代码的设计与实现。

下面通过一个汽车保险加工模块如何确定保险类别来说明判定表与判定树的应用。具体描述如下：某数据流图中有一个"确定保险类别"的模块，指的是申请汽车驾驶保险时，要根据申请者的情况确定不同的保险类别。模块逻辑如下：如果申请者的年龄在 21 岁以下，要额外收费；如果申请者是 21 岁以上并且是 26 岁以下的女性，适用于 A 类保险；如果申请者是 26 岁以下的已婚男性，或者 26 岁以上的男性，适用于 B 类保险；如果申请者是 21 岁以下的女性或 26 岁以下的单身男性，适用于 C 类保险。除此之外的其他申请者都适用于 A 类保险。

使用判定表与判定树方法的具体步骤如下：

（1）提取问题中的条件。"确定保险类别"模块涉及的条件有年龄、性别、婚姻 3 种。

（2）标出条件的取值。根据上面的 3 个条件，确定每个条件的取值范围。表 7-1 给出了每个条件的取值范围。

表 7-1　条件取值表

条件名	取值	符号	取值数 m
年龄	年龄≤21	C	$m_1 = 3$
	21＜年龄＜26	Y	
	年龄≥26	L	
性别	男	M	$m_2 = 2$
	女	F	
婚姻	未婚	S	$m_3 = 2$
	已婚	E	

（3）计算所有条件的组合数 N。条件组合数计算公式如下：

$$N = \sum_{i=1}^{3} m_i = 3 \times 2 \times 2 = 12$$

"确定保险类别"模块的条件组合数共有 12 个。

（4）提取可能涉及的动作或措施。"确定保险类别"模块涉及的动作有适用于 A 类保险、B 类保险、C 类保险，以及额外收费 4 种。

（5）制作判定表。根据前面的条件组合分析，可以制定判定表。表 7-2 所示为"确定保险类别"模块的判定表。

表 7-2　判定表

条件＼序号	1	2	3	4	5	6	7	8	9	10	11	12
年龄	C	C	C	C	Y	Y	Y	Y	L	L	L	L
性别	F	F	M	M	F	F	M	M	F	F	M	M
婚姻	S	E	S	E	S	E	S	E	S	E	S	E
A 类保险					√	√		√		√		
B 类保险				√					√			√
C 类保险	√	√	√				√					
额外收费	√	√	√									

（6）完善判定表。初步的判定表可能会存在一些问题，需要进一步完善，表现在以下方面：

- 缺少判定组合采取的动作。如问题陈述中若没有"除此之外……"，那么第 9 和 10 两列就无法选取动作，这应该补充完整。

- 存在冗余的列。两个或多个规则中，具有相同的动作，且与所对应的各个条件组合中的条件的取值无关。例如，第 1 和第 2、第 5 和第 6、第 9 和第 10、第 11 和第 12 都与第 3 个条件"婚姻"关联，因此可合并。合并后的判定表如表 7-3 所示。

表 7-3　合并后的判定表

条件 \ 序号	1	3	4	5	7	8	9	11
年龄	C	C	C	Y	Y	Y	L	L
性别	F	M	M	F	M	M	F	M
婚姻	—	S	E	—	S	E	—	—
A 类保险				√			√	
B 类保险			√			√		√
C 类保险	√	√			√			
额外保险	√	√	√					

注："—"表示与取值无关。

判定表能够把在什么条件下系统应做什么动作都准确无误地表示出来，但不能描述循环的处理特征，循环处理还需要 PDL 语言。判定树是判定表的变形，一般情况下比判定表更直观，且易于理解和使用。与判定表 7-5 等价的判定树如图 7-21 所示。

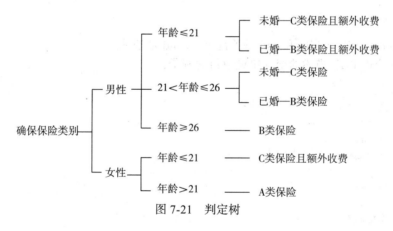

图 7-21　判定树

PDL

PDL 是介于自然语言和形式语言之间的一种半形式化的语言。PDL 在自然语言基础上加了一些限定，使用有限的词汇和有限的语句来描述加工逻辑，它的结构可分成外层和内层两层。

外层用来描述控制结构，采用顺序、选择、重复 3 种基本结构。内层一般采用祈使语句的自然语言短语，使用数据字典中的名词和有限的自定义词，其动词含义要具体，尽量不用形容词和副词来修饰。

下面是 PDL 语言的 3 种形式。

（1）顺序结构

```
A seq
    Block1
    Block2
```

```
        Block3
A end
```

其中，seq go end 是关键字。

（2）选择结构

```
A select cond1
        Block1
A or cond2
        Block2
A or cond3
        Block3
A end
```

其中，select、or 和 end 是关键字，cond1、cond2 和 cond3 是分别执行 Block1、Block2 和 Block3 的条件。

（3）重复结构

```
A iter until cond
        Block1
A end

A iter while cond
        Block1
A end
```

其中，iter、until、while 和 end 是关键字，cond 是条件。

下面是一个用 PDL 描述的统计单词数目的例子：

```
统计空格 seq
        打开文件
        读入字符串
        Totalsum = 0
        程序体 iter until文件结束
            ……
        程序体end
        印总数seq
        印出空格总数
            印总数end
        关闭文件
        停止
统计空格end
```

程序是顺序结构，共 7 条语句，其中程序体是一个循环结构。PDL 可以很好地表示嵌套结构。

7.9 详细设计文档编写示例

本节介绍详细设计规格说明书的编写，以面对面结对编程系统为例进行介绍。

1. 引言

本部分主要说明项目背景和术语定义等。

1.1　编写目的

本部分阐明编写详细设计说明书的目的，指明读者对象。

本文档描述每个模块的细节设计，包括模块的接口、调用关系、处理过程和算法，以及模块测试方案等。本文档的主要读者为软件设计人员、模块开发人员、管理人员、测试人员。

1.2　项目背景

本部分应包括项目的来源和主管部门等。

本项目由南京师范大学结对编程与结对学习实验室提出，由南京师范大学计算机学院2009 级计算机专业学生完成。

1.3　定义

本部分列出本文档中所用到的专门术语的定义和缩写词。

结对编程：两位程序员肩并肩地坐在同一台计算机前合作完成同一个设计或者同一段代码的编写，其中一个程序员充当驾驭者角色，负责代码的编写，另一个程序员充当导航员的角色，负责查看代码错误和设计缺陷等。两个程序员定期地互换角色。

结对学习：两个合作者一起结对学习知识或讨论的过程。

驾驭者：负责编写代码的程序员。

导航员：负责查看代码错误和设计缺陷的程序员。

性格评测：根据一些题目来评测一个人的个性，如内向、外向等。

能力评测：根据一些题目评价一个人的编程水平，如高、中、低等。

相容性：两个合作者非常适合结对工作。

角色：充当不同的工作职责，如驾驭者和导航员。

1.4　参考资料

[1] Williams L. 结对编程技术 [M]. 北京：机械工业出版社，2004.

[2] 需求规格说明书标准 [S]. GB 856D—1988.

[3] 窦万峰 . 软件工程方法与实践 [M]. 北京：机械工业出版社，2009.

1.5　版本信息

具体版本信息如表 C-1 所示。

表 C-1　具体版本信息

修改编号	修改日期	修改后版本	修改位置	修改内容概述
1	2011-3-21	1.0	全部	完成第一次编写

2. 总体设计

本部分简要给出系统的需求和软件结构组成，以便追踪到需求与设计。

2.1　需求概述

面对面结对编程系统的需求定义如下：

系统初始化设置：设置基本参数，包括系统强制角色交换的时间、系统提示交换的时间。

相容性测评：测定用户性格特性、能力特性等。

相容性分析：

- 初评：结对开始前，根据测评的个性和能力结果，初步给出是否相容，以及建议如何做，以改善结对效率。
- 终评：结对结束后，根据任务复杂度、类型和交互过程，分析出结对相容性和问题。

角色互换：结对者主动进行角色互换，原来的导航员变为驾驭者，操作键盘编程代码；原来的驾驭者变为导航员，不再拥有键盘的控制权，负责审查复杂代码等。

强制交换：当到达提示时间时，系统提示是否要交换，如果是则由用户交换，否则到达预定时间则由系统强制交换。

用户管理：进行用户信息管理，包括注册新用户、更新用户、注销用户，以及登录验证等。

2.2 软件结构

面对面结对编程系统的软件结构图如图 C-1 所示。

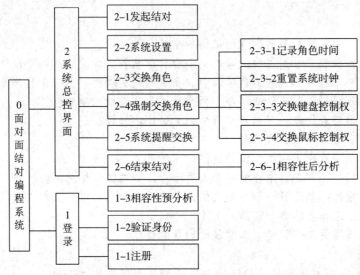

图 C-1 面对面结对编程系统的软件结构图

3. 程序描述

本部分针对每一个模块进行详细设计。这里以交换角色模块及其子模块为例进行说明。

3.1 模块基本信息

2-3 交换角色模块 switchrole (roles): roles；说明如下：

输入：roles– 结对者的角色信息。

输出：roles– 交换后的角色信息。

功能：完成鼠标、键盘的控制权交换、角色标识和角色工作时间累计计算和重启时钟。

性能：要求在 5 秒以内完成。

3.2 算法

交换角色模块调用如下模块完成交换角色功能：

2-3-4 交换鼠标控制权模块完成鼠标的控制权交换。

2-3-3 交换键盘控制权模块完成键盘的控制权交换。

2-3-1 记录角色时间模块记录角色工作时间累计。

2-3-2 重置系统时钟模块重新计时。

3.3 程序逻辑

交换角色模块的程序逻辑如图 C-2 所示。

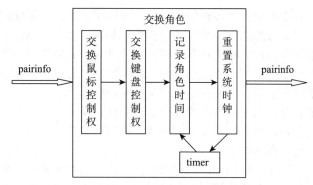

图 C-2 交换角色模块的程序逻辑

3.4 接口

交换角色模块需要知道结对用户的角色信息和角色工作的当前累计时间,以及系统时钟的当前时间。每次交换结束时都要重置系统时钟的时间,这可由全局变量 swichinterval 得到。

交换鼠标和键盘控制权模块要进行鼠标和键盘接口异常检测和处理。

3.5 测试要点

交换角色模块主要测试输入接口和输出接口是否正确,以及模块内部调用关系是否正确。可采用白盒测试技术设计测试用例以测试处理逻辑,利用黑盒测试技术来测试接口。

7.10 编码实现

编码的目的是实现人和计算机的通信,指挥计算机按人的操作意图正确工作。程序设计语言是人和计算机之间进行通信的最基本的工具,其特性会影响人的思维和解决问题的方式,因此,会不可避免地影响人和计算机通信的方式和质量,也会影响其他人对程序的阅读和理解。

7.10.1 编码语言

根据编码语言的发展历程,编码语言基本上可以分为低级语言和高级语言两大类。

低级语言包括机器语言和汇编语言。这两种语言都依赖于相应的计算机硬件。机器语言属于第一代语言,汇编语言属于第二代语言。高级语言包括第三代程序设计语言和第四代超高级程序设计语言(简称 4GL)。第三代程序设计语言利用类英语的语句和命令,尽量不再指导计算机如何去完成一项操作,如 BASIC、COBOL 和 FORTRAN 等。第四代程序设计语言比第三代程序设计语言更像英语但过程更弱,与自然语言非常接近,兼有过程性和非过程性的两重特性,如数据库查询语言、程序生成器等。

编码语言特性包括心理特性和技术特性。

编码语言的心理特性是指影响程序员心理的语言性能,包括歧义性、简洁性、局限性、顺序性、传统性。从软件工程的观点,编码语言的特性着重考虑软件开发项目的需要。因此对编码有如下要求:可移植性、开发工具的可利用性、软件的可重用性、可维护性。编码语言的技术特性对软件工程各阶段都有影响,特别是当确定了软件需求之后,编码语言的技术特性就显得非常重要了,要根据项目的特性选择相应特性的语言。在某些情况下,仅在语言具有某种特性时,设计需求才能满足。语言特性对软件的测试与维护也有一定的影响,支持结构化构造的语言有利于减少程序环路的复杂性，使程序易测试、易维护。

高级语言的选择可以参照以下标准：为使程序容易测试和维护以减少软件的总成本，所选用的高级语言应该有理想的模块化机制，以及可读性好的控制结构和数据结构。为便于调试和提高软件可靠性，应该使编译程序能够尽可能多地发现程序中的错误。为降低软件开发和维护的成本，选用的高级语言应该有良好的独立编译机制。

使用面向对象语言时，由于语言本身充分支持面向对象概念的实现，因此，编译程序可以自动把面向对象概念映射到目标程序中。使用非面向对象语言编写面向对象程序，则必须由程序员自己把面向对象概念映射到目标程序中。从原理上说，使用任何一种通用语言都可以实现面向对象概念。当然，使用面向对象语言，实现面向对象概念，远比使用非面向对象语言方便。选择面向对象语言的关键因素是语言的一致表达能力、可重用性及可维护性。

7.10.2 编码风格

编码风格指一个人编制程序时所表现出来的特点、习惯、逻辑思路等。良好的编码风格可以减少编码的错误，减少读程序的时间，从而提高软件的开发效率。良好的编码风格体现在源程序文档化、数据说明、输入/输出风格及效率等几个方面。在编码阶段，要善于积累编程经验，培养和学习良好的编码风格，使编出的程序清晰易懂，易于测试与维护，从而提高软件的质量。

一个公认的、良好的编码风格可以减少编码的错误，减少读程序的时间，从而提高软件的开发效率。为了做到这一点，应该遵循下述一些原则。

源程序文档化。源程序文档化包括选择标识符名称，对源程序进行适当注释，使源程序具有良好的视觉组织等。标识符应按意取名。程序中的语句一般不会太复杂，用词要力求准确。若是几个单词组成的标识符，每个单词的第一个字母要大写，或用下划线分开，以便于理解。一般对变量和标识符采用匈牙利命名规则，即变量采用变量类型和变量相关的单词组合缩写而成。标识符（模块名、变量名、常量名、标号名、函数名等）采用易理解、与应用相关的名称。程序应加注释。对源程序做必要的序言型注释、功能型注释和状态型注释。注释是程序员与读者通信的重要工具，用自然语言或伪码表示。使用分层缩进的写法显示嵌套结构的层次，在注释周围加边框，注释段与程序段、不同程序之间加空行，每行只写一条语句，书写表达式时，适当使用空格或圆括号做隔离符。这些都有利于源程序的阅读。

数据说明。在编写程序时，要注意数据说明的风格。为使数据易于理解和维护，有以下指导原则：

- 数据说明顺序应规范，使数据的属性更易于查找，从而有利于测试、纠错与维护。
- 一个语句说明多个变量时，各变量按字典顺序排列。
- 对于复杂的数据结构，要加注释，说明在程序实现时的特点。

输入/输出风格。输入/输出的方式和格式应当尽量做到对用户友好，尽可能方便用户的使用。在编写输入和输出程序时考虑以下原则：

（1）输入格式力求简单、一致，尽可能采用自由格式输入。

（2）进行数据输入时，让程序对所有输入数据进行有效性检查，防止破坏程序。

（3）输入一批数据时，使用数据或文件结束标志，而不要用计数来控制。

（4）交互式输入时，向用户显示提示信息，并说明允许的范围及边界值。

（5）对多个相关数据组合输入，进行检查，剔除似是而非的输入值。

（6）对可能产生的重大后果请求给出醒目提示，使程序具有预防功能。

（7）输出数据表格化、图形化。

（8）发生错误时，能迅速恢复正常。

效率。效率指处理机时间和存储空间的使用。选择良好的设计方法是提高程序效率的根本途径，设计良好的数据结构与算法是提高程序效率的重要方法。对效率的追求有以下建议：效率是一个性能要求，目标在需求分析给出；追求效率建立在不损害程序可读性或可靠性的基础之上，要先使程序正确，再提高程序效率；先使程序清晰，再提高程序效率；提高程序效率的根本途径在于选择良好的数据结构与算法，而不是靠编程时对语句做调整。

7.11 小结

软件设计是软件工程的核心阶段。软件设计是对数据结构、系统体系结构、接口和过程细节 4 个方面进行逐步求精的设计和设计复审，以及完成设计文档的编写。

软件设计包括概要设计和详细设计。概要设计主要完成软件体系结构设计、软件逻辑结构设计和接口设计。详细设计主要针对模块内部的算法和数据结构，以及模块接口规范进行细节设计。

模块化设计遵循分解、抽象、信息隐蔽、逐步求精和模块独立性等一系列指导原则。模块独立性体现了有效的模块化，使得软件比较容易开发，比较容易测试和维护。因此，模块独立性是一个良好设计的关键，而良好的设计又是决定软件质量的关键。模块独立性可以由模块自身的内聚性和模块之间的耦合度两个定性标准度量。模块独立性越高，则内聚性越强，耦合度越弱。

概要设计就是确定系统的模块以及模块之间的结构和关系，将软件的功能需求分配给所划分的最小单元模块。概要设计描述软件的逻辑结构，确定接口的数据结构、外部文件结构、数据库模式以及确定测试方法与策略。

概要设计的一个重要方法就是数据流设计方法。数据流设计方法的步骤是将分析阶段的数据流图进行精化，分析数据流确定是变换流还是事务流类型，或者是两种流组合的混合流。根据数据流类型特点将数据流图映射成软件结构图，最后进行优化设计，得到合理的软件模块结构。

在软件模块确定后，就需要考虑为软件结构图中的每一个模块确定相应的算法和块内的数据结构，用结构化程序设计工具来描述。结构化程序设计工具通常以图形语言来描述，然后用 PDL 语言来加工，使得操作的步骤尽可能详细和清晰。

详细设计工具主要有程序流程图、盒图、PAD 图、HIPO 图、判定树与判定表和 PDL 语言等。这些工具都能够表示结构化程序设计的 3 种基本结构，同时都能层次化表示程序的处理逻辑，体现自顶向下、逐步求精的思想。

良好的编码风格可以减少编码的错误，减少读程序的时间，从而提高软件的开发效率。良好的编码风格体现在源程序文档化、数据说明、输入 / 输出风格及效率等几个方面。

习题

1. 软件设计有哪些过程？它们的任务是什么？
2. 请介绍最新的软件概要设计说明书模板规范和特征。
3. 请介绍最新的软件详细设计说明书模板规范和特征。
4. 软件设计的主要概念和原理有哪些？
5. 请分析分解、逐步求精和抽象的关系。
6. 什么是模块化原理？有哪些衡量模块独立性的指标？

7. 什么是软件结构图？它有哪些主要元素？

8. 数据流有哪些类型？如何区分？

9. 数据流设计的步骤有哪些？事务流设计与变换流设计有哪些不同？

10. 数据流设计中，软件结构图分解结束的标准是什么？

11. 面向数据结构的设计方法的步骤是什么？

12. 请给出图书馆系统中图书流通子系统的还书功能的软件结构图。

13. 请给出图书馆系统中图书流通子系统的续借功能的软件结构图。

14. 请给出图书馆系统中图书流通子系统的预约功能的软件结构图。

15. 请编写网上书店系统的概要设计规格说明书。

16. 程序的基本的逻辑结构有哪些？请用 PAD 图表示。

17. 详细设计的主要任务是什么？

18. 研究下面给出的伪码程序，要求：

　（1）画出程序流程图。

　（2）它是结构化的还是非结构化的？说明理由。

　（3）若是非结构化的：请把它改造成仅用 3 种控制结构的结构化程序；给出这个结构化
　　　　设计的 PDL 描述、N-S 图描述。

```
COMMENT: PROGRAM SEARCHES FOR FIRST N REFERENCES
        TO A TOPIC IN AN INFORMATION RETRIEVAL
        SYSTEM WITH T TOTAL ENTRIES

INPUT N
INPUT KEYWORD（S）FOR TOPIC
I=O
MATCH=0
DO WHILE I≤T
        I=I+1
        IF WORD = KEYWORD
           THEN MATCH = MATCH +1
                STORE IN BUFFER
        END
           IF MATCH=N
         THEN GOTO OUTPUT
        END
        END
    IF N=0
        THEN PRINT "NO MATCH"
 OUTPUT:    ELSE CALL SUBROUTINE TO PRINT BUFFER
            INFORMATION
 END
```

19. 程序 Triangle 模块读入 3 个整数值 a、b、c，分别代表一个三角形的 3 条边的长度。程序
　　根据这 3 个值判断三角形属于等腰、等边或不等边三角形的哪一种。对 Triangle 模块进
　　行过程设计，给出流程图和 N-S 图描述。

20. 请将下面的 PDL 程序代码分别转换成程序流程图、盒图、PAD 图。

```
START
  IF  p  THEN
```

```
WHILE     q     DO
              f
    END DO
     ELSE
    BLOCK
         g
         n
END BLOCK
      END IF
    STOP
```

21. 请为一个软件销售公司对不同客户的"优惠折扣"程序设计判定表。问题描述如下：公司的优惠方案是：对于个人且购买数量小于 5 件的优惠 10%；对于个人又且属于教育部门购买数量大于 5 件以上优惠 15%；对于教育部门且购买数量大于 5 件以上优惠 20%；对于企业且购买数量大于 5 件以上优惠 15%；其余情况没有优惠。

23. 请说明选择程序设计语言要考虑哪些因素？

24. 开发一个网上销售系统，选择什么语言比较合适？请说明你的理由。

第 8 章

结构化软件测试

8.1 引言

测试是软件开发过程中重要的组成部分。在软件开发过程中，要求我们通过测试活动验证所开发的软件满足软件功能需求，性能上满足客户要求的负载压力、响应时间、吞吐量要求。

软件测试作为一个行业，最重要的就是从客户的需求出发，从客户的角度去看产品，考虑客户将如何使用该产品，使用过程中可能会遇到什么问题。只有将这些问题都解决了，软件产品的质量才能得到提高。

软件测试技术核心的 3 个最佳实践是：尽早测试、连续测试、自动化测试。在上述 3 个最佳实践的基础上提供了完整的软件测试流程和一整套的软件自动化测试工具，使我们最终能够做到：一个测试团队，基于一套完整的软件测试流程，使用一套完整的自动化软件测试工具，完成全方位的软件质量验证。

测试人员在软件开发过程中的任务：

- 寻找 Bug。
- 避免软件开发过程中的缺陷。
- 衡量软件的品质。
- 关注用户的需求。

8.2 软件测试的目的和原则

软件测试的目的

软件测试是为了发现缺陷而执行程序的过程。软件测试是为了证明程序中有错误，而不是证明程序中无错误。一个好的测试用例指的是它可能发现至今尚未发现的缺陷。一次成功的测试指的是发现了新的软件缺陷的测试。

这种观点可以提醒人们测试要以查找错误为中心，而不是为了演示软件的正确功能。但是仅凭字面意思理解这一观点可能会产生误导，例如，认为发现错误是软件测试的唯一目的，查找不出错误的测试就是没有价值的，而事实却并非如此。首先，测试并不仅仅是为了要找出错误。通过分析错误产生的原因和错误的分布特征，可以帮助项目管理者发现当前所采用的软件过程的缺陷，以便改进。同时，这种分析也能帮助我们设计出有针对性的检测方法，改善测试的有效性。其次，没有发现错误的测试也是有价值的，完整的测试是评定测试质量的一种方法。详细而严谨的可靠性增长模型可以证明这一点。

软件测试的目的如下：

- 确认软件的质量。一方面是确认软件完成了用户所期望的任务，另一方面是确认软件以正确的方式完成了这个事件。

- 提供信息。例如，提供给开发人员或程序经理的反馈信息、为风险评估所准备的信息等。
- 软件测试不仅包括测试软件产品的本身，还包括软件开发的过程。

如果一个软件产品开发完成之后发现了很多问题，这说明此软件开发过程很可能是有缺陷的。因此软件测试的目的是保证整个软件开发过程是高质量的。

软件测试的目的决定了如何去组织测试。如果测试的目的是为了尽可能多地找出错误，那么测试就应该直接针对软件比较复杂的部分或是以前出错比较多的位置。如果测试的目的是为了给最终用户提供具有一定可信度的质量评价，那么测试就应该直接针对在实际应用中会经常用到的商业假设。不同的机构会有不同的测试目的；相同的机构也可能有不同的测试目的，可能是测试不同的区域或是对同一区域的不同层次的测试。

验证与确认

验证（verification）是指已经实现的软件产品是按照需求做的，是符合需求说明书的。验证测试是指测试人员在模拟用户环境的测试环境下，对软件进行测试，验证已经实现的软件产品或产品组件是否实现了需求中所描述的所有需求项。

确认（validation）是指已经实现的软件产品或产品组件在用户环境下实现了用户的需要。确认测试是指测试人员在真实的用户环境下，软件产品或产品组件不仅实现了需求中所描述的所有需求项，而且同时满足用户的最终需要。

验证和确认的区别是测试环境和测试目的不同。二者都是软件产品在发布前必须要进行的测试活动。验证测试组织开发工作产品的同行对工作产品进行系统性的检查，发现工作产品中的缺陷，并提出必要的修改意见，达到消除工作产品缺陷的目的。同行的评审及测试是主要的验证方法，根据特定的需求选择工作产品，并选择有效的验证方法对工作产品进行验证。确认测试确保产品或产品构件满足其预定的用途。确认主要是对中间及最终产品的检查与验收，表现形式为审批、签字确认、正式的验收报告等。确认与验证紧密结合，并采用验证的方法，如同行评审、检查、走查、测试等。验证测试和确认测试适用于所有立项开发的软件项目及产品。

软件测试的原则

在软件测试中，应注意以下原则：

Parito 法则。一般情况下，在分析、设计、实现阶段的复审和测试工作只能够发现和避免 80% 的缺陷（俗称 Bug），而系统测试也只能找出其余 Bug 中的 80%，最后剩余的 Bug 只有在用户大范围、长时间使用后才有可能会暴露出来。因为测试只能够保证尽可能多地发现错误，无法保证能够发现所有的错误，因此 Parito 法则。也称 80-20 理论。

木桶理论。木桶理论在软件产品生产方面就是全面质量管理的概念。产品质量的关键因素是分析、设计和实现，测试应该是融于其中的补充检查手段，其他管理、支持，甚至文化因素也会影响最终产品的质量。应该说，测试是提高产品质量的必要手段，也是提高产品质量最直接、最快捷的手段，但绝不是根本手段。木桶理论要强调的是对最短的木板进行改进。只有短木板变为长木板，桶能装的水才会更多。

测试不能证明软件无错。软件测试是不完全、不彻底的。测试无法显示潜伏的软件缺陷。由于任何程序只能进行有限的测试，在发现错误时能说明程序有问题；但在测试未发现错误时，不能说明程序中没有错误。

完全测试软件是不可能的。主要原因是：输入量太大，输出结果太多，软件实现的途径太多，软件需求规格说明书没有客观标准。"太多"的可能性加在一起，致使测试条件难以确定。

测试无法显示潜伏的软件缺陷。软件测试工作可以报告已发现的软件缺陷，却不能保证软件缺陷全部找到，也不知道还有多少潜伏的软件缺陷。继续测试，可能还会找到新的软件缺陷。

程序中存在错误的概率与该程序中已发现的错误数成比例。软件缺陷的"群集"现象是指 80% 的错误存在于 20% 的代码中。原因是：①程序员疲倦。一个软件缺陷很可能是附近有更多的软件缺陷的征兆。②程序员易犯同样的错误。多个软件缺陷相互关联，甚至是由同一个原因造成的。③缺陷的"传递"和"放大"。找到软件缺陷越多的模块，遗留的软件缺陷越多。如果无论如何也找不出软件缺陷，也可能是软件经过精心编制，确实存在极少的软件缺陷。

软件缺陷的免疫力。软件会对相同类型的测试产生"免疫力"。经过几轮的测试，该发现的错误都被发现了，再测试下去也不会发现新的错误。解决的办法是不断编写新的测试用例，采用新的测试程序，对程序的不同部分进行测试，以找出更多的软件缺陷。

并非所有的软件缺陷都能修复。项目组需要对每一个软件缺陷进行评估和取舍，根据风险和成本决定哪些必须修复，哪些不用修复，哪些可以延期修复。软件缺陷不需要修复的原因：没有足够的时间，不算真正的软件缺陷，修复的风险太大，不值得修复，存在商业风险。

8.3 软件测试的基本过程

测试软件的经典过程是从单元测试开始，逐步进入集成测试，最后进行确认测试和系统测试。

对于传统的软件系统来说，单元测试对最小的可编译的程序单元（过程模块）进行测试，一旦把这些单元都测试完，就把它们集成到程序结构中去；在集成过程中还应该进行一系列的回归测试，以发现模块接口错误和新单元加入程序中所带来的副作用；最后，把软件系统作为一个整体来测试，以发现软件需求错误。

8.3.1 单元测试

单元测试是对软件中的基本组成单位（如一个类、类中的一个方法、一个模块等）进行的测试。因为需要知道程序内部设计和编码的细节，所以单元测试一般由程序员而非测试人员来完成。通过测试可发现实现该模块的实际功能与定义该模块的功能说明不符合的情况，以及编码错误。程序员分别完成每个单元的测试任务，以确保每个模块能正常工作。单元测试大多采用白盒方法，尽可能发现模块内部的程序差错。一般认为，在结构化程序时代，单元测试所说的单元是指函数，在当今的面向对象时代，单元测试所说的单元是指类。以笔者的实践来看，以类作为测试单位，复杂度高，可操作性较差，因此仍然主张以函数作为单元测试的测试单位，但可以用一个测试类来组织某个类的所有测试函数。单元测试不应过分强调面向对象，因为局部代码依然是结构化的。单元测试的工作量较大，简单、实用、高效才是硬道理。

单元测试任务包括模块接口测试、模块局部数据结构测试、模块边界条件测试、模块中所有独立执行通路测试、模块的各条错误处理通路测试。

模块接口测试是单元测试的基础。只有在数据能正确流入、流出模块的前提下，其他测试才有意义。判断测试接口正确与否应该考虑下列因素：

- 输入的实际参数与形式参数的个数是否相同。
- 输入的实际参数与形式参数的属性是否匹配。

- 输入的实际参数与形式参数的量纲是否一致。
- 调用其他模块时所给实际参数的个数是否与被调模块的形参个数相同。
- 调用其他模块时所给实际参数的属性是否与被调模块的形参属性匹配。
- 调用其他模块时所给实际参数的量纲是否与被调模块的形参量纲一致。
- 调用预定义函数时所用参数的个数、属性和次序是否正确。
- 是否存在与当前入口点无关的参数引用。
- 是否修改了只读型参数。
- 对全程变量的定义各模块是否一致。
- 是否把某些约束作为参数传递。

如果模块内包括外部输入/输出，还应该考虑下列因素：

- 文件属性是否正确。
- OPEN/CLOSE 语句是否正确。
- 格式说明与输入/输出语句是否匹配。
- 缓冲区大小与记录长度是否匹配。
- 文件使用前是否已经打开。
- 是否处理了文件尾。
- 是否处理了输入/输出错误。
- 输出信息中是否有文字性错误。

检查局部数据结构是为了保证临时存储在模块内的数据在程序执行过程中完整、正确。局部数据结构往往是错误的根源，应仔细设计测试用例，力求发现下面几类错误：

- 不合适或不相容的类型说明。
- 变量无初值。
- 变量初始化或省缺值有错。
- 正确的变量名（拼错或不正确地截断）。
- 出现上溢、下溢和地址异常。

除了局部数据结构外，如果可能，单元测试时还应该查清全局数据对模块的影响。在模块中应对每一条独立执行路径进行测试，单元测试的基本任务是保证模块中每条语句至少执行一次。此时设计测试用例是为了发现因错误计算、不正确的比较和不适当的控制流造成的错误。此时基本路径测试和循环测试是最常用且最有效的测试技术。

一个好的设计应能预见各种出错条件，并预设各种出错处理通路，出错处理通路同样需要认真测试。边界条件测试是单元测试中最后，也是最重要的一项任务。众所周知，软件经常在边界上失效，采用边界值分析技术，针对边界值及其左、右设计测试用例，很有可能发现新的错误。

一般认为单元测试应紧接在编码之后，当源程序编制完成并通过复审和编译检查，便可开始单元测试。测试用例的设计应与复审工作相结合，根据设计信息选取测试数据，将增大发现上述各类错误的可能性。在确定测试用例的同时，应给出期望结果。应为测试模块开发一个驱动（driver）模块和（或）若干个桩（stub）模块。驱动模块在大多数场合称为"主程序"，它接收测试数据并将这些数据传递到被测试模块，被测试模块被调用后，"主程序"打印"进入–退出"消息。

驱动模块和桩模块是测试时使用的软件，而不是软件产品的组成部分，但它们需要一定的开发费用。若驱动模块和桩模块比较简单，实际开销就相对低些。遗憾的是，仅用简单的驱动模块和桩模块不能完成某些模块的测试任务，这些模块的单元测试只能采用综合测试方法。

8.3.2　集成测试

一般，程序是由多模块组成的。集成测试是把多模块按照一定的集成方法和策略，逐步组装成子系统，进而组装成整个系统的测试。为什么模块通过了单元测试，组装成完整的程序系统还会出现问题，还要测试呢？原因如下：

- 程序的各模块之间可能有比较复杂的接口。单个模块的接口测试很容易产生疏漏，而且不易被发现。例如，有些数据在通过接口时会不慎丢失，有些全局性数据在引用中可能出问题等。所以，集成测试的重点是模块之间的接口测试。
- 单元测试中往往使用了测试软件，即驱动模块和桩模块。它们是真实模块的简化，与它们所代替的模块并不完全等效。因此，单元测试本身就可能存在缺陷。
- 单个模块中可能允许有误差，但是模块组装后的积累误差可能达到了不能容忍的程度；或者是，单个模块的功能似乎正常，但是模块组装后产生的综合功能可能不正常。

由此可见，在软件的分层次测试过程中，集成测试不仅必要，而且占有重要的地位。一般，集成测试和系统集成过程同步进行，也就是说，集成测试融合在系统集成过程之中。所以，集成测试是在构造程序体系结构的过程中，通过测试发现与接口有关问题的系统化技术。

模块集成方式一般采用渐增式。渐增式包括自顶向下、自底向上和混合式 3 种。那么，集成测试策略也有相应的自顶向下测试、自底向上测试和混合式测试 3 种。这 3 种测试策略主要的优缺点如下：

- 自顶向下测试的优点是能较早展示整个程序的概貌，取得用户的理解和支持。其主要缺点是测试上层模块时要使用桩模块，很难模拟出真实模块的全部功能，可能使部分测试内容被迫推迟，只能等真实模块集成后再补充测试。因为使用桩模块较多，增加了设计测试用例的困难。
- 自底向上测试从下层模块开始，设计测试用例比较容易，但是在测试的早期不能显示出整个程序的概貌。
- 混合式测试的优点综合了以上两种测试策略的长处。一般的策略是对关键模块采取自底向上测试，这就可能把输入 / 输出模块提前组装进程序，使设计测试用例变得较为容易；或者使具有重要功能的模块早些与有关的模块相连，以便及早暴露可能存在的问题；除关键模块和少数与之相关的模块外，对其余模块，尤其是上层模块采用自顶向下的测试方法，以便尽早得到软件总体概貌。

8.3.3　确认测试

经过集成测试，软件已经按照设计把所有模块组装成一个完整系统了，接口错误也基本排除，接着应该验证软件的有效性，这就是软件确认测试的任务。确认测试在集成测试之后进行，其目的是确认已组装的程序是否满足软件需求规格说明书的要求。

典型的确认测试包括有效性测试（主要采用黑盒测试方法）和配置复审（主要采用人工评审方法）等。在 SRS 中一般都有标题为"有效性标准"的内容，它提供了确认测试的依据。配置复审主要检查程序的文档是否配齐、文档内容是否一致等。

确认测试是由软件开发单位组织实施的最后一项开发活动。确认测试后，软件就要交付验收。因此，开发单位必须十分重视，并做好这项工作。同集成测试一样，确认测试也应该由独立的测试机构负责实施。

8.3.4　系统测试

系统测试的目的是保证所实现的系统确实是用户想要的。为了达到此目的，需要完成一系列测试活动。这些测试活动包括功能测试、性能测试、验收测试和安装测试等。

功能测试。功能测试也称为需求测试，主要测试系统的功能性需求，找出功能性需求和系统之间的差异，即检查软件系统是否完成了需求规格中所指定的功能。功能测试主要使用黑盒测试技术。

性能测试。性能测试主要测试系统的非功能性需求，找出非功能性需求和系统之间的差异，即检查软件系统是否完成了需求规格中所指定的非功能性要求，如安全性、计算精度、运行速度以及安全性等。性能测试期间要进行很多项测试活动，如强度测试、安全性测试、恢复测试、软件配置审查、兼容性测试等。

在这个阶段发现的问题往往和需求分析阶段的差错有关，涉及面通常比较广，因此解决起来也比较困难。为了制定解决该测试过程中发现的软件缺陷或错误的策略，通常需要和用户充分协商。

8.4　测试用例设计

测试用例是按一定的顺序执行的与测试目标相关的测试活动的描述，即确定"怎样"测试。测试用例被看作是有效发现软件缺陷的最小测试执行单元，也被视为软件的测试规格说明书。在测试工作中，测试用例的设计是非常重要的，是测试能够正确、有效执行的基础。如何有效地设计测试用例，一直是测试人员所关注的问题；设计好测试用例，也是保证测试工作的关键因素之一。

尽可能地找出软件错误。测试的目的是查找错误。寻找测试用例的设计灵感，应沿着"程序可能会怎样失效"这条思路进行回溯。

杜绝冗余的用例。如果两个测试都是查找同一个错误，为什么两个都要执行呢？而用例计划的编写可以很好地避免这一问题的出现。

寻找最佳测试方法。在对某一个模块测试的时候，总会有某个方法的测试效率高于其他的方法。需要找出最佳的方法，在编写测试用例的时候会有大量时间耗费在测试方法的研究与设定上。

使得程序失效显而易见。如何知道程序究竟有没有通过测试？这可是需要考虑的大问题。测试人员如果没有详细地阅读程序输出，或没有看出问题就在眼前，就会忽视很多程序失效的情况。

在生成测试用例的同时，应记下每项测试预期的输出或结果。执行测试时应对照着这些记录。待查的输出或文件应尽可能地简短。不要让失效现象湮没于一大堆乏味的输出中。对计算机进行编程，在大的输出文件中搜索错误。这可能像让计算机把测试输出与一份已知的无故障文件进行比较一样简单。

设计测试用例方法也分为白盒方法和黑盒方法。白盒方法又分为逻辑覆盖法和基本路径覆盖法，或者分为语句覆盖、判定覆盖、条件覆盖方法。黑盒方法分为等价类划分法、边界值划分法、错误推测法、因果图法等。在测试用例设计的实际过程中，不仅根据需要的场合单独使用这些方法，而且常常综合运用多个方法，使测试用例的设计更为有效。

测试用例设计遵循与软件设计相同的工程原则。好的软件设计包含几个对测试设计进行精心描述的阶段。这些阶段是测试策略、测试计划、测试描述和测试过程。上述 4 个测试设计阶段适用于从单元测试到系统测试各个层面的测试。测试设计由软件设计说明驱动。单元测试用于验证模块单元实现了模块设计中定义的规格。一个完整的单元测试说明应该包含正面测试和负面测试。正面测试验证程序应该执行的工作，负面测试验证程序不应该执行的工作。

测试用例是软件测试的核心，但如何以最少的人力、资源投入，在最短的时间内完成测试，发现软件系统的缺陷，保证软件的优良品质，则是软件公司探索和追求的目标。每个软件产品或软件开发项目都需要有一套优秀的测试方案和测试方法。

8.5 黑盒测试技术

黑盒测试是根据程序组件的规格说明测试软件功能的方法，所以也称为功能测试。由于被测对象作为一个黑盒子，它的功能行为只能通过研究其输入和输出来确定，所以又称为软件输入/输出接口测试。这种方法既适用于由功能模块组成的系统，也适用于由对象构成的系统。测试者给出组件或系统设计执行程序所需要的一些输入，根据功能描述分析，并检查其相应的输出。如果输出不是所预期的结果，则表明成功检测出错误了。

由于注重于功能和数据信息域的测试，黑盒测试一般能发现功能错误或遗漏、性能错误、数据结构或数据库访问错误、界面错误、初始化或终止错误等一些类型的错误。

黑盒测试方法的设计测试用例的原则：

- 对于有输入的所有功能，既要用有效的输入来测试，也要用无效的输入来测试。
- 经过菜单调用的所有功能都应该被测试，包括通过同一个菜单调用的组合功能（如文本格式）也要测试。
- 设计的测试用例数量能够达到合理测试所需的"最少"数量。
- 设计的测试用例，不仅能够告知有没有错误，而且能够告知某些类型的错误存在或不存在（提高测试效率）。

黑盒测试具有启发式知识和规范的测试方法，包括等价类划分、边界值分析、错误推测（类比测试）和因果图等方法。

8.5.1 等价类划分

等价类划分是一种典型的黑盒测试方法。等价类是指某个输入域的集合，它表示对于揭露程序中的错误来说，集合中的每个输入条件是等效的。因此我们只要在一个集合中选取一个测试数据即可。等价类划分方法是把程序的输入域划分成若干等价类，然后从每个部分中选取少数代表性数据当作测试用例。这样就可使用少数测试用例检验程序在一大类情况下的反应。

在考虑等价类时，应该注意区别以下两种不同的情况。

有效等价类：有效等价类指的是对程序的规范是有意义的、合理的输入数据所构成的集合。在具体问题中，有效等价类可以是一个，也可以是多个。

无效等价类：无效等价类指对程序的规范是不合理的或无意义的输入数据所构成的集合。对于具体的问题，无效等价类至少应有一个，也可能有多个。

确定等价类有以下几条原则：

- 如果输入条件规定了取值范围或值的个数，则可确定一个有效等价类和两个无效等价类。例如，程序的规范中提到的输入条包括"……项数可以从1到999……"，则可取有效等价类为"项数<999"，无效等价类为"项数<1及"项数>999"。
- 输入条件规定了输入值的集合，或规定了"必须如何"的条件，则可确定一个有效等价类和一个无效等价类。如某程序涉及标识符，例如，其输入条件规定"标识符应以字母开头……"，则"以字母开头者"作为有效等价类，"以非字母开头"作为无效等价类。

- 如果我们确知，已划分的等价类中各元素在程序中的处理方式是不同的，则应将此等价类进一步划分成更小的等价类。

根据已列出的等价类表，按以下步骤确定测试用例：①为每个等价类规定一个唯一的编号；②设计一个测试用例，使其尽可能多地覆盖尚未覆盖的有效等价类。重复这一步，最后使得所有有效等价类均被测试用例所覆盖。

设计一个新的测试用例，使其只覆盖一个无效等价类。重复这一步，使所有无效等价类均被覆盖。这里强调每次只覆盖一个无效等价类。这是因为一个测试用例中如果含有多个缺陷，有可能在测试中只发现其中的一个，而另一些被忽视。

下面是测试 ATM 机接收用户界面数据。

ATM 机软件功能可简述为：用户可以在 ATM 机上拨号到银行，提供 6 位数（字母或数字）的密码，并遵循一系列键盘命令（查询、存款和取款等）操作顺序，以触发相应的银行业务功能。用户拨号的数据格式为：区号（空或三位数字）+ 前缀（非 0 和 1 开始的 3 位数字）+ 后缀（4 位数字）。

用户界面应用程序对用户各种数据元素相关的输入条件做如下一些定义：

区号：输入条件，布尔——是否存在区号；
　　　　输入条件，范围——数值在 200~999（少数例外）。
前缀：输入条件，范围——大于 200，且不含 0 的数值。
后缀：输入条件，值——4 位数字。
密码：输入条件，布尔——是否存在密码；
　　　　输入条件，值——6 位字母或数字的字符串。
命令：输入条件，集合——包含查询、存款、取款等命令。

根据上述等价类划分启发式规则，可以为该例每个输入数据项的有效类和无效类设计测试用例，执行每个测试用例，并分析测试结果。等价类划分测试用例最好是每次执行最多的等价类属性。

8.5.2　边界值分析

边界值分析法是列出单元功能、输入、状态及控制的合法边界值和非法边界值，设计测试用例包含全部边界值的方法。典型的包括 IF 语句中的判别值、定义域 / 值域边界、空或畸形输入、未受控状态等。这是从人们的经验得出的一种有效方法。人们发现许多软件错误只是在下标、数据结构和标量值的边界值及其上、下出现，运行这个区域的测试用例发现错误的概率很高。

用边界值分析法设计测试用例时，有以下几条原则：

- 如果输入条件规定了取值范围，或规定了值的个数，则应以该范围的边界内及刚刚超出范围的边界外的值，或是分别以最大、最小及稍小于最小、稍大于最大个数作为测试用例。如有规范"某文件可包含 1 至 255 个记录……"，则测试用例可选 1 和 255 及 0 和 256 等。
- 如果程序规范中提到的输入域或输出域是一个有序的集合（如顺序文件、表格等）就应注意选取有序集的第一个元素和最后一个元素作为测试用例。
- 分析规范，尽可能找出可能的边界条件。

下面是一个三角形无效类测试用例设计。

　　某程序读入 a、b、c 三个代表三角形三条边的整数值，根据 a、b、c 值判断组成三角形的情况。请列出 a、b、c 变量所有输入不合理的等价类，使用边界值分析方案设计测试用例。

　　三角形无效类包括：

- 非三角形：不能构成三角形，如两边长度之和小于第三边长度。
- 退化情况：退化成一条直线。
- 零数据：一条或两条或三条边长度为零。
- 负数据：三条边长度中出现负值。
- 遗漏数据：出现数据丢失的情况。
- 无效数据：非法数据。

相应的测试用例数据如表 8-1 所示。

表 8-1   测试用例

不合理的等价类	测试数据（ a，b，c ）
非三角形	（10，10，21）、（10，21，10）、（21，10，10）
退化情况	（10，5，5）、（5，10，5）、（5，5，10）
零数据	（0，0，0）、（0，11，0）、（0，10，12）
负数据	（−5，6，7）、（−5，−5，10）、（−10，−10，−10）
遗漏数据	（—，—，—）、（10，—，—）、（10，10，—）
无效数据	（A，B，C）、（+，=，*）、（10.6，A，7e3）

8.5.3　错误推测

　　使用等价类划分和边界值分析测试技术，可以帮助测试者设计出具有一定代表性的、容易发现错误的测试方案。但是，不同类型、不同特点的软件，通常又有各自特殊的容易出错的情况。此外，等价分类和边界值分析都只孤立地考虑各个输入条件的测试功效，没有考虑多个输入条件的组合效应，这可能会遗漏容易出错的组合情况；而对于输入条件有很多种组合的情况，往往由于组合数目巨大，测试更是难以进行。因此，依靠测试者的直觉和经验，推测可能存在的错误类型，从各种可能的测试方案中选择最可能发现错误的测试方案，这就是错误推测法。

　　错误推测法采用的是一种凭借先验知识对被测对象做类比测试的思路，当然，这种类比测试的效果，在很大程度上取决于测试者的经验丰富程度和对被测对象的了解程度。错误推测法还常被用于对"错误成群"现象的处理。在着重测试那些已发现了较多错误，即"错误成群"的程序段时，根据经验运用错误推测法往往是很有效的。

8.5.4　因果图

　　等价类划分法并没有考虑到输入情况的各种组合。这样虽然各个输入条件单独可能出错的情况已经看到了，但多个输入情况组合起来可能出错的情况被忽略。采用因果图法能帮助我们按一定步骤选择一组高效的测试用例，同时，还能为我们指出程序规范的描述中存在什么问题。

　　因果图法就是从程序规格说明书的描述中找出因（输入条件）和果（输出或程序状态的改变），通过因果图转换为判定表，最后为判定表中的每一列设计一个测试用例。

　　图 8-1 为因果图的基本符号。"恒等"表示两边的条件对等存在，即二者可同时成立。"非"表示两边的条件互斥，即一方存在，另一方必然不能存在。"或"表示只要一方有一个

条件处理即可导致另一方存在。"与"要求一方的所有条件成立，另一方才成立。

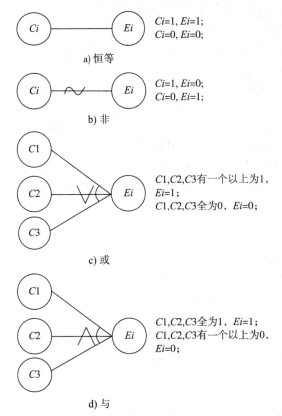

图 8-1 因果图的基本符号

图 8-2 为因果图的约束符号。

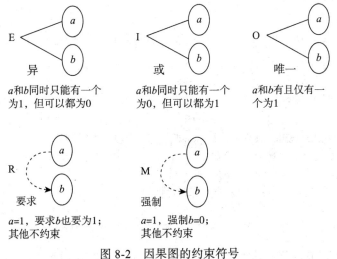

图 8-2 因果图的约束符号

使用因果图法的步骤：

（1）根据程序规格说明书描述的语义内容，分析并确定"因"和"果"，将其表示成连接各个原因与各个结果的"因果图"。需要注意的是，由于语法或环境的限制，某些原因和结果的组合情况是不可能出现的。为表明这些特定的情况，需要在因果图上使用若干个约束符号来标明约束条件。

（2）将得到的因果图转换成判定表。

（3）为判定表中每一列所表示的情况设计一个测试用例。

下面是自动售货机因果图法的例子。

有一个处理单价为5角的饮料的自动售货机软件测试用例的设计。其规格说明如下：若投入5角或1元的硬币，按下"橙汁"或"啤酒"按钮，则相应的饮料就送出来。若售货机没有零钱找，则"零钱找完"红灯亮，这时投入1元硬币并按下按钮后，饮料不送出来而且1元硬币也退出来；若有零钱找，则"零钱找完"红灯灭，在送出饮料的同时退还5角硬币。

（1）分析这一段说明，列出原因和结果。

原因：

① 售货机有零钱找

② 投入1元硬币

③ 投入5角硬币

④ 按下"橙汁"按钮

⑤ 按下"啤酒"按钮

建立中间结点，表示处理中间状态：

⑪ 投入1元硬币且按下饮料按钮

⑫ 按下"橙汁"或"啤酒"按钮

⑬ 应当找5角零钱并且售货机有零钱找

⑭ 钱已付清

结果：

㉑ 售货机"零钱找完"红灯亮

㉒ 退还1元硬币

㉓ 退还5角硬币

㉔ 送出橙汁饮料

㉕ 送出啤酒饮料

（2）画出因果图。所有原因结点列在左边，所有结果结点列在右边，如图8-3所示。

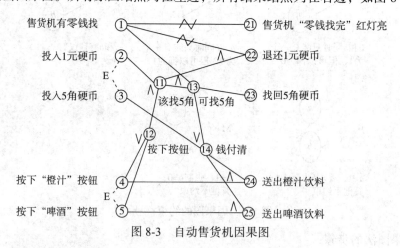

图8-3   自动售货机因果图

（3）由于②与③、④与⑤不能同时发生，分别加上约束条件 E。

（4）转换成判定表，如图8-4所示。

序号		1	2	3	4	5	6	7	8	9	10	1	2	3	4	5	6	7	8	9	20	1	2	3	4	5	6	7	8	9	30	1	2
条件	①	1	1	1	1	1	1	1	1	1	1	1	1	1	1	1	1	1	1	1	0	0	0	0	0	0	0	0	0	0	0	0	0
	②	1	1	1	1	1	1	1	1	0	0	0	0	0	0	0	1	1	1	1	1	1	1	1	0	0	0	0	0	0	0	0	0
	③	1	1	1	1	0	0	0	0	1	1	1	1	0	0	0	0	1	1	1	1	0	0	0	0	1	1	1	1	0	0	0	0
件	④	1	1	0	0	1	1	0	0	1	1	0	0	1	1	0	0	1	1	0	0	1	1	0	0	1	1	0	0	1	1	0	0
	⑤	1	0	1	0	1	0	1	0	1	0	1	0	1	0	1	0	1	0	1	0	1	0	1	0	1	0	1	0	1	0	1	0
中间结果	⑪					1	1	0		0	0	0		0	0	0						1	1	0		0	0	0		0	0	0	
	⑫					1	1	0		1	1	0		1	1	0						1	1	0		1	1	0		1	1	0	
	⑬					1	1	0		0	0	0		0	0	0						0	0	0		0	0	0		0	0	0	
	⑭					1	1	0		1	1	1		0	0	0						1	1	0		1	1	1		0	0	0	
结果	㉑					0	0	0		0	0	0		0	0	0						1	1	1		1	1	1		1	1	1	
	㉒					0	0	0		0	0	0		0	0	0						1	1	0		0	0	0		0	0	0	
	㉓					1	1	0		0	0	0		0	0	0						0	0	0		0	0	0		0	0	0	
果	㉔					1	0	0		1	0	0		0	0	0						0	0	0		1	0	0		0	0	0	
	㉕					0	1	0		0	1	0		0	0	0						0	0	0		0	1	0		0	0	0	
测试用例						Y	Y	Y		Y	Y	Y		Y	Y							Y	Y	Y		Y	Y	Y		Y	Y		

图 8-4　判定表

8.6　白盒测试技术

白盒测试是有选择地执行（或覆盖）程序中某些最有代表性路径的测试方法，所以也称为逻辑覆盖测试。逻辑覆盖是对一系列测试过程的总称，这组测试过程逐步达到完整的路径测试。

人们可能会提出一个问题：软件测试应该注重于保证程序功能的实现，为什么要花费时间和精力来测试其逻辑细节呢？这是因为，黑盒测试方法无论多么有成效，也可能忽略一些软件自身的缺陷。

例如，逻辑错误与该错误存在的路径被运行的可能性成反比，对于主流功能之外的，看似特殊的情况，往往会掉以轻心，使得条件或控制的处理错误难于觉察。程序的逻辑流可能是违反直觉的。往往主观上认为某路径不可能被执行，而事实上，它可能就在正常情况下被执行。这就意味着关于控制流和数据流的一些无意识的假设，可能导致设计错误。书写或打印错误出现在主流和非主流逻辑路径上的可能性是一样的。当一个程序被翻译为程序设计语言源代码时，可能产生某些打印错误。虽然大多数打印错误能被语法检查机制发现，但是，其他的打印错误会在测试开始时才被发现。

以上这些类型的错误，都只有在进行有效的逻辑路径测试后才能被发现。

白盒测试方法是从程序的控制结构路径导出测试用例集的。测试用例集执行（或覆盖）程序逻辑的程度可以划分成不同等级，从而反映不同的软件测试质量。因此，白盒测试方法分为路径测试法、控制结构测试法和数据流测试法等。

白盒测试的优点是迫使测试人员去仔细思考软件的实现；可以检测代码中的每条分支和路径，揭示隐藏在代码中的错误，对代码的测试比较彻底，能够做到最优化；但是也存在测试昂贵、无法检测代码中遗漏的路径、数据敏感性错误、不验证规格的正确性等缺点。

8.6.1　逻辑覆盖

白盒法考虑的是测试用例对程序内部逻辑的覆盖程度，所以又称为逻辑覆盖法。最彻底的白盒法是覆盖程序中的每一条路径，但这不可能做到，我们只能希望覆盖的路径尽可能多一些。为了衡量测试的覆盖程度，需要建立一些标准，目前常用的一些覆盖标准是语句覆盖、判定覆盖、条件覆盖、判定 / 条件覆盖、条件组合覆盖。

语句覆盖

程序的某次运行一般并不能执行到其中的每一个语句，因此，如果某语句含有一个错误，而它在测试中没执行，这个错误就不可能被发现。为了提高发现错误的可能性，应该在测试时至少要执行程序中的每一个语句。

所谓"语句覆盖"测试标准，它的含义是：选择足够的测试用例，使得程序中每个语句至少都能执行一次。例如：

```
Procedure Example (Var A,B,C: real)
begin
    if(A>1) and (B=0)
    then x: =x/A;
    if (A=2) or(x>1)
    then x: =x+1
end;
```

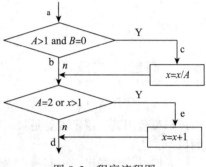

图 8-5 程序流程图

其程序流程图如图 8-5 所示。

为了使程序中每个语句至少执行一次，只需设计一个能通过路径 ace 的例子就可以了。例如，选择输入数据为 $A=2$，$B=0$，$x=3$，就可达到"语句覆盖"标准。

显然，语句覆盖是一个比较弱的覆盖标准。如果第一个条件语句中的 and 错误地写成 or，上面的测试用例是不能发现这个错误的，或者如果第二个条件语句中"$x>1$"误写成"$x>0$"，这个测试用例也不能暴露它。我们还可以举出许多错误情况是上述测试数据不能发现的。所以，一般认为"语句覆盖"是很不充分的最低的一种覆盖标准。

判定覆盖

比"语句覆盖"稍强的覆盖标准是"判定覆盖"（或称分支覆盖）。这个标准是：执行足够的测试用例，使得程序中每个判定至少都获得一次"真"值和"假"值，即使得程序中的每一个分支至少都通过一次。

对上面那个例子，如果设计两个测试用例，就可以达到"判定覆盖"的标准。为此，我们可以选择输入数据如下：

（1）$A=3$，$B=0$，$x=1$（沿路径 acd 执行）。

（2）$A=2$，$B=1$，$x=3$（沿路径 abe 执行）。

"判定覆盖"比"语句覆盖"严格，因为如果每个分支都执行过了，自然每个语句也就执行了。

条件覆盖

它的含义是：执行足够的测试用例，使得判定中每个条件获得各种可能的结果。

对于例子程序，我们只需设计以下两个测试用例即可满足这标准：

（1）$A=2$，$B=0$，$x=4$（沿路径 ace 执行）。

（2）$A=1$，$B=1$，$x=1$（沿路径 abd 执行）。

虽然同样只要两个测试用例，但它比判定覆盖中两个测试用例更有效。一般来说，"条件覆盖"比"判定覆盖"强，但是，并不总是如此，满足"条件覆盖"不一定满足"判定覆盖"。例如，对语句：

```
if (A and B) then S
```

设计两个测试用例：A "真" B "假" 和 A "假" B "真"。对于上例，我们设计两个测试用例：

（1）$A=1$，$B=0$，$x=3$（沿路径 abd 执行）。

（2）$A=2$，$B=1$，$x=1$（沿路径 abd 执行）。

亦是如此，它们能满足"条件覆盖"但不满足"判定覆盖"。

判定／条件覆盖

针对上面的问题引出了另一种覆盖标准，这就是"判定／条件覆盖"，它的含义是：执行足够的测试用例，同时满足判定覆盖和条件覆盖的要求。显然，它比"判定覆盖"和"条件覆盖"都强。

对于例子程序，我们选取测试用例：

（1）$A=2$，$B=0$，$x=4$（沿路径 ace 执行）。

（2）$A=1$，$B=1$，$x=1$（沿路径 abd 执行）。

它满足判定／条件覆盖标准。

值得指出，看起来"判定／条件覆盖"似乎是比较合理的，应成为我们的目标，但是事实并非如此，因为大多数计算机不能用一条指令对多个条件做出判定，而必须将源程序中对多个条件的判定分解成几个简单判定。这个讨论说明了，尽管"判定／条件覆盖"看起来能使各种条件取到所有可能的值，但实际上并不一定能检查到这样的程度。针对这种情况，有下面的条件组合覆盖标准。

条件组合覆盖

"条件组合覆盖"的含义是：执行足够的测试用例，使得每个判定中条件的各种可能组合都至少执行一次。这是一个最强的逻辑覆盖标准。

再看例子程序，必须使测试用例覆盖 8 种组合结果：

（1）$A>1$，$B=0$。

（2）$A>1$，$B<>0$。

（3）$A<1$，$B=0$。

（4）$A<1$，$B<>0$。

（5）$A=2$，$x>1$。

（6）$A=2$，$x<1$。

（7）$A<>2$，$x>1$。

（8）$A<>2$，$x<1$。

必须注意到，后 4 种情况是第二个条件语句的条件组合，而 x 的值在该语句之前是要经过计算的，所以我们还必须根据程序的逻辑推算出在程序的入口点 x 的输入值应是什么。

要测试 8 个组合结果并不是意味着需要 8 种测试用例，事实上，我们能用 4 种测试用例来覆盖它们：

（1）$A=2$，$B=0$，$x=4$。

（2）$A=2$，$B=1$，$x=1$。

（3）$A=1$，$B=0$，$x=2$。

（4）$A=1$，$B=1$，$x=1$。

上面 4 个例子虽然满足条件组合覆盖，但并不能覆盖程序中的每一条路径，可以看出条件组合覆盖仍然是不彻底的，在白盒测试时，要设法弥补这个缺陷。

8.6.2　路径覆盖

基本路径测试法是根据程序的控制流路径设计测试用例的一种最基本的白盒测试技术。基本路径测试法需要程序控制流图支持，这在路径测试法中是考察测试路径的有用工具。

程序控制流图描述

任何过程设计描述方法（如 PDL、流程图、N-S 图、PAD 图等）都可以映射到一个相应的程序控制流图描述，其映射要点如下：

- 一个或多个顺序语句可映射为程序图的一个结点，用带标识的圆表示。
- 一个处理框序列和一个判别框可映射为程序图的一个结点。
- 程序控制流向可映射为程序控制流图的边（或称为连接），用方向箭头表示（类似于流程图中的方向箭头）。一条边必须终止于一个结点，即使该结点不代表任何语句。
- 有边和结点限定的范围称为区域，区域应包括图外部的范围。

在程序控制流图的基础上，通过对所构造环路的复杂性的分析，导出基本可执行路径集合，从而设计测试用例。

在将程序流程图简化成控制流图时，应注意：在选择或多分支结构中，分支的汇聚处应有一个汇聚结点。边和结点圈定的区域叫做区域，当对区域计数时，图形外的区域也应记为一个区域。

确定程序图的环形复杂性

环形复杂性是一种以图论为基础的，为程序逻辑复杂性提供定量测度的软件量度。该度量用于基本路径测试法，是将计算所得的值定义为程序路径基本集的独立路径数，提供确保所有语句至少执行一次的测试数目的上界。

例如，图 8-6a 给出了一个抽象的流程图示例，其对应的程序图描述如图 8-6b 所示。此例的结点以数字标识区分，边是用类似于流程图的方向箭头标识（最好能加以字母区分），区域用 R_1、R_2、R_3、R_4 标识。

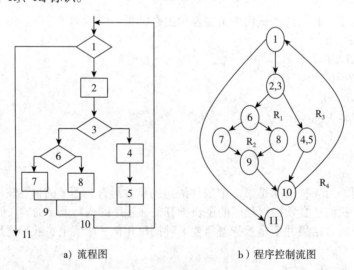

a）流程图　　　　　　　　b）程序控制流图

图 8-6　从程序流程图映射程序流图的示例

独立路径是指程序中至少引进一个新的处理语句集合，或一个新条件的任何一条路径。在程序图中，独立路径是指必须至少包含一条在定义路径之前不曾用到的边。图 8-6b 程序图中的一个独立路径集合，即路径基本集如下：

路径 1：1-11；

路径 2：1–2–3–4–5–10–1–11；

路径 3：1–2–3–6–8–9–10–1–11；

路径 4：1–2–3–6–7–9–10–1–11。

特别要注意两点：①定义每一条新的路径都至少包含了一条新边，例如，路径 1–2–3–4–5–10–1–2–3–6–8–9–10–1–11 就不是独立路径，它是已有路径 2 和路径 3 的简单合并，不包含任何新边；②一个过程的路径基本集并不唯一，实际上可以派生出多种不同基本集。

一个基本集如何才能确定应该有多少条路径呢？可以用环形复杂性计算得到答案。程序图 G 的环形复杂性 $V(G)$ 可用以下 3 种方法之一来计算。

（1）$V(G)$ 等于程序图 G 的区域数。

（2）$V(G)=E-N+2$，E 是程序图 G 的边数，N 是程序图 G 的结点数。

（3）$V(G)=P+1$，P 是程序图 G 中判定的结点数。

例如，采用上述任意一种方法计算图 8-6b 所示程序图的环形复杂性，均为 4，即程序图有 4 个区域，或 11 条边－9 个结点＋2＝4，或 3 个判定结点 ＋1＝4 。

更重要的是，$V(G)$ 的值不仅提供了组成基本集的独立路径的上界，而且可由此得出覆盖所有语句所需的测试用例设计数目的上界。

图 8-7 所示程序流程图描述了最多输入 50 个值（以 –1 作为输入结束标志），计算其中有效的学生分数的个数、总分数和平均值。

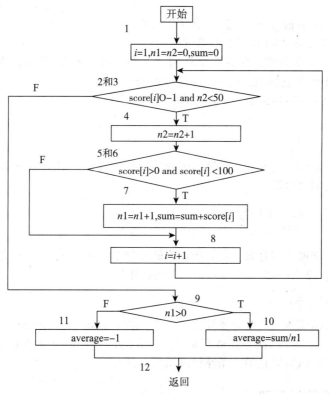

图 8-7　程序流程图

导出程序的控制流图，如图 8-8 所示。

确定环形复杂性度量 $V(G)$：$V(G)=6$（6 个区域）；或 $V(G)=E-N+2=16-12+2=6$，其中 E 为流图中的边数，N 为结点数；或 $V(G)=P+1=5+1=6$，其中 P 为谓词结点的个数。

在控制流图中，结点 2、3、5、6、9 是谓词结点。

确定基本路径集合（即独立路径集合），于是可确定 6 条独立的路径：

路径 1：1-2-9-10-12；

路径 2：1-2-9-11-12；

路径 3：1-2-3-9-10-12；

路径 4：1-2-3-4-5-8-2…；

路径 5：1-2-3-4-5-6-8-2…；

路径 6：1-2-3-4-5-6-7-8-2…。

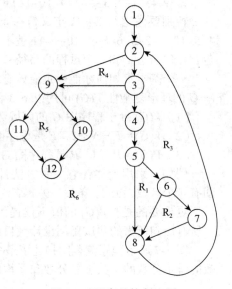

为每一条独立路径各设计一组测试用例，以强迫程序沿着该路径至少执行一次。

（1）路径 1（1-2-9-10-12）的测试用例：

score[k]=有效分数值，当 $k<i$；

score[i]=-1，$2 \leqslant i \leqslant 50$；

期望结果：根据输入的有效分数算出正确的分数个数 $n1$、总分 sum 和平均分 average。

（2）路径 2（1-2-9-11-12）的测试用例：

score[1]=-1 ；

期望的结果：average=-1，其他量保持初值。

图 8-8　程序的控制流图

（3）路径 3（1-2-3-9-10-12）的测试用例：

输入多于 50 个有效分数，即试图处理 51 个分数，要求前 51 个为有效分数；

期望结果：$n1=50$ 且算出正确的总分和平均分。

（4）路径 4（1-2-3-4-5-8-2…）的测试用例：

score[i]=有效分数，当 $i<50$；

score[k]<0，$k<i$；

期望结果：根据输入的有效分数算出正确的分数个数 $n1$、总分 sum 和平均分 average。

（5）路径 5 的测试用例：

score[i]=有效分数，当 $i<50$；

score[k]>100，$k<i$；

期望结果：根据输入的有效分数算出正确的分数个数 $n1$、总分 sum 和平均分 average。

（6）路径 6（1-2-3-4-5-6-7-8-2…）的测试用例：

score[i]=有效分数，当 $i<50$；

期望结果：根据输入的有效分数算出正确的分数个数 $n1$、总分 sum 和平均分 average。

必须注意，一些独立的路径往往不是完全孤立的，有时它是程序正常控制流的一部分，这时，这些路径的测试可以是另一条路径测试的一部分。

8.6.3　循环路径测试策略

循环语句包括简单循环、嵌套循环和串接循环，对它们的测试稍有不同。

简单循环测试。对于简单循环，测试应包括以下几种，其中 n 表示循环允许的最大次数。

- 零次循环：从循环入口直接跳到循环出口。

- 一次循环：查找循环初始值方面的错误。
- 二次循环：检查在多次循环时才能暴露的错误。
- m 次循环：此时 $m<n$，也是检查在多次循环时才能暴露的错误。
- n（最大）次数循环、$n+1$（比最大次数多 1）次的循环、$n-1$（比最大次数少 1）次的循环。

嵌套循环测试。对于嵌套循环，不能将简单循环的测试方法简单地扩大，然后用于嵌套循环，因为可能的测试数目将随嵌套层次的增加呈几何倍数增长。这可能是一个天文数字的测试数目。下面是一种有助于减少测试数目的测试方法：

（1）从最内层循环开始，设置所有其他层的循环为最小值。

（2）对最内层循环做简单循环的全部测试。测试时保持所有外层循环的循环变量为最小值。另外，对越界值和非法值做类似的测试。

（3）逐步外推，对其外面一层循环进行测试。测试时保持所有外层循环的循环变量取最小值，所有其他嵌套内层循环的循环变量取"典型"值。

（4）反复进行，直到所有各层循环测试完毕。

（5）对全部各层循环同时取最小循环次数，或者同时取最大循环次数。对于后一种测试，由于测试量太大，需人为指定最大循环次数。

串接循环测试。对于串接循环，要区别两种情况。如果各个循环互相独立，则串接循环可以用与简单循环相同的方法进行测试。如果有两个循环处于串接状态，而前一个循环的循环变量值是后一个循环的初值，则这几个循环不是互相独立的，需要使用测试嵌套循环的办法来处理。

8.7　集成测试技术

集成测试，也叫组装测试或联合测试。在单元测试的基础上，将所有模块按照设计要求组装成子系统或系统，进行集成测试。实践表明，一些模块虽然能够单独地工作，但并不能保证连接起来也能正常工作。程序在某些局部反映不出来的问题，在全局上很可能暴露出来，影响功能的实现。

8.7.1　集成策略

集成测试的实施方案有很多种，如自顶向下集成测试、自底向上集成测试、Big-Bang 集成测试、核心系统先行集成测试等。

自顶向下集成测试策略

自顶向下集成测试策略是构造程序结构的一种增量式方式，它从主控模块开始，按照软件的控制层次结构，以深度优先或广度优先的策略，逐步把各个模块集成在一起。深度优先策略首先是把主控制路径上的模块集成在一起。

以图 8-9 为例，若选择最左一条路径，应首先将模块 M1、M2、M5 和 M8 集成在一起，再将 M6 集成起来，然后考虑中间和右边的路径。广度优先策略则不然，它沿控制结构水平地向下移动。以图 8-9 为例，它首先把 M2、M3 和 M4 与主控模块集成在一起，再将 M5 和 M6 和其他模块集成起来。

自顶向下集成测试的具体步骤如下：

（1）以主控模块作为测试驱动模块，把对主控模块进行单

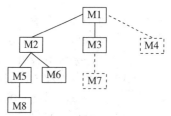

图 8-9　模块组成结构

元测试时引入的所有桩模块用实际模块替代。

（2）依据所选的集成策略（深度优先或广度优先），每次只替代一个桩模块。

（3）每集成一个模块立即测试一遍。

（4）只有每组测试完成后，才着手替换下一个桩模块。

（5）为避免引入新错误，须不断地进行回归测试（即全部或部分地重复已做过的测试）。

从第二步开始，循环执行上述步骤，直至整个程序结构构造完毕。图8-9中，实线表示已完成测试部分，若采用深度优先策略，下一步将用模块M7替换桩模块S7，当然M7本身可能又带有桩模块，随后将被对应的实际模块一一替代。

自顶向下集成的优点在于能尽早地对程序的主要控制和决策机制进行检验，因此能够较早地发现错误；缺点是在测试较高层模块时，低层处理采用桩模块替代，不能反映真实情况，重要数据不能及时回送到上层模块，因此测试并不充分。

自底向上集成测试策略

自底向上集成测试是最常使用的方法。其他集成方法都或多或少地继承、吸收了这种集成方式的思想。自底向上集成方式从程序模块结构中最底层的模块开始组装和测试。因为模块是自底向上进行组装的，对于一个给定层次的模块，它的子模块（包括子模块的所有下属模块）事前已经完成组装并经过测试，所以不再需要编制桩模块。自底向上集成测试的步骤大致如下：

（1）对被测模块进行分层，在同一层次上的测试可以并行进行，然后排出测试活动的先后关系，制订测试进度计划。利用图论的相关知识，可以排出各活动之间的时间序列关系，处于同一层次的测试活动可以同时进行，而且不会相互影响。

（2）按时间线序关系，将软件单元集成为模块，并测试在集成过程中出现的问题。这里，可能需要测试人员开发一些驱动模块来驱动集成活动中形成的被测模块。对于比较大的模块，可以先将其中的某几个软件单元集成为子模块，然后再集成为一个较大的模块。

（3）将各软件模块集成为子系统。检测各子系统是否能正常工作。同样，可能需要测试人员开发少量的驱动模块来驱动被测子系统。

（4）将各子系统集成为最终用户系统，测试各分系统能否在最终用户系统中正常工作。

自底向上集成测试方案是工程实践中最常用的测试方法。它的优点是管理方便，测试人员能较好地锁定软件故障所在位置。

核心系统先行集成测试

核心系统先行集成测试法的思想是先对核心软件部件进行集成测试，在测试通过的基础上再按各外围软件部件的重要程度逐个集成到核心系统中。每次加入一个外围软件部件都产生一个产品基线，直至最后形成稳定的软件产品。核心系统先行集成测试法对应的集成过程是一个逐渐趋于闭合的螺旋形曲线，代表产品逐步定型的过程。其步骤如下：

（1）对核心系统中的每个模块进行单独的、充分的测试，必要时使用驱动模块和桩模块。

（2）对于核心系统中的所有模块，将其一次性集合到被测系统中，解决集成中出现的各类问题。在核心系统规模相对较大的情况下，也可以按照自底向上的步骤，集成核心系统的各组成模块。

（3）按照各外围软件部件的重要程度以及模块间的相互制约关系，拟定外围软件部件集成到核心系统中的顺序方案。方案经评审以后，即可进行外围软件部件的集成。

（4）在外围软件部件添加到核心系统以前，外围软件部件应先完成内部的模块级集成测试。

（5）按顺序不断加入外围软件部件，排除外围软件部件集成中出现的问题，形成最终的用户系统。

该集成测试方法对快速软件开发很有效果，适用于较复杂系统的集成测试，能保证一些重要功能和服务的实现；缺点是采用此法的系统一般应能明确区分核心软件部件和外围软件部件，核心软件部件应具有较高的耦合度，外围软件部件内部也应具有较高的耦合度，但各外围软件部件之间应具有较低的耦合度。

8.7.2　性能测试

性能测试是通过自动化的测试工具模拟多种正常、峰值以及异常负载条件来对系统的各项性能指标进行的测试。负载测试和压力测试都属于性能测试，两者可以结合进行。通过负载测试，确定在各种工作负载下系统的性能，目标是测试当负载逐渐增加时系统各项性能指标的变化情况。

性能测试在软件的质量保证中起着重要的作用，它包括的测试内容丰富多样。性能测试包括 3 个方面：应用在客户端性能的测试、应用在网络上性能的测试和应用在服务器上性能的测试。通常情况下，这 3 个方面有效、合理地结合，可以实现对系统性能的全面分析，并且能够做到对瓶颈的预测。

应用在客户端性能的测试

应用在客户端性能测试的目的是考察客户端应用的性能，测试的入口是客户端。它主要包括并发性能测试、疲劳强度测试、大数据量测试和速度测试等，其中并发性能测试是重点。并发性能测试的过程是一个负载测试和压力测试的过程，即逐渐增加负载，直到达到系统的瓶颈或者不能接收的性能点，通过综合分析交易执行指标和资源监控指标来确定系统并发性能的过程。负载测试是确定在各种工作负载下系统的性能，目标是测试当负载逐渐增加时，利用系统组成部分的相应输出项，如通过量、响应时间、CPU 负载、内存使用情况等来决定系统的性能。负载测试是对软件应用程序及其支撑架构进行分析，并通过模拟真实环境的使用，从而确定其能够接收的性能过程。压力测试是通过确定一个系统的瓶颈或者不能接收的性能点来获得系统能提供的最大服务级别的测试。

并发性能测试的目的主要体现在 3 个方面：以真实的业务为依据，选择有代表性的、关键的业务操作设计测试案例，以评价系统的当前性能；当扩展应用程序的功能或者新的应用程序将要被部署时，负载测试会帮助确定系统是否还能够处理期望的用户负载，以预测系统的未来性能；通过模拟成百上千个用户，重复执行和运行测试，可以确认性能瓶颈并优化和调整应用，目的在于寻找到瓶颈问题。

这类问题常见于采用联机事务处理（OLTP）方式的数据库应用、Web 浏览和视频点播等系统。这种问题的解决要借助于科学的软件测试手段和先进的测试工具。

测试的基本策略是自动负载测试，通过在一台或几台 PC 上模拟成百或上千的虚拟用户同时执行业务的情景，对应用程序进行测试，同时记录下每一事务处理的时间、中间件服务器峰值数据、数据库状态等。通过可重复的、真实的测试能够彻底地度量应用的可扩展性和性能，确定问题所在以及优化系统性能。预先知道了系统的承受力，就为最终用户规划整个运行环境的配置提供了有力的依据。

多媒体数据库性能测试的目的是模拟多用户并发访问某新闻单位多媒体数据库，执行关键检索业务，分析系统性能。

性能测试的重点是针对系统并发压力负载较大的主要检索业务，进行并发测试和疲劳测试，系统采用 B/S 运行模式。并发测试设计了特定时间段内分别在中文库、英文库、图片库中进行单检索词、多检索词以及变检索式、混合检索业务等并发测试案例。疲劳测试案例为在中文库中并发用户数 200，进行测试周期约 8 小时的单检索词检索。在进行并发测试和疲劳测试的同时，监测的测试指标包括交易处理性能以及 UNIX（Linux）、Oracle、Apache 资源等。

在机房测试环境和内网测试环境中，100Mbit/s 带宽情况下，针对规定的各并发测试案例，系统能够承受并发用户数为 200 的负载压力，每分钟最大交易数达到 78.73，运行基本稳定，但随着负载压力增大，系统性能有所衰减。系统能够承受 200 并发用户数持续周期约 8 小时的疲劳压力，基本能够稳定运行。通过对系统 UNIX（Linux）、Oracle 和 Apache 资源的监控，系统资源能够满足上述并发性能和疲劳性能需求，且系统硬件资源尚有较大利用余地。

当并发用户数超过 200 时，监控到 Http500、Connect 和超时错误，且 Web 服务器报内存溢出错误，系统应进一步提高性能，以支持更大并发用户数。建议进一步优化软件系统，充分利用硬件资源，缩短交易响应时间。

应用在网络上性能的测试

应用在网络上性能的测试的重点是利用成熟先进的自动化技术进行网络应用性能监控、网络应用性能分析和网络预测。

网络应用性能分析的目的是准确展示网络带宽、延迟、负载和 TCP 端口的变化是如何影响用户的响应时间的。利用网络应用性能分析工具，如 Application Expert，能够发现应用的瓶颈，我们可知应用在网络上运行时在每个阶段发生的应用行为，在应用线程级分析问题：客户端是否对数据库服务器运行了不必要的请求？当服务器从客户端接收了一个查询，应用服务器是否花费了不可接受的时间联系数据库服务器？在投产前预测应用的响应时间；利用 Application Expert 调整应用在广域网上的性能；Application Expert 能够让你快速、容易地仿真应用性能，根据最终用户在不同网络配置环境下的响应时间，用户可以根据自己的条件决定应用投产的网络环境。

在系统试运行之后，需要及时准确地了解网络上正在发生什么事情；什么应用在运行，如何运行；多少 PC 正在访问 LAN 或 WAN；哪些应用程序导致系统瓶颈或资源竞争，这时网络应用性能监控以及网络资源管理对系统的正常稳定运行是非常关键的。利用网络应用性能监控工具，可以达到事半功倍的效果，在这方面我们可以提供的工具是 Network Vantage。它主要用来分析关键应用程序的性能，并由此来定位问题的根源是在客户端、服务器、应用程序还是网络。

考虑到系统未来发展的扩展性，预测网络流量的变化、网络结构的变化对用户系统的影响非常重要。根据规划数据进行预测并及时提供网络性能预测数据是非常有必要的。由此我们可以设置服务水平、规划日网络容量、离线测试网络、分析网络失效和容量极限、诊断日常故障、预测网络设备迁移和网络设备升级对整个网络的影响。

应用在服务器上性能的测试

对于应用在服务器上性能的测试，可以采用工具监控，也可以使用系统本身的监控命令。实施测试的目的是实现对服务器设备、服务器操作系统、数据库系统、应用在服务器上性能的全面监控。

性能测试的目的是验证软件系统是否能够达到用户提出的性能指标，同时发现软件系统中存在的性能瓶颈，优化软件，最后起到优化系统的目的。其包括以下几个方面：

- 评估系统的能力：测试中得到的负荷和响应时间数据可以被用于验证所计划的模型的能力，并帮助做出决策。

- 识别体系中的弱点：受控的负荷可以被增加到一个极端的水平，并突破它，从而修复体系的瓶颈或薄弱的地方。
- 系统调优：重复运行测试，验证调整系统的活动得到了预期的结果，从而改进性能。
- 检测软件中的问题：长时间执行测试将导致程序由于内存泄露而引起失败，从而揭示程序中的隐含的问题或冲突。
- 验证稳定性和可靠性：在一个生产负荷下执行一定时间的测试是评估系统稳定性和可靠性是否满足要求的唯一方法。

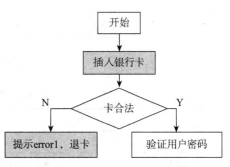

图 8-10　验证银行卡用例场景

8.7.3　实例分析

下面是 ATM 机"取款"功能的测试过程。

基本事件流

事件流 1：用户向 ATM 提款机中插入银行卡，如图 8-10 所示，执行验证银行卡用例。如果银行卡是合法的，ATM 提款机界面提示用户输入用户密码（表 8-2）。

表 8-2　"验证用户密码"的测试用例

参数 1	用户密码
参数类型	字符串
参数范围	字符串为 0～9 之间的阿拉伯数字组合，密码长度为 6 位

事件流 2：用户输入该银行卡的密码，ATM 提款机与 MainFrame 进行密码传递，检验密码的正确性。如图 8-11 所示，执行验证用户密码用例场景。如果输入密码正确，系统出现业务总界面。如果选择"取款"业务，则进入取款服务。

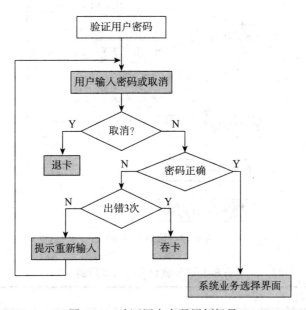

图 8-11　验证用户密码用例场景

事件流 3：系统进入系统业务选择界面，等待用户选择业务功能。假如用户选择"取款"

业务，则系统进入取款功能。注意，图 8-12 中的"⊕"表示互斥，代表用户每次只能进入一个业务功能。表 8-3 给出"业务功能选择"测试用例。

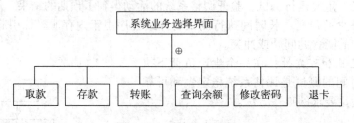

图 8-12 系统业务选择

表 8-3 "业务功能选择"测试用例

参数 1	单击
参数类型	无
参数范围	用户可以选择"取款""存款""转账""查询余额""修改密码"和"退卡"选项

事件流 4：系统提示用户输入取钱金额，提示信息为"请输入您的提款额度"；用户输入取钱金额，系统校验金额正确，提示用户确认，提示信息为"您输入的金额是 xxx，请确认，谢谢！"，用户按下确认键，确认需要提取的金额（表 8-4）。系统执行取款用例场景如图 8-13 所示。

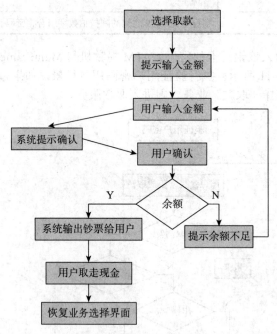

图 8-13 取款用例场景

表 8-4 "取款金额"测试用例

参数 1	取款金额
参数类型	整数
参数范围	50~1500 元人民币，单笔取款额最高为 1500 元人民币；每 24 小时之内，取款的最高限额为 4500 元人民币

事件流 5：系统同步银行主机，点钞票，输出给用户，并且减掉数据库中该用户账户中的存款金额。

事件流 6：用户提款，用户取走现金。ATM 机恢复业务选择界面。

事件流 7：用户选择"退卡"，银行卡自动退出。如图 8-14 所示，系统执行退卡用例，用户取走银行卡。

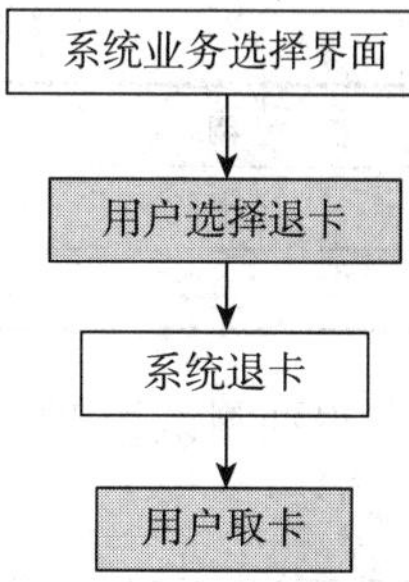

分析

事件流 1：如果插入无效的银行卡，那么，在 ATM 提款机界面上提示用户"您使用的银行卡无效！"，3 秒后，自动退出该银行卡。

图 8-14 退卡用例场景

事件流 2：如果用户输入的密码错误，则提示用户"您输入的密码无效，请重新输入"；如果用户连续 3 次输入错误密码，ATM 提款机吞卡，并且 ATM 提款机的界面恢复到初始状态。此时，其他提款人可以继续使用其他合法的银行卡在 ATM 提款机上提取现金。用户输入错误的密码后，也可以按"退出"键，则银行卡自动退出。

事件流 3：用户在系统业务选择界面选择所需办理的业务，以下以"取款"业务为例进行分析。

事件流 4：如果用户输入的单笔提款金额超过单笔提款上限，ATM 提款机界面提示"您输入的金额错误，单笔提款上限金额是 1500RMB，请重新输入"；如果用户输入的单笔金额，不是以 50RMB 为单位的，那么提示用户"您输入的提款金额错误，请输入以 50RMB 为单位的金额"；如果用户在 24 小时内提取的金额大于 4500RMB，则 ATM 提款机提示用户，"24 小时内只能提取 4500RMB，请重新输入提款金额"；如果用户输入正确的提款金额，ATM 提款机提示用户确认后，用户取消提款，则 ATM 提款机自动退出该银行卡；如果 ATM 提款机中余额不足，则提示用户，"抱歉，ATM 提款机中余额不足"，3 秒后，自动退出银行卡。如果用户银行账户中的存款小于提款金额，则提示用户"抱歉，您的存款余额不足！"，3 秒后，自动退出银行卡。

事件流 5：如果用户没有取走现金，或者没有拔出银行卡，ATM 提款机不做任何提示，直接恢复到界面的初始状态。

根据场景，得到 ATM 机取款的基本路径：插入银行卡→提示输入密码→用户输入密码→提示输入金额→用户输入金额→提示确认→用户确认→输出钞票给用户，退卡→用户取走现金，取走银行卡→界面恢复初始状态。

测试用例设计

下面分析测试数据，采用等价类划分和边界值法。

等价类划分见表 8-5。

表 8-5 等价类划分

输入条件	有效等价类	无效等价类
银行卡	银行卡	非银行卡
密码	字符串为 0~9 之间的阿拉伯数字组合，密码长度为 6 位	长度不是 6 位的 0~9 之间的组合
金额	以 50 为单位，50~1500 元人民币，单笔取款额最高为 1500 元人民币；每 24 小时之内，取款的最高限额是 4500 元人民币	非 50 的倍数，或大于 1500 元，24 小时内取款超过 4500 元
确认	TRUE	
取现金	TRUE、FALSE	
取银行卡	TRUE、FALSE	

边界值分析见表 8-6。

表 8-6　边界值分析

输入	内点	上点	离点
密码	000001、999998	000000、999999	00000、1000000
金额	100、1350	50、1500	0、1550

得到测试用例，见表 8-7～表 8-16。

表 8-7　第一组测试用例

测试用例编号	ATM_ST_FETCH_001
测试项目	银行 ATM 机取款
测试标题	输入合法密码和金额，确认金额，并取走现金和银行卡
重要级别	高
预置条件	系统存在该用户
输入	金额 100，密码 000001
操作步骤	①插入银行卡；②输入密码 000001；③输入金额 100；④确定；⑤取走现金；⑥取走银行卡
预期输出	①提示输入密码；②提示输入金额；③提示确认；④输出钞票；⑤退出银行卡；⑥界面恢复初始状态

表 8-8　第二组测试用例

测试用例编号	ATM_ST_FETCH_002
测试项目	银行 ATM 机取款
测试标题	输入合法密码和金额，确认金额，不取走现金和银行卡
重要级别	中
预置条件	系统存在该用户
输入	金额 1350，密码 999998
操作步骤	①插入银行卡；②输入密码 999998；③输入金额 1350；④确定；⑤不取走现金；⑥不取走银行卡
预期输出	①提示输入密码；②提示输入金额；③提示确认；④输出钞票；⑤退出银行卡；⑥界面恢复初始状态

表 8-9　第三组测试用例

测试用例编号	ATM_ST_FETCH_003
测试项目	银行 ATM 机取款
测试标题	输入合法密码和金额，确认金额，并取走现金和银行卡
重要级别	中
预置条件	系统存在该用户
输入	金额 50，密码 000000
操作步骤	①插入银行卡；②输入密码 000000；③输入金额 50；④确定；⑤取走现金；⑥取走银行卡。
预期输出	①提示输入密码；②提示输入金额；③提示确认；④输出钞票；⑤退出银行卡；⑥界面恢复初始状态。

表 8-10 第四组测试用例

测试用例编号	ATM_ST_FETCH _004
测试项目	银行 ATM 机取款
测试标题	输入合法密码和金额,确认金额,并取走现金和银行卡
重要级别	中
预置条件	系统存在该用户
输入	金额 1500,密码 999999
操作步骤	①插入银行卡;②输入密码 999999;③输入金额 1500;④确定;⑤取走现金;⑥取走银行卡
预期输出	①提示输入密码;②提示输入金额;③提示确认;④输出钞票;⑤退出银行卡;⑥界面恢复初始状态

表 8-11 第五组测试用例

测试用例编号	ATM_ST_FETCH _005
测试项目	银行 ATM 机取款
测试标题	插入非银行卡
重要级别	中
预置条件	
输入	
操作步骤	插入 IC 卡
预期输出	提示用户"您使用的银行卡无效!",3 秒后,自动退出该银行卡

表 8-12 第六组测试用例

测试用例编号	ATM_ST_FETCH _006
测试项目	银行 ATM 机取款
测试标题	输入非法密码
重要级别	中
预置条件	系统存在该用户
输入	密码 00000
操作步骤	①插入银行卡;②输入密码 00000
预期输出	①提示输入密码;②提示用户"您输入的密码无效,请重新输入"

表 8-13 第七组测试用例

测试用例编号	ATM_ST_FETCH _007
测试项目	银行 ATM 机取款
测试标题	输入非法密码
重要级别	中
预置条件	系统存在该用户
输入	密码 1000000
操作步骤	①插入银行卡;②输入密码 1000000
预期输出	①提示输入密码;②提示用户"您输入的密码无效,请重新输入"

表 8-14　第八组测试用例

测试用例编号	ATM_ST_ FETCH _008
测试项目	银行 ATM 机取款
测试标题	输入非法金额
重要级别	中
预置条件	系统存在该用户
输入	密码 123456，金额为 0
操作步骤	①插入银行卡；②输入密码 123456；③输入金额 0
预期输出	①提示输入密码；②提示输入金额；③提示用户"您输入的提款金额错误，请输入以 50 为单位的金额"

表 8-15　第九组测试用例

测试用例编号	ATM_ST_ FETCH _009
测试项目	银行 ATM 机取款
测试标题	输入非法金额
重要级别	中
预置条件	系统存在该用户
输入	密码 123456，金额为 1550
操作步骤	①插入银行卡；②输入密码 123456；③输入金额 1550
预期输出	①提示输入密码；②提示输入金额；③提示用户"您输入的金额错误，单笔提款上限金额是 1500RMB，请重新输入"

表 8-16　第十组测试用例

测试用例编号	ATM_ST_ FETCH _010
测试项目	银行 ATM 机取款
测试标题	提取金额达到上限
重要级别	中
预置条件	系统存在该用户
输入	密码 123456，金额为 1500、50
操作步骤	①插入银行卡；②输入密码 123456；③输入金额 1500；④且在 23 小时内，提款 4500；⑤在 23 小时 59 分，提款 50。
预期输出	①提示输入密码；②提示输入金额；③提示用户"24 小时内只能提取 4500RMB，请重新输入提款金额"

补充测试用例，以覆盖左右的路径，见表 8-17～表8-19。

表 8-17　第十一组测试用例

测试用例编号	ATM_ST_ FETCH _011
测试项目	银行 ATM 机取款
测试标题	插入卡后取消操作
重要级别	底

（续）

预置条件	无
输入	无
操作步骤	①插入银行卡；②点击取消
预期输出	①提示输入密码；②退出银行卡

表 8-18　第十二组测试用例

测试用例编号	ATM_ST_ FETCH _012
测试项目	银行 ATM 机取款
测试标题	输入非法密码
重要级别	中
预置条件	系统存在该用户
输入	密码 111111
操作步骤	①插入银行卡；②输入密码 111111；③重复操作步骤② 2 次（一共出错 3 次）
预期输出	①提示输入密码；②提示用户"您输入的密码无效，请重新输入"；③重复步骤①、步骤② 2 次（总共提示 3 次出错）；④系统吞卡

表 8-19　第十三组测试用例

测试用例编号	ATM_ST_ FETCH _013
测试项目	银行 ATM 机取款
测试标题	输入提款金额大于账户内金额
重要级别	中
预置条件	系统存在该用户，账户存款为 1000
输入	密码 123456，金额为 1500
操作步骤	①插入银行卡；②输入密码 123456；③输入金额 1500；④点击确定
预期输出	①提示用户"抱歉，您的存款余额不足！"；② 2、3 秒后，自动退出银行卡

8.8　调试技术

　　调试又称排错或纠错。调试的任务是根据测试时发现的错误，找出原因和具体的位置，进行改正。准确地说，调试工作包括：

- 对错误进行定位并分析原因，即诊断。
- 对于错误部分重新编码以改正错误。
- 重新测试。

　　调试工作的重点是诊断。软件测试应该由他人进行，调试工作主要由程序开发人员来进行，谁开发的程序就由谁来进行调试。调试是一件很困难的工作，之所以困难，是由人的心理因素以及技术方面的原因而致，其中心理方面的原因可能多于技术方面的原因。

8.8.1　调试过程

　　调试过程细分为两个步骤完成。首先，根据测试结果表明有错误存在的迹象并进行分析，验证或确定引起错误的准确位置——定位错误；然后，仔细研究以确定出错的原因，并设法改正错误——修复错误。也就是说，调试是在测试暴露出一个错误之后，以确定与之相联系的故障，并修改设计和代码以排除这个故障的有序过程。调试过程的第一个步骤即找出错误的位置，因此，如何根据错误迹象确定错误的位置是调试的重点。

调试过程为了确定故障，往往需要进行某些诊断测试，加以验证。如果调试处理不当，仍然可能带入新的错误，所以，调试过程要特别慎重。为了确保调试的正确性，在修改设计和代码之后，往往需要重复进行暴露这个错误的某些原始测试，即回归测试，验证故障确实被排除了。因此，调试过程往往需要和测试过程交替进行。

软件测试一般由专业测试人员进行，而软件调试最好由编程人员自己进行。这是因为，问题的外部现象和内在原因之间往往没有明显的联系，而编程者最清楚程序的内部结构，由他们自己根据错误症状来调试的效果好得多。

8.8.2　调试策略

调试过程常用的一些调试技术，例如，安排打印语句输出有关变量或存储单元的内容，利用专门的调试软件工具分析程序的动态行为等，这些调试技术均有一定的局限性。一般，在使用调试技术之前，都应该对错误的症状进行全面的分析和周密的思考，得出对故障的推测，然后使用适当的调试技术检验推测的正确性，也就是说，任何一种调试技术都应该以试探的方式使用。

调试过程的关键不是调试技术，而是分析错误症状以找出确切的故障出处的调试策略。常用的调试策略有试探法、回溯法、对分查找法、归纳法和演绎法等，其中较为规范的是归纳法和演绎法。

试探法。调试人员分析错误症状，凭借经验猜想故障的位置，然后使用适当的调试技术，获取程序中被怀疑处附近的信息。这种带有很大盲目性的试探策略通常是低效的，适用于结构比较简单的小规模程序。

回溯法。调试人员检查错误症状，确定最先发现症状的地方，然后沿着源程序的控制流往回追踪程序代码，直到找出错误根源或确定故障范围为止。回溯法的另一种形式是正向追踪，就是使用输出语句检查一系列中间结果，以确定最先出现错误的地方。

回溯法对于规模小的程序而言，是一种比较好的调试策略。但是，随着程序规模的扩大，回溯的路径数目可能会变得越来越大，以致于使回溯变得完全不可能。

对分查找法。如果已经知道每个变量在程序内若干个关键点的正确值，则可以用赋值语句或输入语句在程序"中点"附近加入这些变量的正确值，然后检查程序的输出。如果输出结果是正确的，则故障在程序"中点"的前半部分；反之，故障在程序"中点"的后半部分。对程序中有故障的那部分再重复使用对分查找法，直到把故障范围缩小到容易诊断为止。

归纳法。归纳法是一种系统化的推理方法，即从个别或特殊推断一般的方法。归纳法调试策略是从线索（错误征兆）出发，通过分析这些线索之间的关系找出故障。

归纳法主要有以下 4 个步骤。

（1）收集有关数据。列出程序中已经知道的、对或不对的一切数据，包括那些不产生错误结果的测试数据（结果不错的测试数据往往能补充宝贵的线索）。

（2）组织数据。因为归纳法是从特殊推断出一般的方法，所以必须整理数据以便发现规律。特别要重视总结一般在什么条件下出现错误，什么条件下不出现错误的一些数据。

（3）导出假设。分析研究线索之间的关系，力求找出它们的规律，从而提出故障的一个或多个假设。如果无法做出推测，则应该补充设计和执行一些测试方案，以便获得更多的数据。转到第一步重复这个过程。如果做出了多种假设，则选择其中可能性最大的那个为假设。

（4）验证假设。假设不等于事实。证明假设的合理性是极端重要的，不经验证就根据假设排除故障，往往只能消除错误症状或只能改正部分错误。验证假设，就是用它来解释所有原始的测试结果。如果能圆满地解释一切现象，假设得到证实，则表明故障找到了，结束这个过程；否则，要么是假设不成立或不完备，要么是可能还有多个故障同时存在，转到第一步重复这个过程。

演绎法。演绎法也是一种系统化的推理方法，即从一般前提条件出发，经过不断排除的过程导出结论的方法。演绎法调试策略是先列出所有可能成立的原因或假设，然后逐一排除不正确的原因，直到最后证明出剩下的原因确实是错误根源为止。

演绎法主要有下述 4 个步骤。

（1）列举可能的原因：根据已有的测试信息和测试数据，列举出所有可能产生该错误的原因（不需要用这些原因解释出错现象）。

（2）排除不正确的原因：仔细分析已有的信息 / 数据，特别要着重寻找矛盾，力求排除上一步列出的每个原因。如果所有列出的原因都被排除了，则需要补充数据（例如，补充测试）以提出新的原因，即转到第一步重复这个过程。如果经过排除之后余下的原因只有一个，则这个原因就是故障的假设；如果余下的原因多于一个，则选取可能性最大的那个原因为假设。

（3）细化假设：利用已知的线索进一步细化确定的假设，使之更具体化，以便确定故障的位置。

（4）验证假设：演绎法验证假设的具体做法与归纳法的相同。

8.9　软件测试文档

软件测试就是在软件投入运行前，对软件需求、设计规格说明和编码的最终复审，是保证软件质量的关键步骤，在软件开发的整个过程中占有极重要的位置。软件测试文档主要包括测试规划、测试策略、测试手段以及测试结果，最终将决定软件开发的成败。所以说测试工作在软件开发的整个过程中占有极重要的位置。

本节介绍有关软件测试计划文档和集成测试文档标准的内容。

8.9.1　软件测试计划文档

软件测试工作应该以一个好的测试计划作为基础。测试计划起到一个框架结构的作用，规划了测试的步骤和安排。一个测试计划的基本内容包括基本情况分析、测试需求说明、测试策略和记录、测试资源配置、问题跟踪报告、测试计划的评审等。下面是软件测试计划文档模板。

1. 引言

本部分介绍测试基本情况和要求，包括编写目的、项目背景和术语等。

1.1　编写目的

为软件测试建立计划，供软件测试人员作为软件测试实施时的参考。

1.2　项目背景

介绍项目的背景和范围等。

1.3　术语定义

包括软件和测试方面的基本术语。

1.4 参考资料

相关参考文献资料。

2. 任务概述

本部分描述测试的目标、测试环境、软件的基本需求，以及测试的条件与限制等。

2.1 目标

给出本次测试的主要目标、覆盖范围和验收标准等。

2.2 测试环境

包括硬件环境、软件环境等。

2.3 需求概述

简要描述系统的需求，尤其是数据需求和事务需求等。

2.3.1 数据需求

包括系统所涉及的内部数据和外部数据要求，如外部存储格式、访问格式，以及内部数据结构和类型等。

2.3.2 事务需求

包括完成测试需要哪些事务要求，如每组测试的过程和处理要求、需要准备哪些工作等。

2.4 条件与限制

测试过程需要具备的条件，如各硬件设备、软件系统保证、人员齐备、各方面互相配合、内部协调等。限制包括资金限制、时间限制、环境限制等。

3. 计划

本部分描述测试方案、测试的项目、测试前的准备工作和人员配备等。

3.1 测试方案

测试方案包括测试策略、测试过程、测试内容、要采用的测试技术，以及技术标准等。

3.2 测试项目

包括功能测试、回归测试、界面测试、负载测试和文档测试等项目。

- 功能测试：依据需求规格说明书中描述的所有功能，根据项目实际情况和约束，选择全部或部分功能进行测试。
- 回归测试：在测试的过程中发现系统缺陷，应及时修正，每天对系统进行一次回归测试，在修正的程序中对发现的缺陷进行验证，以确保其得以改正。在系统交付前做一次完整的系统回归测试。
- 界面测试：对界面的正确性、操作性和友好性等进行测试。
- 负载测试：主要测试系统的并发访问性能、大规模数据访问效率等。
- 文档测试：主要包括对需求文档、设计文档、用户文档的测试，测试重点在文档内容的正确性、准确性。主要采用走查的方式进行。

3.3 测试准备

在测试前，要做到：与各模块的主要负责人共同协商讨论；阅读软件规格说明书、概要设计说明书、详细设计说明书，并以此作为总的提纲；选择合适的输入／输出数据；编写测试用例等。

3.4 测试机构及人员

测试机构的组建和人员组成、每个人员的职责和任务等。

4. 测试项目说明

本部分是测试项目的情况说明，包括测试项目定义、测试用例编写和操作步骤、测试进度安排以及参考资料等。

4.1　测试项目名称及测试内容

对每个测试项目定义合适的名称和测试内容。

4.2　测试用例

编写测试用例，包括用例编号、输入数据、预期的输出结果等。

4.2.1　输入

每个测试用例的输入数据格式、顺序和输入方式等。

4.2.2　输出

每个用例预期的输出结果。

4.2.3　步骤及操作

每个测试项的操作步骤，以及每个用例的操作过程和要求等。

4.2.4　允许偏差

允许的结果偏差范围。

4.3　进度

制定每个测试项目的进度安排和人员安排。

4.4　条件

针对每个测试项目，确定需要的硬件条件、软件条件和人员条件等。

4.5　测试资料

测试需要参考的相关资料、文档及规范等。

5. 评价

给出测试评价准则和结束标准。

5.1　准则

包括质量准则，如错误率、效率、可靠性等，以及覆盖准则，如用例的覆盖度等。

5.2　结束标准

以时间为结束基准，以资金为结束标准，还是错误率为基准等。

8.9.2　集成测试文档

软件集成测试文档制定集成测试的过程与策略、测试需求、测试工具等，具体如下。

1. 简介

1.1　目的

描述集成测试计划的编写目的及本次集成测试的主要目的。例如，编写目的：本文档用于描述某开发项目集成测试所要遵循的规范以及确定测试方法、测试环境、测试用例的编写和测试整体进度的计划安排、人力资源安排等。

测试目的：集成测试的目的是测试组成某系统的各子模块间的接口及功能实现等。

1.2　背景

描述项目或产品的背景。

1.3　范围

描述集成测试在项目的整体范围。例如，对需要集成的各功能模块的描述。

1.4　参考文档

描述本次集成测试所需要参考的文档。

2. 测试约束

描述本次集成测试所要遵循的准则及条件约束等。

2.1 测试进出条件

2.1.1 进入条件

描述集成测试的测试依据和满足该阶段测试进入的条件和约束。

2.1.2 退出条件

描述满足该阶段测试退出的条件，例如，致命和严重级别的缺陷清除率达到100％，致命和严重的缺陷修复率达到100％，一般缺陷的修复率达到99％并且遗留缺陷数小于5个，并要求系统测试每轮发现的缺陷数量呈收敛趋势。

2.2 测试通过和失败准则

2.3 测试启动／结束／暂停／再启动准则

2.3.1 测试启动准则

描述集成测试执行启动的约束准则。例如，配置管理员提交给测试组每次build的正确版本及集成的模块清单。测试环境通过检验之后就执行测试。

2.3.2 测试结束准则

描述集成测试执行结束的约束准则。例如，测试案例全部执行完毕，测试结果证明系统符合需求，遗留的问题满足测试退出条件且在质量标准允许范围内，即可结束测试。

2.3.3 测试暂停／再启动准则

描述集成测试执行过程中出现的特殊情况的约束准则。例如，被测模块出现某个致命性错误，导致测试案例无法继续执行，测试工作需暂停，这种情况下，如果非关联模块可以进行测试则执行非关联模块的测试。当这些问题得到解决后重新启动该模块的测试工作。

3. 测试需求

根据系统集成构建计划，通过列举每次集成的新版本产生新的测试需求功能点、接口的测试需求。

4. 测试风险

此处描述测试任务可能遇到的风险，以及规避的方法。

5. 集成策略

描述集成的方法、集成的顺序和集成的环境。

集成顺序一般有深度优先、自下而上、自上而下等。深度优先即关键（主控路径上的）业务流程涉及的模块先集成到一起，然后再集成辅助业务模块；自下而上：即已实现的较底层的功能优先集成，然后逐层上升，形成整个系统；自上而下：即事先存在一个稳定的架构，不断地向下细化，最后实现所有具体的功能细节。集成顺序可以是不同集成顺序的综合。

6. 集成计划

说明项目周期内计划执行的集成活动的时间安排。

7. 测试策略

测试策略提供了对以上测试对象实施测试的方法。对每一个工作版本将进行以下3种类型的测试：

- 接口测试，即测试接口调用。
- 功能测试，即测试工作版本应该实现的功能。
- 回归测试，即在新版本中执行以前集成版本的测试用例脚本。

7.1 策略描述

此处描述了根据项目的具体特征所确定的集成测试策略（如测试可行性分析、测试技术方法确定、测试类型选择以及集成的方案环境描述等）。

7.2　测试类型

此处描述集成测试的类型，一般有下列 4 种：功能测试、接口测试、容错测试和回归测试。

8.10　小结

在软件开发过程中，软件测试属于最艰巨、最繁重的任务，不仅必要，而且非常重要。

软件测试的目的是发现程序的错误，但是它并不能证明程序没有错误。软件中的错误情况非常复杂，主要分为语法错误、结构错误、功能错误和接口错误 4 种错误类型。

软件测试的基本方法分为白盒测试方法和黑盒测试方法。

在测试工作中，测试用例的设计是非常重要的，是测试执行的正确性、有效性的基础。如何有效地设计测试用例，一直是测试人员所关注的问题。设计好测试用例，也是保证测试工作的关键的因素之一。

测试和调试是软件测试两个关系极为密切的任务，它们通常交替进行。

软件的测试应该分级进行，通常分为单元测试、集成测试、确认测试和系统测试 4 个层次的测试。编码完成之后进行单元测试，常采用静态分析与动态测试，主要是发现软件中的语法错误、结构错误和功能错误。将模块组装成子系统和整个系统时进行集成测试和确认测试，主要测试综合功能和接口。在系统安装之后进行系统测试，主要检查是否达到系统所有要求。单元测试应该以结构测试为主，其余测试一般以功能测试为主。所有各个层次的测试都要事先有计划，事后有报告。

习题

1. 软件测试的目的是什么？请介绍关于软件测试的一些错误理解。
2. 为什么穷尽测试不可行？
3. 如何计划测试？
4. 测试有哪些过程？每个过程的任务是什么？
5. 集成测试有哪些策略，各有什么特点？
6. 请基于黑盒测试技术和场景的策略设计出卷系统的测试用例。
7. 请设计 POS 机系统处理销售的测试用例。
8. 逻辑覆盖测试的目的是什么？请对面对面结对编程系统某些模块进行逻辑覆盖测试。
9. 请用因果图法设计 ATM 机的测试用例。
10. 调试有哪些策略？各有什么特点？
11. 什么是路径测试？请选择面对面结对编程系统的某些模块进行基本路径测试。
12. 请编写一个登录模块，并分别根据黑盒和白盒测试技术给出测试用例。

第 9 章

高要求系统的分析与设计

9.1 引言

高要求系统的主要特性包括系统的可用性、可靠性、安全性和信息安全性。这些特性互相影响，交织在一起。例如，可靠性会影响系统的安全性和可用性，而系统的安全性不高必然导致系统的可靠性较差。如果系统是不可靠的、不安全的或是不能保证信息保密，那么用户往往会拒绝使用它，甚至会拒绝购买和使用来自同一个公司的其他产品。

失败的系统代价可能是巨大的。例如，核反应堆或飞机导航系统的失败代价要比一般控制系统的失败代价大好几个数量级。不可靠的系统会导致信息泄露和流失。对于通过昂贵代价收集和维护的有价值的信息，其损失将会耗费巨大的人力和经费。所以，在开发高要求系统时，我们总是使用值得信赖的成熟方法和技术，而对未经全面实际检验过的新技术应尽量避免。有很多种基于计算机的高要求系统，从设备和机械控制系统到信息和电子商务系统，在这些系统的开发中使用了先进的软件工程技术。本章将介绍开发高要求系统的技术和方法。

9.2 什么是高要求系统

在软件开发中，有一类计算机系统对可靠性、安全性等要求极高，因为这样的系统的失败后果相当严重，能带来巨大的经济损失、人身伤害，甚至会危及生命。这样的系统称为高要求系统。所谓高要求系统是指其可靠性极其重要的系统，如果这类系统不能按照所期待的方式工作，那么就可能产生严重的问题，给人民的生命财产带来巨大的损失。

高要求系统可分为以下 3 类。

- 安全性高要求系统。这类系统的失败可能造成人身伤害甚至危及生命或造成环境的严重破坏。例如，对于化学品制造工厂而言，其控制系统发生故障有可能造成化学品污染、泄漏，甚至爆炸，从而带来大面积危害。
- 任务高要求系统。这类系统的失败可能造成一些具有直接意图活动的失败，而这种活动又非常重要，会导致系统无法修复。例如，对于宇宙飞船的导航系统，当导航系统发生故障时，可能导致系统偏离方向，从而会丢失在太空中。
- 业务高要求系统。这类系统的失败可能造成使用系统的业务的高成本损失。例如，对于银行账户系统，当系统发生故障时，会导致客户账户的金额发生损失，从而导致银行失去很多业务。

对于高要求系统的开发来说，使用高成本软件工程技术是必要的。例如，软件开发的形式化数学方法已经成功地应用于安全和信息安全要求极高的一类系统开发中。使用形式化方法能有效降低需要的测试数目。因为高要求系统的检验和有效性验证的费用往往相当高，一般超出总系统成本的 50%。例如，我国载人航天飞船的航天服不仅造价昂贵，而且要求模拟太空条件进行试验和有效性验证的费用也非常昂贵。

大多数高要求系统是社会 – 技术系统，如载人航天飞船，需用人去监视和控制的基于计算机的系统。当系统出现意外情况时，就需要航天员在这种情况下进行应急处理，并恢复系统。而操作人员的失误导致系统的运转进一步恶化，最终可能导致系统失败。由此看来，对于开发要求性极高的一类系统的设计者来说，尤为重要的是要有整体的、系统的观点，不能只关注系统的局部特征。如果孤立地考虑系统的硬件、软件和操作过程，系统必然存在潜在的缺陷，就有可能在系统的各组件有接口的地方出错。

下面介绍一个胰岛素输送系统的要求。

胰岛素输送系统是关于人体胰腺（一种体内组织）操作的仿真，其目标是要帮助那些糖尿病患者控制血糖的水平。糖尿病是一种常见病症，是由于人体无法产生足够数量的胰岛素而引起的。胰岛素在血液中起到促进葡萄糖新陈代谢的作用。治疗糖尿病的传统方法是长期规律地注射人工胰岛素。通过使用一种外部仪器测量糖尿病病人的血糖值，从而计算所需要注射的胰岛素剂量。该方法的问题是，血液中的胰岛素浓度和血液中的葡萄糖浓度不一致，而是随时间变化的。这会导致血糖浓度偏低（当胰岛素太多时），或血糖浓度偏高（当胰岛素太少时）。短时间内的低血糖会导致暂时的脑功能故障，最后失去知觉甚至死亡。长期处于高血糖则会导致眼睛损伤、肾损伤和心脏问题。

胰岛素输送系统用于监控血糖浓度，根据需要输送适当的胰岛素。这样的设备可以永久地连在糖尿病病人的身上。该系统使用一个植入在人体内的微传感器来测量一些血液参数，这些参数与血液浓度成正比。这些参数被送到胰岛素泵控制器，控制器计算血糖浓度，得出胰岛素需要量，然后向一个小型泵发送信号使之通过这个设备的针头输送胰岛素。图 9-1 给出了胰岛素输送系统的结构图。

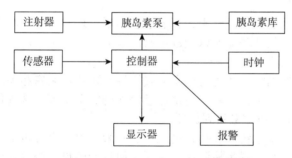

图 9-1　胰岛素输送系统的结构图

在胰岛素输送系统必须能够可靠地运行，根据血糖浓度为病人输入正确剂量的胰岛素。图 9-2 给出了胰岛素输送系统的数据流图。

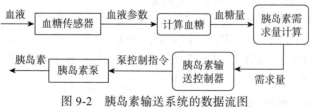

图 9-2　胰岛素输送系统的数据流图

在图 9-2 所示的系统数据流模型中，血糖传感器和胰岛素泵是两个外部设备，分别完成读取血液参数和输送胰岛素，关键部分是血糖分析、胰岛素需要量计算和胰岛素输送控制器。血糖分析模块根据血液参数分析血糖含量，胰岛素需要量计算模块根据血糖含量计算出胰岛素量，胰岛素输送控制器确定胰岛素注射的控制指令（如注射次数、每次多少剂量）。此系统的失败通常引起过量的胰岛素注射，这将威胁患者的生命。因此，该系统最主要的安全性是不要发生胰岛素过剂量注射。

高要求系统的评价是比较困难的，主要原因是衡量这类系统的指标难以量化，如用户对系统的信任程度，系统能否按照他们预期的那样操作以及系统是否会在正常使用中失败等。通常，人们用"不可靠""非常可靠"和"过度可靠"这几个层次来描述这类系统。高要求的系统特性从以下 4 个方面来衡量。

- 可用性。系统的可用性是指系统在任何时间都能得到控制和运行，并能够执行有用服务的可能性，即在需要时系统能够提供服务的能力。
- 可靠性。系统可靠性是指在给定的时间段内，系统能正确提供希望的服务的可能性，即系统能够提供指定的服务的能力。
- 安全性。系统的安全性是判断系统将会对人和系统的环境造成伤害的可能性，即系统的运行不会发生灾难性的失败的能力。
- 保密性。系统的保密性是判断系统能抵抗意外或蓄意的入侵的可能性，即系统能够防御意外或恶意的攻击的能力。

这 4 个方面是相互关联的。安全的系统操作总是依赖于系统是可用的和可靠的。如果因为数据遭到入侵的破坏而崩溃，系统就会变得不可靠。拒绝服务可降低系统可用性。如果一个安全系统受到病毒的侵袭，则安全操作就不能得到保证。

除上述 4 个方面外，系统还应考虑下面一些特性：

- 可维修性。系统失败是不可避免的，但如果系统可以很快修复的话，那么由于系统的失败而导致的崩溃就可以尽可能地避免。系统能够诊断问题，分析失败的组件，并修复之。
- 可维护性。在系统的使用当中，新需求会不断出现，系统能够不断地被修改以保持有效性。可维护软件是能够以低成本修改来应对新需求，而且在修改过程中引入新错误的可能性比较小的软件。
- 生存能力。系统的生存能力与信息的安全性和可用性紧密相关。生存能力是系统在受到攻击的情况下甚至在部分系统已经瘫痪的情况下能继续提供服务的能力。其关键是保证系统的关键服务得到保证。
- 容错。容错反映了系统容忍错误的能力。一般，容错设计可提供这种能力。当用户发生错误时，系统应尽量检测这些错误，而且能够自动修改错误或请求用户重新输入数据。

当然，这些衡量系统高要求的特性，不是对所有系统同样重要。例如，胰岛素输送系统最为主要的特性是可用性（即在需要时必须可用）、可靠性（即它必须传输正确剂量的胰岛素）和安全性（即决不能传输危险剂量的胰岛素）。

设计者要达到系统的高要求必然要以牺牲系统的部分性能为代价。同时要达到高要求，通常系统要通过增加冗余代码来实现，这必然降低系统的处理效率，而且会增加存储单元，大大增加系统开发的成本。同样，这样的系统的有效性检验成本非常高。

9.3　高要求系统的需求分析

对于高要求系统，如何从风险分析中获得系统的需求是至关重要的。本节将介绍系统的可靠性、可用性和安全性以及保密性需求的导出过程以及系统的描述方法。

对于高要求系统来说，系统描述是非常重要的。因为系统失败的代价昂贵，所以保证高要求系统的描述能够精确反映用户对它的真实需求是极为重要的。在高要求的系统中，系统的功能性需求和非功能性需求来自于对系统的可靠性、可用性、安全性和保密性的特性要求。

系统功能性需求用以定义错误检测和恢复功能，并提供对抗系统失败的保护特征。非功能性需求用以定义系统需要的可靠性和可用性。除了这些需求之外，对安全性和保密性的考虑会产生其他类型的需求，很难将它们用功能性需求和非功能性需求来划分。在需求定义中，最好用"不应该"来描述需求。例如：系统不应该允许用户对不是由他们建立的任何文件进行存取权限的修改，或系统不应该允许3个以上报警信号同时被激活。

对于高要求系统，用户需求可以用自然语言和系统模型来描述，而系统需求可用形式化语言来描述。当然，采用形式化描述和相关验证的成本是相当高的。形式化描述不只是设计和实现验证的基础，也是精确描述系统的方法，以此减少误解的范围。此外，构造一个形式化描述会迫使进行需求的详细分析，这是发现系统描述中的问题的有效方式。在自然语言描述中，由于语言的二义性，错误会被隐匿。

9.3.1 风险需求描述

高要求系统的描述不是代替一般需求描述，而是对它的补充，且重点放在系统的可用性、可靠性、安全性和保密性上。它的目标是了解系统所面临的风险，并生成相应的需求来应对这些风险。

风险驱动的描述广泛应用在系统对安全性和保密性要求极高的情况。在安全性高要求系统中，风险就是事故的源头；在保密性高要求系统中，风险就是一种脆弱性，将导致对系统的成功入侵。风险驱动的描述过程包括理解系统面临的风险、发现它们的根源并生成需求来管理这些风险。对于大型系统来说，风险分析通常被分解成下面几个阶段：

- 初步的风险分析将主要的风险找出来。
- 比较详细的系统和子系统风险分析。
- 软件风险分析考虑软件失败的风险。
- 操作的风险分析，考虑系统用户界面因素以及操作人员发生操作错误的风险。

风险识别

风险识别是风险分析过程的第一个阶段，它的目标是识别出高要求系统所面临的风险。这个过程极其困难，因为风险通常发生在罕见的环境条件交互的情况下。

对于高要求系统，主要的风险是那些能导致事故的危险。首先，要对危险分类并识别风险的级别。例如，可以考虑物理危险、与电有关的危险、生物危险、辐射危险、服务失败危险等。其次，要考虑风险组合。软件相关的风险一般关心的是系统服务失败或者监视系统或保护系统失败。监视系统会检测出潜在的危险状态，如断电。

风险分析和分类

风险分析和分类过程主要关心的是推断将要发生的风险的可能性，并对风险发生时所产生的事件或事故的潜在后果给出推断。通过分析我们理解一个风险对系统或环境所造成威胁的严重程度，从而能够做出正确的决断来使用合适的资源去管理风险。风险可以归为以下几类。

- **无法忍受的。** 系统设计要求风险不会发生，或一旦发生也一定不会引起事故。无法忍受的风险通常指那些会威胁生命或者会威胁财务稳定的风险。
- **能满足实用要求。** 系统设计一定要让危险引发事故的可能性尽量小，一般是对成本或交付等因素折中的结果。

- 可接受的。系统设计者应该采取所有可能的步骤来尽量降低风险发生的可能性，但这些不应该以增加成本、延缓交付或增加非功能性需求为前提。

虽然处理危险导致事故的成本有时远小于预防这类事故所耗费的成本，但是公众认为很多事故的代价是不可用金钱来衡量的，必须降到最低程度。例如，高速公路的报警电话系统的代价是昂贵的，但公众认为这对于生命安全是值得的。

风险评估过程包括估计风险的可能性和风险的严重性。可能性和严重性使用一些比较语言给出，如"很可能""不太可能""罕见的"和"高""中""低"等。

风险分解

风险分解是发现在特定系统中风险根源的过程。风险分析技术可以使用推导法，也可以使用归纳法。推导技术是自顶向下的，该方法从危险出现处分析可能引发的失败。归纳法是自底向上的，从一些系统失败处开始，找出可能出现的危险。

缺陷树分析技术是一种为安全性高要求系统所开发的技术，包括找出不希望的事件，从该事件回溯去发现可能导致危险的原因。将危险置于树的根结点，并找出能导致该危险的那些状态。对每一个这样的状态，接下来就是找出导致该状态的状态，依此类推，直到找出风险的根本原因。状态可以由"and"和"or"符号连接在一起。

缺陷树一般包括软件缺陷和硬件缺陷，随着设计和实现的深入，缺陷树会得到完善。缺陷树可用于对软件、硬件进行问题检测，或许还包括修正软件需求的漏洞。例如，胰岛素剂量的注射频率不会很高，一般不超过每小时 2～3 次，有时会更少。因此，处理器有能力运行诊断和自检测程序。这样，硬件错误（如传感器泵或者计时器错误）就能得到发现，并保证在对患者产生严重影响之前发出警告。

风险降低评估

一旦识别出风险及其原因，就应在系统描述中详细表述，从而避免造成事故。

- 风险避免：使得风险或危险不会发生。
- 风险检测和排除：在风险导致事故之前检测出风险并抑制它不让其发作。
- 灾害限制：使得事故后果减到最小。

通常，设计者会综合使用这些方法。

下面是胰岛素输送系统的安全性需求：在胰岛素输送系统中，"安全状态"是没有胰岛素注射的关闭状态。在短时间内这不会对病人的健康带来威胁。当然，算术错误源于算术引起了一个表示法的失败。在系统描述中，一定要识别出所有可能的算术错误。系统描述应该陈述对任何一个找出来的算术错误给出异常处理程序。系统描述还应该陈述在该类错误出现时应该采取的行为。一个安全的行动会停止该注射系统并启动警报。算法错误更难于检测，这里可以通过比较计算出胰岛素需要的剂量和先前注射的剂量，如果高出很多，这可能表明计算出的剂量存在错误。系统可以继续跟踪剂量的序列，在有多个高于平均值的剂量被注射时，就发出一个警告并限制进一步的药量注射。

该系统中可能出现的危险或风险有：

- 胰岛素药量过大（服务失败危险）。
- 胰岛素药量不够（服务失败危险）。
- 电池用尽造成停电（电器危险）。
- 机器与其他医疗设备发生干扰，如与心脏起搏器相互影响（电器危险）。
- 由于不正确的安装造成传感器和执行机构的接触不良（物理危险）。
- 机器的某个部分在病人身体内脱离（物理危险）。
- 由于引入机器造成感染（生物危险）。

● 对机器材料或胰岛素的过敏反应（生物危险）。

表 9-1 给出胰岛素输送系统的风险分析。

表 9-1　胰岛素输送系统的风险分析

识别出的风险	危险可能性	危险严重性	估计的风险	可接受程度
胰岛素过量	中	高	高	不可忍受
胰岛素不足	中	低	低	可接受
断电	高	低	低	可接受
机器未正常安装	高	高	高	不可忍受
机器连接断开	低	高	中	警告
机器引起感染	中	中	中	警告
电器干涉	低	高	中	警告
过敏反应	低	低	低	可接受

图 9-3 是胰岛素输送系统的缺陷树。

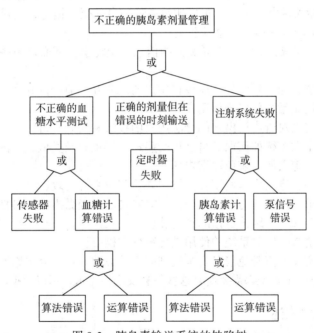

图 9-3　胰岛素输送系统的缺陷树

胰岛素注射不足或过量可以视为一个单一危险，即"不正确的胰岛素剂量管理"，对此可画出一棵缺陷树。当定义软件应该如何处理危险树时，胰岛素不足或过量两种情况就需要分别对待了。

综合上面的分析，胰岛素输送系统的一些安全性需求如下：
● SR1：系统不能向病人一次注射大于规定最大剂量的胰岛素。
● SR2：系统一天内向病人注射的总剂量不能超过规定的最大值。
● SR3：系统应该有一个硬件检测设施，每小时检测 4 次。
● SR4：系统应包括异常处理方法，用于处理各种异常。
● SR5：当发现硬件不正常时系统应发出声音报警，并显示诊断消息。

- SR6：当系统出现报警事件后，胰岛素传输中止，直到用户重置了系统并消除报警。

9.3.2　安全性描述

安全性高的系统一般是控制系统，在这种系统中，所控制设备的失败将导致对人员的伤害。安全性描述和保证过程是总的安全生存周期中的一部分，并成为安全管理的国际标准。控制系统控制某些设备，这些设备都有高水平的安全性需求。这些高水平的安全性需求生成更详细的安全需求，最后这些需求将作用于保护系统的设备上。这些需求分为两类：一类是功能性安全需求，定义系统的安全性功能；另一类是安全完整性需求，定义保护系统的可靠性和可用性。这些都是基于对保护系统所期待的用法，意在保证在需要使用时它能够工作。

安全生存周期分两个阶段定义系统的安全性需求：第一阶段定义系统的范围，对系统潜在的危险及其带来的风险进行估计；第二阶段是安全性需求描述和分配这些需求到各个子系统。

9.3.3　信息安全描述

信息安全需求描述往往采用"不应该"方式进行，它定义那些无法接受的系统行为，而不是定义系统功能。传统的信息安全分析方法是基于资产及其对机构的价值进行的。因此，一个银行将会对存储大量资金的地带提供比较高的信息安全性措施，而对其他潜在损失十分有限的公共区域给予较低的信息安全性防范。

系统所面对的不同威胁对应了不同类型的信息安全需求。下面是一些系统中的信息安全需求：

- 身份安全需求：定义系统是否应该在用户与之交互之前辨认其身份。
- 认证需求：定义系统如何辨认用户。
- 权限需求：定义对所辨认出来的合法用户的权限和访问许可。
- 免疫需求：定义系统如何保护自己免受病毒、蠕虫以及类似威胁的入侵。
- 完整性需求：定义如何避免数据损坏。
- 入侵检测需求：定义应该使用什么机制来检测对系统的攻击。
- 不可抵赖需求：定义参与交易的一方不能对自己已经做出的交易抵赖。
- 隐私需求：定义如何维护数据的私密性。
- 审查需求：定义如何对系统的使用进行审核和检查。
- 维护需求：定义如何避免信息安全机制的意外失败导致的合法修改。

当然，并不是每一个系统都需要所有这些信息安全性需求，可以根据具体情况有所取舍。

9.3.4　软件可靠性描述

可靠性是一个复杂的概念，应该在系统层次上而不是在单个组件层次上来考虑。因为系统中的组件是相互依赖的，一个组件的失败会传播到其他组件并影响整个系统。可靠性包括：

- 硬件可靠性：硬件组件失败的可能性以及修复硬件组件所需花费的时间。
- 软件可靠性：软件组件产生不正确输出的可能性以及修复的代价。
- 操作人员可靠性：系统操作人员出现操作错误的可能性。

上述3种可靠性密切相关。硬件失败会引起软件输入的错误，由此导致硬件发生无法预计的行为。意料之外的系统行为让操作人员产生错误。操作人员的错误输入导致软件混乱。

系统可靠性应该定义为系统的非功能性需求，并进行量化。可靠性度量的方法有以下几种类型，选择使用哪个度量取决于系统的类型以及应用领域需求。

- 请求服务时失败的可能性（POFOD）：这个度量最适合于对服务的请求是无法预知的和相对持续时间较长的系统，且失败将产生严重后果。该度量可用于定义保护系统的可靠性，如化学品工厂紧急关闭系统。
- 失败发生率（ROCOF）：这个度量用于经常性的系统服务请求，对这类系统而言正确提供服务是很重要的。这个度量可以用于银行柜员机系统等。
- 平均无故障时间（MTTF）：这个度量可用在有很长事务处理系统中，即用户长时间使用的系统。平均无故障时间应该比这个事务处理的平均时间长才行，如 CAD 系统或字处理系统。
- 可用性（AVAIL）：这个度量应该用在不间断的系统中，即用户期待该系统提供连续的服务，如电话交换机。

可靠性描述是主观的和无法测量的。当编写一个可靠性描述时，描述者应该识别出不同类型的失败，而且考虑这些失败是否应该在描述中分别对待。系统失败的种类如下：

- 短暂的：只在个别输入时发生。
- 永久性的：对所有输入都发生。
- 可恢复的：在无需操作人员干预的情况下能从失败中恢复。
- 不可恢复的：在需要操作人员干预的情况下才能从失败中恢复。
- 非崩溃性的：失败不会使系统和数据崩溃。
- 崩溃性的：失败将导致系统或数据崩溃。

绝大多数系统是由一些具有不同可靠性需求的子系统组成的。根据成本限制，针对不同的子系统可确定不同的可靠性需求。建立可靠性描述的步骤包括：

- 为每个识别出的子系统找出可能发生的不同类型的系统失败，分析其后果。
- 从系统失败分析中，将失败分到合适的类中。一个合理的出发点是使用不同的失败类型。
- 对于每个找出的失败类型，使用适当的可靠性度量来定义可靠性需求。对不同的失败类型不必使用相同的度量。
- 在合适的地方，找出功能性的可靠性需求来定义系统的功能，从而减少关键性失败的可能性。

下面是胰岛素输送系统的可靠性需求：每天要注射胰岛素多次，用户的血糖浓度每小时要监视数次。因为系统的使用是间歇的，而且失败的后果是严重的，最恰当的可靠性度量是请求服务时失败的可能性（POFOD）。

胰岛素注射失败不会马上带来生命危险，所以在这里决定需求的可靠性级别是商业因素而非安全因素。由于用户需要一个非常快的维修和更换服务，因此服务的费用是非常高的。厂商的利益决定了需要修理的永久性失败的数量。

9.3.5 胰岛素输送系统完整的需求描述

下面给出胰岛素输送系统完整的需求描述。

1. 引言

本规格说明书定义了一个便携式自动化的胰岛素泵的控制软件的操作，该系统用于糖病人管理需要的胰岛素。胰岛素输送系统模拟了人体内部器官胰腺制造胰岛素的部分功能。糖尿病是一种身体不能制造自己需要的胰岛素的病症。胰岛素用于转换糖，如果身体缺乏胰岛素，人就会得糖尿病，并最终因糖的过剩而中毒。重要的是，将血糖维持在一个安全的水平，因为长期的高血糖会引起并发症，如肾功能损坏和眼睛损坏。这些情况在短期内不会有潜在的危险，但它们会导致大脑的糖短缺，从而引发昏迷和意识混乱，甚至死亡。在这种情况下，血糖病人食用一些增加血糖的东西是非常重要的。

大多数的血糖病人通过每天注射2～3次胰岛素来治疗，但这会引起他们的胰岛素水平忽高忽低。便携式胰岛素泵定期测量血糖水平，根据实际的血糖水平计算要传输的胰岛素剂量，使得血糖病患者的血糖维持在正常人的水平。

系统每10分钟测量一次血糖水平，如果这个水平高于一个给定值，并且还有增长的趋势，那么一定量用于抵消血糖增长的胰岛素便可以被计算出，然后注射给糖尿病人，系统也能检测非正常的血糖水平。如果发生这些情况，会发出警报声来提醒糖尿病患者应该采取治疗措施。

2. 胰岛素泵硬件设施

胰岛素泵是一个安全性高要求系统，用于传送定量的胰岛素给糖尿病病人。胰岛素泵的模块结构如图D-1所示。注意，标记着s的方框指对应的传感器。

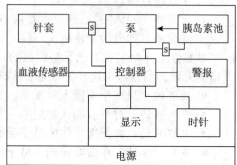

图 D-1　胰岛素泵的模块结构

- 针套（needle assembly）：连接到泵，用于注射胰岛素到糖尿病患者的身体。
- 传感器（sensor）：测量病人血液中的糖水平，来自传感器的输入以读数形式表示。
- 泵（pump）：从胰岛素池吸取胰岛素到针套，要管理的胰岛素增量的值通过剂量表示。
- 控制器（controller）：控制整个系统。其有3个位置开关（关、自动、手动），用于设置要传输的胰岛素单位量（一个单位/压力）。移动开关到手动位置，引起血糖测量和自动胰岛素输送无效，但关于胰岛素交付的量和池容量信息仍维持显示。
- 警报（alarm）：存在问题时会发声。发送给警报的值表示为 alarm。
- 显示（display）：有3个显示装置，分别为显示器1、显示器2和时钟。显示器1显示系统消息，显示器2显示最后一次交付和胰岛素剂量，时钟显示当前的时钟时间。
- 时钟（clock）：提供给控制器当前的时间。当设备安装后，系统时钟就被初始化，每天午夜用设备的硬件接口设置24小时制的开始时间。为了安全起见，时钟不能由用户改动。

3. 胰岛素泵系统的需求

本规格说明书描述了胰岛素泵的控制软件的需求，但不包括自检操作和硬件接口规格。

3.1　传输胰岛素剂量应该通过测量当前的血糖值来计算，与前一个测量值进行比较，并根据3.3的描述计算需要的剂量。

3.2　系统应该每10分钟测量一次血糖水平和传输需要的胰岛素。

3.3　传输的胰岛素量应该依据当前由传感器测量的血糖读数来计算。

3.3.1　如果读数低于安全值，不应该传输胰岛素。

3.3.2　如果读数在安全范围内，那么只有在糖水平点上升和糖水平增长率呈上升趋势时才传输胰岛素。

3.3.3　如果读数超过推荐的水平，除血糖正在下降和血糖水平的下降率正在上升外，应传输胰岛素。

3.3.4　由于受系统中各种安全性的约束，胰岛素实际传送的量可能不同于计算的剂量。这里对每单次注射所传送的最大剂量，以及对每天的最大累积量有限制。

3.4 在正常的操作情况下，系统应由 RUN 模式运转。

3.5 当运行在手动模式时，系统由 MSNUAL 模式定义。

3.6 控制器应每 30 秒运行一次自检测程序。检测条件见表 D-1。系统自检由 TEST 模式定义。

表 D-1 控制器检测条件

报警条件	解　释
电量低	电池电压低于 0.5V
传感器故障	传感器自检导致错误
泵故障	泵自检导致错误
传送故障	不能传送指示数量的胰岛素（针被堵塞或插入不正确）
针筒移动	用户取样了针筒
胰岛素储液腔被取走	用户移走了胰岛素储液腔
胰岛素水平低	胰岛素水平低（指示储液腔应更换）

3.7 当打开系统时，系统应按 STARTUP 模式初始化。

3.8 系统应维护 3 个显示器：显示器 1 是一个文本显示器，显示系统消息。它有一个关联的能存放几个消息的硬件缓存。当在缓存中有多个消息时，每个消息显示 5 秒直到所有消息全部显示，然后显示顺序重新从第一个消息开始重新显示。因此，几个消息可以指定由显示器显示。显示器 2 显示所计算的最新的胰岛素剂量。时钟显示当前时钟时间。

3.9 用户可随时用一个新胰岛素池替换已有的胰岛素储液腔。储液腔的设计容量是 100mL。当一个新的胰岛素储液腔放入时，系统依照 RESET 模式重置。

3.10 在每 24 小时间隔的开始（指时钟为 00:00:00），表示传送的胰岛素量应该设置为 0。

3.11 列表呈现应该检测到的错误条件和由系统指示的错误条件。

9.4 形式化描述方法

形式化描述方法是运用一些数学概念对系统需求进行严格定义的方法。软件的形式化描述使用一种规范的语言，其词汇、语法和语义都是有严格定义的。

形式化方法用到了集合论、逻辑和代数学的知识，称之为离散数学。形式化带有严格的和详细的分析过程，因而会减少程序中的错误，使得程序更贴近用户的需要。形式化描述是发现描述错误和给出无二义性描述的极佳方法。因此，对那些一定要避免失败的系统的关键部分，使用形式化方法是合理而且划算的。

用形式化方法开发的高要求系统的成功实例包括空中交通管制信息系统、铁路信号系统、航天飞机系统以及医疗控制系统。

9.4.1 软件过程中的形式化描述

软件的形式化描述一般在系统描述之后、详细系统设计之前进行。形式化描述的一个好处是它有能力在系统需求中揭示问题和暴露二义性。

当我们详细地进行描述时，描述者对所描述的内容的理解在不断提高。创造一个形式化描述必须要有一个对系统的详细分析过程，这一步通常会暴露出非形式化需求描述中存在的错误和不一致性。错误检测是开发形式化描述的最有力论据。

用形式化描述方法，描述与分析成本较高，而后期的开发成本较低。形式化方法有两类，如表 9-2 所示。

- 代数方法：系统用操作和它们之间的联系来描述。
- 基于模型的方法：利用数学概念（如集合和序列）来构造系统的模型，并根据系统状态的修改来定义系统的操作。

表 9-2 形式化描述语言

分 类	顺 序	并 发
代数	Larch、OBJ、OCL	Lotos
基于模型	Z、VDM、B	CSP、Petri Nets

9.4.2 接口描述方法

复杂系统的开发总是分解成独立的子系统来进行的，如此一来，定义子系统的接口就是一个重要任务。一旦接口被确定下来并得到定义，子系统就能被独立地开发了。

子系统接口通常定义为一组抽象数据类型或对象，它描述了能通过接口存取的数据和操作。

子系统接口描述可以通过组合的方法得到，即对构成子系统接口所有组件的描述的组合来构成子系统的接口描述。

接口描述为子系统开发者提供信息，以便使他们知道其他子系统的何种服务是可得到的以及如何使用这些服务。因此，接口描述要保持清楚、无二义性，以减少开发者之间的误会。

代数方法最初用于定义抽象数据类型接口。在抽象数据类型中，类型是通过指定类型操作而非类型表示来定义的，其与对象类相似。形式化描述的代数方法用类型操作间的关系来定义抽象数据类型。对象描述的结构如图 9-4 所示。

```
<SPECIFICATION NAME> sort
<name> imports <LIST OF SPECIFICATION NAMES>
对分类及其操作的非形式化描述
设置定义在分类上的操作的参数名字和类型的操作标记
通过分类定义操作的公理
```

图 9-4 代数描述的结构

描述体有 4 个组成部分：

- 实体名称：用来声明被定义的实体种类（类型名）。对象的名称通常被实现为一个类型。
- 描述部分：用于对操作的非形式化描述。这种形式便于理解。
- 标记部分：定义对象类或抽象数据类型的接口语法。定义操作的名字、参数个数和参数类型以及操作结果类型。
- 公理部分：定义操作语义。这些公理将建立实体对象的操作与查看抽象数据类型的操作关联起来。

接口描述形式化开发过程如下：

- 描述的结构化：将非形式化的接口描述组织成一个抽象数据类型或对象类。需要非形式化的定义与每个类相关的操作。

- 描述的命名：给每个抽象数据类型描述赋予一个名字，决定它们是否需要一般性参数，并对确定的类型命名。
- 操作选择：根据识别出的接口功能为每个描述选择一组操作。
- 非形式化的操作描述：为每个操作写一个非形式化的描述，描述操作是如何影响被定义的类型的。
- 语法定义：定义每个操作及其参数的语法。
- 公理定义：定义操作的语义，给出每种不同操作组合需要满足的条件。

　　下面是一个空中交通管制系统的代数描述：假设在一个空中交通管制系统中，已经设计了一个对象来表示空中的一个受控区域。每个受控区域可能有许多飞机，这些飞机都有一个不同的飞机标识。出于安全原因，所有飞机的高度间隔至少 300m。当有飞机要违规时，系统就会向管制员报警。

　　为了简化描述，这里只对区域定义一部分操作。而在实际的系统中可能会有更多的操作，还会有水平方向的安全限制。在该对象上的主要操作如下：

- Enter：在指定高度上添加一架飞机（用一个标识表现）。在那个高度以下 300m 以内不能有其他飞机。
- Leave：将一架指定的飞机从受控区移开。该操作的结果是飞机进入一个毗邻的区域。
- Move：将飞机从一个高度移到另一个高度。要检查在垂直方向上飞机的距离至少为 300m 这个安全约束。
- Lookup：给定一个飞机标识，操作返回该架飞机在区域中目前的高度。

定义一些基本操作：

- Create：产生该类型的一个空实例。在空中交通管制系统中，这个实例是一个没有任何飞机的空中区域。
- Put：在区域中增加飞机，并不对有关约束做任何检查。
- In-space：对飞机发出一个呼叫信号，如果飞机在控制区域中，则该操作返回真值；反之，则返回假值。
- Occupied：给定一个高度，如果在 300m 的高度范围内有飞机，则这个布尔操作返回真值；反之，则为假值。

　　Create 和 Put 是基本操作。而 In-space 和 Occupied 是基本检查操作，它们是在 Create 和 Put 上定义的，并用于其他操作的描述。例如，Occupied 操作挑选一个区域和一个表示高度的参数，并检查是否有任何飞机被赋予了某些高度。对它的描述如下：

- 在一个空区域中（如用 Create 生成），每个高度上总是空的。无论高度参数是多少，该操作总是返回假值。
- 在一个非空区域（当用 Put 操作作用于区域对象时）中，区域就有飞机了。这时 Occupied 操作检查指定高度（参数 H）是否在某架飞机所在高度 300m 范围内，飞机是使用 Put 操作添加的。如果是这样的，那么这个高度就已经被占用了，Occupied 返回真值。
- 若它没有被占，该操作就循环检查此区域。检查可以是从最后一架进入该区域的飞机开始，如果指定高度不在那架飞机的高度范围内，该操作继续检查当前进入区域的飞机。最后，如果整个区域的飞机都做了检查，在指定高度的范围内没有任何飞机，该操作返回假值。

　　Move 操作将区域中的飞机从一个高度移动到另一个高度。对它的描述如下：

- 如果移动操作被应用到某一空的区域（如用 Create 操作生成），那么该区域对象不发生改变，并提出指定飞机在该区域的异常说明。

- 在一个非空的区域上应用操作时，首先检查（如用 In-space 操作）给定飞机是否在该区域中。如果不在，就会产生一个异常；如果在该区域中，就接着用 Occupied 操作检查指定的高度是否可用，若在该高度上已经有飞机，则产生一个异常。
- 如果区域是可用的，Move 操作等同于指定飞机离开某一空中区域（使用操作 Leave）并被放入新的高度。

下面给出空中交通管制系统的部分代数描述：

```
SECTOR
Sort Sector
Imports  INTEGER, BOOLEAN

Enter—如果满足安全性条件，添加一架飞机到指定区域。
Leave—从指定区域移走一架飞机。
Move—如果安全，将一架飞机从一个高度移动到另一个高度。
Lookup—查找指定区域和指定高度的一架飞机。
Create—创建一个空的区域。
Put—不考虑约束，将一架飞机添加到一个区域。
In-space—检查是否有一架飞机已经在一个区域。
Occupied—检查是否一个指定的高度有空。

Enter (Sector, Call-sign, Height) ->Sector
Leave (Sector, Call-sign) ->Sector
Move (Sector, Call-sign, Height) ->Sector
Lookup (Sector, Height) ->Height


Create->Sector
Put (Sector, Call-sign, Height) ->sector
In-space (Sector, Call-sign) ->Boolean
Occupied (Sector, Height) ->Boolean
Enter (S, CS, H) =
        If  In-space (S,CS) then S exception   {指定区域已经有飞机}
        Else if Occupied (S,H)  then S
        Exception (高度冲突)
        Else put (S, CS, H)


Leave (Create, CS) =Create exception     {飞机不在该区域}
Leave (Put(S,CS1,H1),CS)=
        If CS=CS1 then S else Put (Leave (S, CS), CS1, H1)
Move (S, CS, H) =
        If S=Create  then  exception    {指定区域没有飞机}
            Else if not In-space(S, CS) then S
            Exception     {飞机不在指定区域}
        Elseif  Occupied (S, H) then S
            Exception        {高度冲突}
        Else Put (Leave(S, CS), CS, H)


Lookup (Create, CS) = No-Height
    Exception  {飞机在指定区域}
Lookup (Put (S, CS), H1), CS)=
        If  CS=CS1 then H1 else   Lookup(S, CS)
Occupied (Create, H) =false
```

```
Occupied (Put(S, CS1, H), CS) =
    If (H1>H and H1-H<=300) or (H>H1 and H-H1<=300) then true
    Else Occupied (S, H)
In-space (Create, CS) =false
In-space (Put  (S, CS1, H1), CS) =
    If CS=CS1 then true    Else In-space (S, CS)
```

9.4.3 行为描述

代数法适合于描述操作独立于对象状态的接口。也就是说，应用某个操作的结果不应该依赖先前操作的结果。假设这个条件不成立，代数方法就不适用了。

基于模型的描述是一种形式化的描述方法，它用系统状态模型的形式来表达系统。将系统操作表达成对系统模型状态的改变，因而可解释系统的行为。

z 方法是基于模型的描述工具之一，系统使用集合和集合之间的关系来建模。在 z 方法中，描述是用非形式化文本辅之以形式化描述的形式给出的。形式化描述部分是一个个小的易读的模式，用高亮度的图形形式给出且与相应的文本分开。模式给出状态变量和状态上的约束和操作。对模式的操作包括模式的合成、模式的重命名和模式隐藏。

下面是胰岛素输送系统的 z 方法描述。图 9-5 给出了 z 模式的结构。模式标记定义了组成系统状态的实体，模式谓词给出了这些实体必须满足的条件。这样，一个模式定义了一个操作，谓词定义了它的前条件和后条件。这些前条件和后条件之间的差别定义了指定动作的语义。

```
INSULIN_PUMP STATE
//输入设备定义
switch?:  (off, manual, auto)
ManualDeliveryButton?: N
Reading?: N
HarduareTest?: (ok, batterylow, pumpfail, sensorfail, deliveryfail)
InsulinReservoir?: (present, notpresent)
Needle?: (present, notpresent)
Clock?: TIME
//输出设备定义
alarm! = (no, off)
display1! : string
display2! : string
clock! : TIME
dose!:  N
//用于剂量计算的状态变量
status: (running, warning, error)
r0, r1, r2: N
capacity, insulin_available : N
max_daily_dose, max_single_dose, minimum_dose : N
safemin, safemax : N
CompDose, cumulative_dose : N
r2 = Reading?
dose! ≤ insulin_available
insulin_available ≤ capacity
//传送的胰岛素累积剂量每24小时置为0
```

图 9-5 胰岛素泵的状态模式

```
clock? = 000000  =>  cumulative_dose=0
//如果累积量超过最高限量，则停止操作
cumulative_dose ≥max_daily_dose ∧ status = error =>
    display! = "Daily dose exceeded"
//泵配置参数
capacity=100 ∧ safemin=6 ∧ safemax=14
max_daily_dose=25 ∧ max_single_dose=4 ∧ mininm_dose=1
display2! = nat_to_string(dose!)
clock! = clock?
```

图 9-5 （续）

模式中声明的名字用于表示系统的输入、系统的输出以及系统的内部状态变量。

- 系统输入：z 的约定是所有输入变量名后跟一个"？"符号，如泵的 on/off 开关建模名字 switch?、手动按钮的名字 ManualDeliveryButton?、传感器的读数 Reading?、硬件测试结果 HardwareTest?、胰岛素池 InsulinReservoir?、针管 Needle?，以及当前时间的值 Clock?。
- 系统输出：z 的约定是所有输出变量后跟一个"！"符号，如报警建模的名字 alarm!、字符显示器 display1! 和 display2!、显示当时时间 clock!、显示注射的胰岛素剂量 dose!。
- 剂量计算的状态变量：设备状态变量是 status, 保存先前血糖值变量（r0,r1,r2），胰岛素池变量 capacity, 当前可用胰岛素 insulin_available，胰岛素剂量限制值 max_daily_dose、max_single_dose、mininim_dose、safemin、safemax，以及剂量计算的变量 compose_dose 和 cumulative_dose。N 是一个非负数字。

模式谓词定义一些永真变量，每行中的谓词间存在一个隐含的 and 关系。所以所有谓词必须在所有时刻都为真。例如，剂量一定是小于或等于胰岛素池的容量，累积的剂量在每天的午夜重新设置为 0，24 小时内注射的胰岛素累积值不能达到 max_daily_dose，display2! 总是显示最后注射的胰岛素剂量，clock! 总显示当前时间。

胰岛素泵每 10 分钟检查一次血糖。RUN 模式还对泵的一般操作条件建模，如图 9-6 所示。

```
RUN
△INSULIN_PUMP_STATE
switch?= auto_

status=running ∨ status=warning
insulin_available ≥ max_single_dose
cumulative_dose < max_daily_dose
//胰岛素剂量计算取决于血糖水平
(SUGAR_LOW | SUGAR_OK ∨ SUGAR_HIGH)
// 1.如果计算的胰岛素是0，则不传送任何胰岛素
CompDose=0  =>  dose! = 0
∨
// 2.如果传送计算的胰岛素超过最大每日剂量，则胰岛素设为每日最大值与目前累积量的差。
CompDose + cumulative_dose > max_daily_dose  =>
  alarm! = on ∧ status' = warning ∧ dose! = max_daily_dose-cumulative_dose
∨
```

图 9-6 RUN 模式

```
// 3.正常情况。如果最大单次剂量没有超过，则传送计算的值。如果单次剂量太高，则限制传
// 送量为最大单次剂量。
CompDose+cumulative_dose < max_daily_dose =>
    (compDose ≤ max_single_dose  => dose! = Compdose
     V
    CompDose > max_single_dose  => dose! = max_single_dose)
insulin_available' = insulin_available - dose!
cumulative_dose' = cumulative_dose + dose!
insulin_available ≤ max_single_dose * 4  =>
    status! = warning ∧ display1! = "insulin low"
r1'=r2
```

图 9-6 （续）

图 9-6 中第二行 Delta 模式 "△" 含在声明部分，这等同于将模式中所有声明的名字包含在声明部分中，所有条件包含在谓词部分中。"△" 是在 INSULIN_PUMP_STATE 中定义的状态变量，与其他代表在某些操作进行之前和之后的状态值的变量集合有相同的范围。所以，insulin_available 代表在某个操作前可用的胰岛素量，而 insulin_available' 代表在某个操作之后的胰岛素可用量。

9.5 高要求系统的设计

高要求系统一般都需要计算机直接与硬件装置交互。软件有时嵌入到一些比较大的硬件系统中，对来自系统环境的事件做出实时响应，称为嵌入式系统。对于所有嵌入式系统来说，及时响应是一个重要因素，但有些对速度没有要求，如胰岛素泵系统。看待实时系统的一个方法是将其视为激励/响应系统。激励有周期性的激励和非周期性的激励。在实时系统中，周期性激励通常是由与系统相连的传感器产生的。非周期性的激励既可由执行机构产生，也可由传感器产生。它们通常指示一些异常情况，例如，硬件失败，由系统来处理。

无论什么时间发生激励，实时系统都要做出响应，因此，它们的体系结构需要保证收到激励时立即将相应的控制传到适当的处理单元之中去。正常情况下，实时系统都被设计成一组并发协作的进程，其中一部分专门负责管理这些进程。

通用的实时系统体系结构模型由 3 类进程构成：传感器管理进程、计算进程和执行机构控制进程。这个通用的体系结构可实例化为多种不同的应用体系结构。

对于实时软件设计过程，最重要的是事件（激励）而不是对象或函数。在设计过程中存在多个相互交叠的阶段：

（1）识别系统必须处理一些激励和相关的响应。

（2）对每个激励和相关的响应，给出时间的约束，既要考虑对激励的时间限制，也要考虑响应的时间限制。

（3）为系统选择执行平台、硬件和实时操作系统。

（4）将激励和响应的处理聚合在多个并发进程中。

（5）为每个激励和响应设计算法来执行所有的计算。

（6）设计一个调度系统，以确保进程都按时启动，并在给定时间内完成。

实时系统中的进程一定是需要协调的。进程协调机制要确保在共享资源时相互排斥。确保相互排斥的机制包括信号机制、监视器机制和关键区域机制等。

一旦选择了执行平台，便可设计进程的体系结构和确定调度策略，接下来就需要检查系统是否能满足时间要求。

实时系统建模可以用状态机建模。系统的状态模型是一个很好的语言无关的表达实时系统设计的方式。

监控系统是实时系统中一个重要类型。它们从传感器采集系统获取数据，根据传感器的读数来采取相应措施。监控系统通常在传感器有异常信号（有时也为正常信号，如数据采集）时做出反应。控制系统根据相关的传感器的数值连续地控制硬件执行机构。

监控系统的典型体系结构如图 9-7 所示，每一类监视的传感器都有自己的监视进程。而每一种被控制的执行机构也有自己的控制进程。监视进程收集和集成数据，然后将数据传送给控制进程，控制进程根据这些数据做出决策并传送相应的控制命令给设备控制进程。

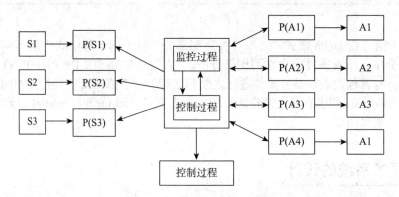

图 9-7 监视系统的体系结构

下面的任务是根据应用领域和基础设施导出和精化系统体系结构，并确定相关的构件，如内存管理构件、通信构件、数据库构件和其他管理构件等。

- 外部通信管理：协调安全功能与外部实体的通信。
- 控制面板处理：管理所有控制面板功能。
- 探测器管理：协调对系统所有探测器的访问。
- 警报处理：审核所有警报条件并执行相应的动作。

下一步是进一步精化描述系统的实际实例。例如，探测器管理构件与调度器基础设施构件相互作用，此基础设施构件实现并发地选取安全系统使用的每个传感器对象。

一旦建立了系统的体系结构，还要设计激励处理和响应合成算法，并保证满足时间约束。

设计过程的最后一个步骤是设计一个调试系统，以确保进程总能在截止日期之前得到执行。进程优先级是需要组织的，以便所有的传感器进程有相同的优先级。停电进程拥有最高中断层次优先级。管理警报系统进程也有高优先级。

9.6 高要求系统的开发

要开发一个具有高可靠性的软件，需要采用完善的软件工程技术、较好的编程语言以及科学质量管理。除此之外，通常要考虑下面 3 个互补的方法：

- 缺陷避免：在系统的设计和实现过程中使用一些软件开发方法来减少编程缺陷，并在系统投入使用之前发现系统中的缺陷。

- 缺陷检测：在部署使用之前，设计检验和有效性验证过程来发现和除去程序中的缺陷。
- 容错：应该允许系统存在一些缺陷及无法预期的系统行为，它们可能在执行时发生，应检测和管理这些缺陷行为，避免系统失败。

冗余和多样性概念是获得任何系统可靠性的基础。多样性和冗余是用于避免失败的常用对策。高要求系统可能包含功能重复的组件，或包含额外的检查代码对系统功能进行检查，这些代码对于系统功能来说是没有必要的冗余。

若可用性是系统的关键需求，则选用冗余服务器通常比较有效，有时，为了保证对系统的攻击不会利用共同的脆弱性，这些服务器可能是不同类型的并且可能使用不同的操作系统。

为了实现可靠性，需要使用下面一系列的软件工程技术：

- 可靠的软件过程：软件过程加上检验和有效性验证以减少程序缺陷。
- 质量管理：要建立设计和开发标准，并有相应措施检查标准的执行。
- 形式化描述：用形式化描述可降低系统的二义性和模糊性。
- 静态检验：采用静态检验技术，如静态分析器，可以找到反常的程序特性。
- 强制类型：必须用一个强制类型的语言（如 Java 或 Ada）来做开发，可以检测出很多编程错误。
- 安全的编程：安全的编程意味着需要避免使用复杂的结构或者将对它们的使用减到最小。
- 保护信息：应该使用基于信息隐藏和封装的软件设计和实现方法，努力提高程序的可读性和理解性。

过程可靠

软件过程可靠是适合于避免缺陷和发现缺陷的过程。该过程是良好定义的，具有可重复使用性，包括一系列检验和有效性验证的活动。可靠的软件过程具有下面的特征：

- 可文档化：过程有一个定义好的过程模型和过程文档。
- 标准化：有一组全面的软件开发标准。
- 可审核的：依据标准可进行检查和过程改进。
- 多样的：过程应包含多余的、多样的检验和有效性验证活动。
- 鲁棒性：过程应能够从单个过程活动的失败中恢复。

适应缺陷避免和缺陷检测的过程活动包括以下几个方面：

- 需求审查：对需求描述进行检查，发现并清除错误，以便将缺陷降到最低。
- 需求管理：跟踪需求的变更，在从设计到实现的整个过程中跟踪这些变更。
- 模型检查：模型检查是依靠 CASE 工具对系统模型进行自动分析的过程，主要检查模型的内部和外部一致性，保证单个模型一致（内部一致）和不同模型之间一致（外部一致）。
- 设计和代码审查：对照一般缺陷清单检查设计和代码，在系统测试之前发现并删除这些缺陷。
- 静态分析：利用自动的程序分析技术，对程序进行详细的分析以发现潜在的错误。
- 测试规划和管理：设计一个全面的测试集，对测试过程要严格管理以保证测试能覆盖所有情形。

编程可靠

编程可靠涉及使用适合于缺陷避免和容错的结构和技术。程序的错误是由于程序员对需求的错误理解和程序过于复杂而使用了引发缺陷的结构。所以，为了取得可靠性，应该使设计尽量简单，保护信息不受没有授权的访问，将不安全结构的使用减少到最低。

在程序设计过程中，程序软件应该只允许访问那些与自身实现相关的数据，隐藏的信息不应被无关的组件所破坏。如果接口保持不变，数据表示的改变将不会影响系统的其他组件。使用面向对象语言编程，提供访问和更新对象属性的方法，禁止其他对象属性直接访问，这是一种比较好的实现方法。

程序中的缺陷和由此导致的程序失败通常是由人的错误造成的。容易出错的结构包括：

- 浮点数：浮点数固有的不严密性。
- 指针：尽量避免使用，并适当增加边界检查。
- 动态内存分配：避免内存在程序运行时分配，采用编译时分配。
- 并行：并发的一组过程之间的时序交互的微妙效果很难预测，应尽量避免，同时减少过程间的依赖性。
- 递归：递归能使程序简洁，但是跟踪递归程序的逻辑是很困难的，故设计缺陷很难检测。
- 中断：中断用来将控制强制性地转移到与目前执行不相关的一段代码。中断的危险是导致关键操作被迫终止。
- 继承：继承使对象行为的理解更加困难。继承与动态绑定在一起使用时可能造成运行时的时序问题。
- 别名：使用不同的名字指向程序中的某个实体，导致程序读者很容易忽略修改实体的语句。
- 无边界数组：在有些语言中，对数组的边界不做检查可能会导致数组越界，从而形成安全的脆弱性。
- 默认的输入处理：一些系统提供默认的输入，而不管什么值输入到系统中。这是一个信息安全漏洞。

在程序运行期间，错误和意外事件难免会发生。在程序运行期间发生的一些错误或意外事件称为异常。当一个异常发生的时候，系统一定要处理它。要么是程序本身去处理，要么是将控制转移到系统的异常处理机制去处理。编程人员应为可能出现的异常显式定义异常处理。一般的做法是，程序语言有一种特别的内嵌类型（通常称为 Exception），可以声明各种异常为这种类型。当发生异常时，程序语言的运行时系统传递控制给异常处理程序。

容错设计

系统的容错机制使得系统缺陷不会造成系统失败。高要求系统的容错也是非常必要的。容错技术包括 4 个方面：

- 缺陷控制：系统必须能检测出导致系统失败的系统缺陷。
- 损害估计：检测出受到缺陷影响的那些系统状态。
- 缺陷恢复：系统一定能恢复到一个已知的"安全"状态。通过修改损坏或恢复到一个已知"安全"状态的方式来实现。
- 缺陷修补：修改系统使得该缺陷不再发生。但这种做法代价较高，可采取将缺陷恢复到正常状态的做法。

（1）缺陷检测和损害评估

容错的第一步是要发现已经发生的缺陷，因此必须知道何时状态变量是非法的或何时状态变量间的关系不再维持。如胰岛素泵系统中所使用的一些状态约束的例子：

- 要传送的胰岛素剂量必须大于 0，且小于单次剂量的最大值。

$$insulin\_dose \geq 0 \ \& \ insulin\_dose \leq insulin\_resevor\_contents$$

- 全天胰岛素传送的总量必须小于事先定义的每天最大量。

cumulative_dose ≤ maximum_daily_dose

可以使用下面的缺陷检测方式：
- 预防性缺陷检测：在这种情况下，缺陷检测机制开始于状态变迁之前。如果发现一个潜在的缺陷状态，则不让这个状态变迁执行。
- 回顾性缺陷检测：在这种情况下，缺陷检测机制是在系统状态发生变迁之后启动的，检查是否有缺陷发生。如果发生缺陷，则产生一个异常，同时启动修补机制以恢复系统。

缺陷性检测避免了灾害修复的费用，因为系统总是有效的。但如果要避免系统失败，系统就必须存在不正确状态情况下连续运转的机制。

用于损害评估的技术如下：
- 在数据交换中使用编码检测和求校验和，在数字数据中使用对位数的检测。
- 在包含指针的数据结构中使用冗余的链接。
- 在并发系统中使用看门狗定时器。

当数据交换中有与数字数据相关联的校验和时，可以使用编码检测。校验和通过对数据进行某种数学函数计算得到一个唯一值。发送者发送数据和校验和，接收者用相同的方法从收到的数据计算出校验和。如果校验和一致，表明数据接收正确，否则数据可能被篡改。

当使用链接数据结构时，通过包含反指针，可以做成冗余的。也就是说，对每个由 A 指向 B 的指针，都会存在一个从 B 到 A 的指针，而且还可以在结构中记录元素的个数。检查能确定反向的和正向的指针是否是一致的，而且要看存储的长度和计算的结构长度是否一致。

当进程一定要在某个特定的时间段做出反应时，就需要装一个看门狗定时器了。看门狗定时器是一个定时器，它能在进程行为执行之后被执行进程重新设定。它与进程同时启动，并计算进程所用时间。看门狗定时器可以用控制器在一个固定的间隔上查询。由于一些原因，进程无法正常终止，看门狗定时器就不能重新设定。这时控制器能发现这个问题并且采取行为强制进程终止。

（2）缺陷恢复和修补

缺陷恢复是修改系统状态空间以将缺陷的影响尽量减小的过程。正向恢复注重于努力修正提交的系统状态，反向恢复是将系统状态恢复到一个已知的"正确"状态。

正向错误恢复只有在状态信息包含内嵌冗余时才有可能。可应用到两种情况：
- 当编码数据崩溃时，使用编码技术在数据中添加冗余，用于修正错误。
- 当链接结构崩溃时，如果在数据中有正向指针和反向指针，结构可由未损坏的指针恢复。

反向错误恢复是一个更简单的技术，绝大多数数据库系统包括反向错误恢复。当用户启动一个数据库计算时，一个事务就被启动，事务期间产生的状态不会立即送到数据库，只有在事务结束且没有问题时才更新数据，否则事务失败，数据库根本不做更新操作。

对于很大多数高要求系统，特别是具有苛刻的可用性需求的系统，需要有专门容错技术的系统体系结构设计，如飞机控制系统。

普遍使用的硬件容错技术基于三模块冗余的概念（TMR）。硬件单元被复制 3 次（或多次）。每个单向的输出传到输出比较器。当其中一个单向不能产生同其他单元一样的输出时，它的输出状态被忽略。该容错方法的前提是绝大多数系统的缺陷是软件失败导致的而不是设计缺陷造成的。当然，组件的设计缺陷可以通过不同厂商或开发团队来避免。

除上述的硬件容错外，软件也有同样的容错方法：

- N 版本程序设计：使用由不同团队设计的不同版本软件。这些版本在不同的计算机上并行运行，由表决系统做比较。
- 恢复模块：一个程序组件包含一个测试来检查组件运行是否成功。替换代码允许系统倒退并在检测出失败时重新进行计算。

这种容错方法基于设计和实现多样性的概念。多样性可以通过多种方法达到：

- 使用不同的设计方案来实现需求。
- 使用不同的程序设计语言来完成实现。
- 使用不同的开发工具和不同的开发环境。
- 在实现的某些部分使用不同的算法。

设计多样性确实可增加系统的总体可靠性，但不同的团队不会犯同样的错误这个假设不总是成立的，原因是他们对描述会有相同的误解，不约而同地使用相同的算法来解决同一问题。

9.7 系统验证

对高要求系统的检验和有效性验证与一般系统相似，但在正常分析和检测的基础上增加了额外的过程，以证明系统有较高的可信任度。

虽然高要求系统的有效验证过程应该集中在确认系统的有效性上，但也应该有相关的活动来确认系统开发所采用的过程是可靠的。

9.7.1 可靠性验证

系统的可靠性度量过程包括 4 个阶段：

（1）研究已有的同类系统，选定操作简档。操作简档要找出系统输入的分类，以及在正常使用情况下这些输入发生的可能性。

（2）构造一个能反映操作简档的测试数据集合。要获得具有相同概率分布的测试数据集，可以通过测试数据生成器得到。

（3）对系统进行测试，记录发现的失败以及每个失败类型发生的次数。

（4）当观察到一定数量的失败后，计算软件的可靠性度量值。

这种方法称为统计测试。其目标是要评估系统的可靠性。当然，该方法在实际应用中会有操作简档的不确定性、测试数据生成的高成本和在高可靠性情况下统计的不确定性等问题。

操作简档

软件的操作简档反映软件在实际使用过程中的使用方式，包含对输入类型的描述以及这些输入发生的可能性。

当我们用一个新软件替换已有的手工作业方式或自动化系统时，很自然就需要根据现有的操作模式确定新软件可能的使用模式。

不过，当一个新软件有创新的时候，预期它将如何使用来得到准确的操作简档是一件较难的事件。而且，操作简档还会随着系统的使用而不断变更。所以，开发出一个值得信赖的操作简档很困难，因此很难精确地确定可靠性度量。

可靠性预测

在软件的有效性验证中，系统测试是必需的手段，但测试的费用非常高，所以测试要在适当的时候终止。如果此时未达到要求的可靠性水平，那么设计者就要重写部分软件。

可靠性增长模型是一个有关系统可靠性在测试过程中随时间推移不断变化的模型。系统的可靠性在系统测试和调试期间不断改善。为了预测可靠性，就需要建立可靠性数学模型。

最简单的可靠性增长模型是步长函数模型。该模型在每一次发现缺陷并更正后赋予可靠性一个常数增量。当软件修改之后，软件的失败率就会下降。该模型的前提是软件修改总是正确的，但实际情况并非如此。因为在改正缺陷的时候有可能引入新的错误，因而会导致可靠性更坏而不是更好。

通过引进一个随机成分到可靠性增长模型中来，可以改变软件修改对可靠性增长的影响程度，因此，每次缺陷修改对可靠性改善不再是一个确定的量，而是一个变化的随机量。

以上模型是一种离散的模型，实际情况中，软件可靠性预测是一种连续的数学模型。

可靠性模型预测就是通过将测量到的可靠性数据和已知的可靠性模型数据进行比较来预测可靠性。通过外推这个模型到所需要的可靠性水平和新观察到的可靠性水平，就可以得到达到该可靠性要求需要的时间。从可靠性模型预测系统可靠性可建立测试规划或协助软件团队与客户谈判。根据可靠性预测模型得到需要的时间可制订测试进度。当测试投入极不合理时，可与客户谈判，针对可靠性达到共识。

9.7.2　安全性保证

安全性保证过程的最大特点是安全性在系统测试中无法度量。因此，安全性验证涉及建立一个系统信任性来反映系统的安全性，信任性包括从"非常低"到"非常高"的专业等级。这样的评估一定要用真实而具体的证据来证明，这些证据来自于系统设计、系统检验和有效性验证的结果以及已采用的系统开发过程等方面。

安全性高要求系统的检验和有效性验证过程是首先通过广泛的测试发现尽可能多的缺陷，通过这些证据，与其他证据（如复查和静态检查）一起对系统的安全性做出判断。

安全性复查包括以下几类：

- 功能复查。
- 可维护、可理解的结构的复查。
- 算法及数据结构设计和特定行为的一致性的复查。
- 代码、算法级数据结构设计的一致性的复查。
- 系统测试用例的充分性复查。

安全性论证

安全性论证说明程序能够达到安全性要求，它不需要证明程序完全符合系统描述，只需要证明程序的执行不会进入不安全的状态。

要论证系统是安全的，最有效的技术是通过矛盾来证明。首先假定不安全状态能通过程序运行到达（可通过安全危害分析找到），写一个谓词来定义该不安全状态。然后系统地分析代码并证明对于所有可能到达此状态的路径，这些路径的终止条件与不安全状态谓词是相矛盾的。如果是这样，对不安全状态的初始假设就是不正确的。依此类推，若所有标识出的危险均使用过，则可以证明软件是安全的。

过程得证

对于安全性高要求系统，在软件过程中的所有阶段都应特别关注安全性，即安全性得证活动一定要包含在软件过程中。这些安全性保证活动如下：

- 创建危险记录和监控系统，从危险分析到有效性验证，全过程跟踪危险。
- 指定项目安全负责人。

- 采用安全评审。
- 创建安全认证系统，对安全组件进行正式安全认证。
- 使用详细的配置管理系统，保持与安全相关的文档同步。

危险分析的重点在于识别危险及其概率。如果开发过程从危险识别到系统本身有明确的跟踪能力和安全论证，就可以得到危险不会造成事故的结论。

运行时安全检查

运行时安全检查是指在程序中添加检查代码来检查安全约束，并在安全约束得不到满足时抛出异常。安全性约束在程序某一约束点上应该总是表示成断言的形式。这个断言应该根据安全措施来生成。断言保证系统有安全的行为而不保证系统有符合描述的行为。

在安全性高要求系统中，安全负责和安全评估人要相对独立，从而可客观地评估和保证安全方面的问题。

下面是胰岛素注射系统中的一段程序代码，对这段代码所设计的安全性论证需要说明胰岛素的输入剂量不会超过上限水平。为构造安全性论证，需要找出不安全状态的前置条件。例如，胰岛素注射系统中是 currentDose > maxDose，接下来要证明所有的程序路径都与这个不安全断言相矛盾。如果这样，这个不安全条件就不可能是真实的，因此这个系统是安全的。

```
--传送的胰岛素剂量是血糖值上一次传送的剂量和时间的函数。
    currentDose = computeInsulin();
//安全检查——根据需要调整剂量
//第一种情况
  if ( previousDose == 0 )
{
    if ( currentDose > 16 )
       currentDose = 16;
    else
    if ( currentDose > ( previousDose * 2 ) )
        currentDose = previousDose*2;
}
//第二种情况
  if ( currentDose < minimumDose )
     currentDose = 0;
  else if ( currentDose > maxDose )
     currentDose = maxDose;
administerInsulin ( currentDoes );
```

安全性论证比形式化系统检验要简洁得多，如图 9-8 所示。先要识别出通往潜在的不安全状态的所有可能路径，从这个不安全状态向后工作，考虑每个路径所有的状态度量的最后一次赋值，先前的计算不需要考虑。在这个例子中，所有需要考虑的是在 administerInsulin( ) 方法执行位置之前的 currentDose 所有可能的赋值的集合。

在这个安全性论证中，有 3 个可能的程序路径可能引起 administerInsulin( ) 方法调用。设计希望传输的胰岛素剂量不会超过 maxDose。所有 administerInsulin( ) 可能的程序路径包括：

- 如果第二种情况的所有分支没有执行，该情况只能发生在当 currenDose 大于或等于 minimumDose 且小于或等于 maxDose 时。
- 如果第二种情况被执行，这时 currentDose 赋值 0 的赋值语句得到执行，因此，它的后置条件是 currentDose = 0。

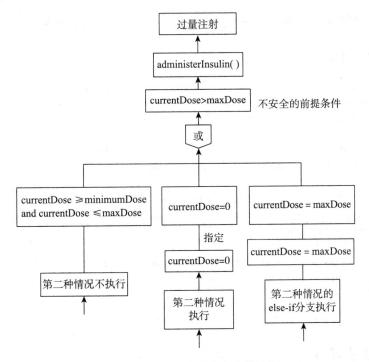

图 9-8　基于矛盾证明的安全性论证

- 如果第二种情况的 else-if 分支执行，这时 currentDose 赋值 maxDose 的赋值语句得到执行，因此，它的后置条件是 currentDose = maxDose。

在所有的情况中，后置条件都与不安全状态的前置条件（控制的剂量大于 maxDose）是矛盾的，因此系统是安全的。

安全文档是一个危险日志，记录了描述过程中找出来的危险以及跟踪信息，这个危险日志要用于软件开发过程的每个阶段，评估在每个开发阶段对危险的处理。表 9-3 是一个简化的胰岛素注射系统的危险日志。

表 9-3　一个简化的胰岛素注射系统的危险日志

危险日志	系统安全性设计要求
系统：胰岛素注射系统 安全工程师：李三 识别的危险：胰岛素注射过量 识别人：王五 要求等级：1 风险：高 缺陷树识别：是 日期：2009-4-10 位置：p7 缺陷树设计人：张三和李四 缺陷树检查：是 日期：2009-4-15 检查人：刘六 文件：胰岛素注射 / 安全 / 危险日志 记录版本：1/3	1. 系统应该带有自检软件，以检测传感器系统、时钟和胰岛素输送系统。 2. 自检软件应该每分钟执行一次。 3. 一旦自检软件发现任何组件出现问题，就应该发出一个声音警告，显示系统应该显示出是哪个组件发生了问题，胰岛素注射应该停止。 4. 系统应该包括一个忽略机制，允许用户修改系统计算出的将要通过系统输送的胰岛素剂量。 5. 设置剂量要不大于预先由医务人员设定的值。

在胰岛素注射系统中，胰岛素剂量控制程序产生一个控制信号送到胰岛素泵，让它按照

给定的增量注射胰岛素。胰岛素增量和允许的最大剂量是预先计算出来的，并以断言的形式包含在系统中。

下面是部分代码：

```
static void administerInsulin() throws safetyException{
int maxincrements = InsulinPump.maxDose/8;
int increments = InsulinPump.currentDose/8;
//断言currentDose <= InsulinPump.maxDose
if (InsulinPump.currentDose > InsulinPump.maxDose)
    Throw new sagetyException (Pump.doseHigh);
else
    for(int i=1; i<=increments; i++)
    {
        generatesigned();
        if(i > maxIncrements)
            Throw new sagetyException (pump.incorrectIncrements);
    }//for loop
}//administerInsulin
```

在程序注释部分给出了安全断言，后面用 if 语句检查断言。

9.7.3 信息安全评估

信息安全评估对基于网络的系统非常重要，越来越多的攻击、病毒和蠕虫正在到处散布和发作，信息安全评估要测试系统抵御各种类型攻击的能力。

信息安全很难评估的原因也是"不应该"的需求，即它们定义了哪些系统行为是不允许发生的，而不是定义了期待发生的行为。对信息安全检查有 4 个互补的方法：

- 基于经验的清单。检验小组根据掌握的攻击类型对系统进行分析，创建信息安全问题的检查表，然后进行安全检查。
- 基于工具的验证。使用各种不同的信息安全工具，如口令检验分析系统。
- 考虑小组。专门建立一个小组，其目标是攻破系统信息安全防线。
- 形式化检验。对系统按照形式化信息安全描述进行检验。

安全案例或者更一般化的可靠性案例，是用来给出详细论证和证据的一种结构化文档，此详细论证和证据表明系统是安全的或表明所需要的可靠性级别。

安全案例是一组文档，包括经过确认的系统描述、开发系统所使用的过程相关信息，以及重要的能证明系统是安全的逻辑认证。安全案例的组成和内容依赖于所要确认的系统的类型和它的上下文关系。表 9-4 给出了一个软件安全案例的一个可能的组成。

表 9-4 软件安全案例的组成部分

成 分	描 述
系统描述	系统概要和对其他关键组件的描述
安全性需求	从系统需求描述中抽象出来的安全性需求
危险和风险分析	描述所发现的危险以及降低危险的手段
设计分析	设计是安全的论据
检验和验证	描述所用的 V & V 步骤
复查报告	对所有设计和安全复查的记录
团队能力	投入到安全相关的系统开发和验证所有团队的能力的实证

（续）

成　　分	描　　述
过程能力	对开发过程中所执行的质量保证过程的记录
变更管理过程	对提出的变更和所执行的活动的记录
相关安全案例	指向其他会对此安全案例产生影响的安全案例指针

安全案例的关键成分是一组系统安全的逻辑论证，包括绝对论证和可能性论证，可以证明系统的安全性。论证是声明和一组关系，并解释声明。

下面是胰岛素输送系统的安全评估。图 9-9 是胰岛素泵声明的层次结构。

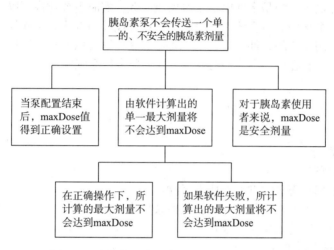

图 9-9　胰岛素泵安全案例中声明的层次结构

作为一种医学装置，胰岛素泵系统必须经过外部认证。需要给出各种安全论证来证明其是安全的。例如：

声明：胰岛素泵的一次最大量不超过 maxDose。

证据：胰岛素泵的安全论证。

证据 1：胰岛素的测试数据。

证据 2：胰岛素软件的静态分析报告。

论证：给出的安全论证表明可以求出的胰岛素的最大剂量等于 maxDose。在 400 次测试中，Dose 值都得到正确的计算且从未超过 maxDose。控制软件的静态分析表明没有出现异常。

结论：有理由认为声明是正确的。

9.8　小结

高要求系统是指其可靠性极其重要的系统，如果这类系统不能按照所期待的方式工作，那么就可能产生严重的问题，给人们的生命财产带来巨大的损失。高要求系统分为安全性高要求系统、任务高要求系统和业务高要求系统三类。

高要求系统的特性包括可用性、可靠性、安全性和保密性等，它们之间存在相互关系，且密不可分。对于高要求的系统，如何从风险分析中获得系统的需求是至关重要的。对于高要求系统来说，系统描述是非常重要的。因为系统失败的代价昂贵，所以保证高要求系统的描述能够精确反映用户对它的真实需求极为重要。在高要求系统中，系统的功能性需求和非功能性需求来自于对系统的可用性、可靠性、安全性和保密性的特性要求。

形式化描述方法是运用一些数学概念对系统需求进行严格定义的方法。形式化带有严格的和详细的分析过程，因而会减少程序中的错误，使得程序更贴近用户的需要。形式化描述是发现描述错误和给出无二义性描述的极佳方法。因此，对那些一定要避免失败的系统的关键部分，使用形式化方法是合理而且划算的。形式化描述方法分为代数方法和基于模型的方法。

在代数方法中，系统用操作和它们之间的联系来描述。在基于模型的方法中，利用数学概念（如集合和序列）来构造系统的模型，并根据系统状态的修改来定义系统的操作。

实时软件设计最重要的是事件而不是对象或函数，实时系统建模可以用状态机建模。系统的状态模型是一个很好的语言无关的表达实时系统设计的方式。要开发一个具有较高可靠性的软件，需要采用完善的软件工程技术、较好的编程语言以及科学质量管理。通常要考虑缺陷避免、缺陷检测和容错 3 个互补的方法，并需要进行系统验证。

习题

1. 什么是高要求系统？
2. 高要求系统分为哪三类？
3. 胰岛素输送系统属于哪种类型的高要求系统？
4. 高要求系统特性有哪些？它们之间的相互关系是什么？
5. 胰岛素输送系统有哪些安全性需求？
6. ATM 有哪些可靠性需求？
7. 电子商务存在哪些信息安全需求？
8. 形式化方法有哪几类？它们有哪些不同？
9. 什么是容错技术？容错技术有哪些方法？

第三部分

面向对象分析、设计与测试

本部分将介绍面向对象分析与设计的基本概念、分析模型与过程、设计模型与过程，以及面向对象实现与测试的相关技术与方法，包括用例需求分析、面向对象分析方法、面向对象设计、面向对象实现与测试等内容。

本部分将回答以下问题：

- 什么是面向对象分析与设计？
- 面向对象分析模型有哪些？有什么特点？
- 面向对象设计采用哪些模型？有什么特点？
- 什么是设计模式？常用的设计模式有哪些？
- 面向对象测试的基本步骤是什么？

学过本部分内容后，请思考下列问题：

- 面向对象分析与设计的关系是什么？
- 如何进行分析与设计建模？
- 如何运用设计模式？
- 如何精化设计？
- 如何进行面向对象测试？它与结构化测试有何不同？
- 测试驱动的开发有什么优点？

第 10 章

面向对象分析

10.1 引言

面向对象技术最初是从面向对象程序设计语言发展起来的，随之逐步形成面向对象的分析和设计模型。Jacobson 于 1994 年提出了面向对象方法。

面向对象思想把数据和行为看成同等重要，即将对象视为一个融合了数据及在其上操作的行为统一的软件组件。对象的概念符合业务或领域的客观实际，反映了实际存在的事物，也符合人们分析业务本质的习惯。

面向对象技术自 20 世纪 90 年代提出以来得到快速发展，并被应用于各种各样的软件开发。面向对象技术将数据和数据上的操作封装在一起，对外封闭实现信息隐藏的目的。使用这个对象的用户只需要知道其暴露的方法，通过这些方法来完成各种各样的任务，不需要知道对象内部的细节，保证相对独立性。

10.2 面向对象模型

和传统的结构化分析一样，面向对象分析也要建立各种各样的基于对象的模型。这些模型用于理解领域问题。面向对象的最大特点是面向用例，并在用例的描述中引入了外部角色的概念。用例的概念是精确描述需求的重要武器，用例贯穿于整个开发过程，进而引入类模型和动态行为模型。面向对象的软件工程是为了解决结构化分析方法的不足而发展起来的。

用面向对象分析方法时，在需求阶段建立这些面向对象模型，在设计阶段精化这些模型，在编码阶段依据这些模型使用面向对象的编程语言开发系统。

面向对象建模技术所建立的 5 种模型，即用例模型、交互模型、逻辑模型、实现模型和部署模型，分别从 5 个不同侧面描述了所要开发的系统。用例模型指明了系统应该"做什么"，即系统的功能；交互模型明确规定在何种状态下，对象接受什么样的事件触发"做什么"；逻辑模型则定义了"做什么"的对象组成关系；实现模型描述系统实现的构件组成和构件依赖关系；部署模型描述复杂系统的物理组成、连接关系和构件部署等。

用例模型、逻辑模型、交互模型、实现模型和部署模型相辅相成，使得对系统的需求分析和设计描述更加直观、全面。其中，逻辑模型是最基本、最重要的，它为其他两种模型奠定了基础，依靠它可完成 5 种模型的集成。

用例模型

用例模型表示变化的系统的"功能"性质，指明了系统应该"做什么"。因此，它更直接地反映了用户对目标系统的需求。用例模型本质上是系统的功能模型，不同的是用例模型要求从外部使用者的角度出发抽取出系统有哪些用例，并根据使用者如何与系统交互来得到系统使用的场景，进而理解系统的交互行为，最终构建系统的功能需求。

面向对象分析与设计是以用例驱动的。用例站在用户的角度描述用户的交互过程，有助于软件开发人员更深入地理解问题域，改进和完善自己的分析和设计。

逻辑模型

面向对象逻辑模型描述系统的逻辑组成，主要包括对象模型、类模型和包模型等。对象模型表示静态的、结构化系统的"数据"性质。它是对模拟客观世界实体的对象，以及对象彼此间的关系的映射，描述了系统的静态结构。对象模型为建立动态模型和功能模型提供了实质性的框架。对象模型把面向对象的概念（对象、类、继承等）与传统方法中常用的信息建模概念结合起来了，从而改进和拓展了普通的信息模型，增强了模型的可理解性和表达能力。对象模型是一个类（包括其属性和行为）、对象（类的实例）、类和（或）对象之间关系的定义集。对象模型还必须表示类 / 对象之间的结构关系。类 / 对象之间的关系一般可概括为关联、归纳（泛化）、组合（聚集）三类。

关联关系反映类 / 对象之间存在的某种联系，即与该关联连接的类的对象之间的语义连接（称为链接）。通常，两类对象之间的二元关系根据参与关联的对象数目，可再细分为一对一（1∶1）、一对多（1∶n）、多对多（$m∶n$）3 种基本类型。参与关联的对象数目称为重数（multiplicity），可以用单个数字或数值区间表示，例如，"1""3..8""1..n"等。

如果一个对象要完成自己的任务，需要另一个对象提供服务，这种对象相互依赖的关联称为依赖关系。依赖关系反映对象之间的处理依赖性。

归纳关系表示一般与特殊的关系，即一般是特殊的泛化，特殊是一般的特化，所以，归纳关系也称为泛化，或称为继承。它反映了一般类与若干个增加了内涵的特殊类之间（而不是对象之间）的分类关系。高层类（即基类）说明一般性属性，低层类（即派生类）说明特殊属性。低层类是某个特殊的高层类，它继承了高层类中定义的属性和服务。对象模型描述对象类与对象类之间如何通过共有属性和服务相互关联。为显示对象与类，把对象类组织到一个继承层次图中，图中最一般的对象类居于层次关系的顶端，专门的对象类既继承一般类中的属性和服务，又有自身的属性和服务。

组合关系反映了对象的整体与部分之间的构成关系，即整体对象分成若干个部分对象，或者说整体对象是由部分对象聚集起来的。所以，组合关系也称为聚集。

对象模型在需求分析中，既可以用来表达系统数据，也可以用来表达对数据的处理，可以看作数据流和语义数据模型的结合。此外，对象模型在证明系统实体是如何分类和复合方面也非常有用。

类模型是对象模型的静态表示。一个类模型可以有许多对象模型，也就是说，类模型描述系统的逻辑组成，而对象模型是关于系统的一个功能或某一个时刻的对象关联关系，即类模型的实例。

包模型是将某些关系比较密切的类封装成一个包，包之间建立依赖关系，并组成层的概念，从而形成系统的逻辑架构。

交互模型

建立对象模型之后，就需要考察对象的动态行为。交互模型表示瞬间的、行为化的系统"控制"性质，它规定了对象模型中对象的合法变化序列。所有对象都有自己的运行周期。运行周期由许多阶段组成，每个特定阶段都有适合该对象的一组运行规则，规范该对象的行为。对象运行周期中的阶段就是对象的状态。状态是对对象属性的一种抽象。当然，在定义状态时应该忽略那些不影响对象行为的属性。对象之间相互触发 / 作用的行为引起了一系列的状态变化。

事件是某个特定时刻所发生的一个系统行为，它是对引起对象从一种状态转换到另一个状态的现实世界事件的抽象。所以，事件是引起对象状态转换的控制信息。事件没有持续时间，是瞬间完成的。对象对事件的响应，取决于接受该触发的对象当时所处的状态，其响应包括改变自己的状态，或者形成一个新的触发行为。

交互模型描绘了对象的状态，触发状态转换的事件，以及对象行为（对事件的响应）。也可以说，基于事件共享而互相关联的一组状态集合构成了系统的交互模型。

实现模型

实现模型描绘系统实现的构件组成和构件依赖关系。开发模型可以用构件模型表示，每个构件实现了系统的一个或多个功能，其依赖于一组实现它的源代码文件或库函数。

部署模型

部署模型是对系统硬件结构的抽象描述，对系统物理结点（计算机或设备）、结点间的连接关系（网络连接类型、协议和带宽等）和构件部署在哪些结点上（代码分配与部署等）进行建模。

10.3　UML

使用面向对象范型，最大的困难莫过于定义对象抽象类和建立各种系统模型。由于面向对象范型各阶段之间的过渡是无缝的，因此对象抽象类和各种模型最好使用相同的符号描述。为此，人们设计了一种统一描述面向对象方法的符号系统，即统一建模语言（Unified Modeling Language, UML）。UML 实现了基于面向对象的建模工具的统一，目前已成为国际、国内可视化建模语言实际上的工业标准。

20 世纪 90 年代，各种面向对象的建模方法被提出。其中，著名软件工程学家 Grady Booch、Jim Rumbaugh 和 Ivar Jacobson 提出了 3 种较重要的方法。这些方法具有很多共同点。

- Booch 方法包含微开发过程和宏开发过程两个过程级别。微开发过程定义了一组在宏开发过程中每一个反复应用的分析任务，因此演进途径得以维持。其过程包括标识类和对象、标识类和对象的语义、它们的关系，以及进一步的细化等。
- Rumbaugh 方法创建 3 个模型，即对象模型（对象、类、层次和关系的表示）、动态模型（对象和系统行为的表示）、功能模型（高层类似的 DFD 的系统信息流的表示）。
- Jacobson 方法是带有 Objectory 方法的一个简化版本。该方法与其他方法的不同点是特别强调使用实例（用例）描述用户和产品或系统间如何交互的场景。

10.3.1　UML 的组成

UML 是一种基于面向对象的可视化建模语言。UML 用丰富的图形符号隐含表示了模型元素的语法，并用这些图形符号组成元模型表达语义，组成模型描述系统的结构（或称为静态特征）以及行为（或称为动态特征）。

UML 的模型元素

UML 定义了两类模型元素的图形表示。一类模型元素用于表示模型中的某个概念，如类、对象、用例、结点、构件、包、接口等；另一类模型元素用于表示模型元素之间相互连接的关系，主要有关联、泛化（表示一般与特殊的关系）、依赖、聚集（表示整体与部分的关系）等。图 10-1 给出了部分 UML 定义的模型元素的图形表示。

UML 模型结构

根据 UML 语义，UML 模型结构可分为 4 个抽象层次，即元元模型、元模型、模型和用户模型。UML 模型结构如图 10-2 所示，下一层是上一层的基础，上一层是下一层的实例。

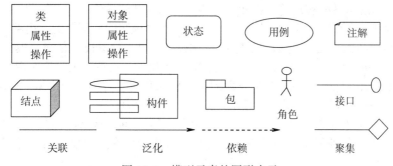

图 10-1　模型元素的图形表示

元元模型层定义了描述元模型的语言，是任何模型的基础。UML 元元模型定义了元类、元属性、元操作等一些概念。例如，"事物"概念可代表任何定义的东西，是一个"元类"的元元模型描述。

元模型层定义了描述模型的语言，它组成 UML 模型的基本元素，包括面向对象和构件的概念，如类、属性、操作、构件等。元模型是元元模型的一个实例。例如，图 10-3 所示是一个元模型示例，其中类、对象、关联等都是元元模型中事物概念的实例。

图 10-2　UML 模型结构　　　　　　图 10-3　元模型示例

模型层定义了描述信息领域的语言，它组成了 UML 模型。用户模型层是模型的实例，用于表达一个模型的特定情况。

10.3.2　UML 的视图

UML 主要是用来描述模型的。它可以从不同视角为系统建模，形成不同的视图（view）。每个视图是系统完整描述中的一个抽象，代表该系统一个特定的方面；每个视图又由一组图（diagram）构成，图包含了强调系统某一方面的信息。

UML 提供了两类图——静态图和动态图，共计 9 种不同的基本图。

静态图包括用例图、类图、对象图、构件图和部署图。其中，用例图描述系统功能，类图描述系统静态结构，对象图描述系统某个时刻具体的静态结构，构件图描述实现系统的元素组织，部署图描述系统环境元素的配置。还有一个包含了这几种图的组合图，称为包图。包图也属于静态图。

动态图包括状态图、时序图、协作图和活动图。其中，状态图描述系统元素的状态变化，时序图按时间顺序描述系统元素之间的交互，协作图按时间和空间的顺序描述系统元素之间的交互和关系，活动图描述系统元素的活动。

UML 提供了 5 种视图，包括用例视图、逻辑视图、交互视图、实现视图和部署视图。

- 用例视图从用户角度表达系统功能，使用用例图和活动图来描述。
- 逻辑视图主要使用类图和对象图描述系统的静态结构，用状态图、时序图、协作图和活动图描述对象间实现给定功能时的动态协作关系。
- 交互视图展示系统的动态行为及其并发性，用状态图、时序图、协作图、活动图描述。

- 实现视图展示系统实现的结构和行为特征，用构件图描述。
- 部署视图展示系统的实现环境和构件是如何在物理结构中部署的，用部署图描述。

综上所述，UML 包含表达面向对象的用例模型、类/对象模型、交互模型、实现模型和部署模型等不同系统模型的图形符号描述。它所提供的一批基本的、表示模型元素的图形和方法，能简洁明确地表达面向对象技术的主要概念和建立各类系统模型。UML 的标准化定义、可视化描述、可扩展性机制等显示了其强大的生命力。

UML 作为面向对象技术中最重要的一种建模语言工具，能从不同的视角为系统建模。所以，UML 适用于各种复杂类型的系统，乃至系统各个层次的建模，而且适用于系统开发过程的不同阶段。

10.4 面向对象分析过程

面向对象分析与设计是一个动态迭代的过程，首先通过用例模型抽取系统的功能，然后根据业务功能和领域概念得到系统所涉及的概念，进而得到类和对象，以及构建对象模型和类模型，最后基于系统的行为分析系统类或对象的交互行为，得到类或对象的行为和事件，并构建系统的交互模型。

构建系统的这些模型并不是一蹴而就，而是反复迭代的过程。初始阶段构造一个初步的对象模型和类模型，然后回追到用例分析，检查这些对象能否实现系统的功能。根据存在的问题或变化的需求，进一步完善对象模型，并逐步过渡到面向对象设计阶段。在设计阶段进一步精化类模型，根据系统的交互行为，添加对象的方法和属性，并追踪回分析阶段，检查设计问题，进一步完善设计。

面向对象分析阶段的主要任务是获取用户的需求，并构建系统初步的逻辑模型。

用例建模

获取用户需求的主要任务是构建用例模型。构建用例模型分为 4 个步骤。

（1）识别外部用户。用例模型的观点是要站在用户的角度来抽取系统的功能，因此首先要分析系统的外部用户有哪些。系统的外部用户也称为系统共利益者，指从系统获得利益的人或事物。

（2）场景分析。一旦获得系统的外部用户，我们需要从每一个用户获取系统需要的功能或服务。针对每一个用户，我们需要分析用户如何使用该系统，从而得到系统的工作场景，进一步建立系统场景交互活动。

（3）构建活动图。根据系统的交互场景，我们可以以图的方式构建系统的活动过程。针对每一个功能，我们可以建立不同用户参与的活动过程。

（4）构建用例图。根据以上的分析，我们构建系统总体的用例图和各个子系统的用例图。用例图的要素包括外部用户、用例、关联和边界等。

领域建模

领域建模的目的是建立系统的概念模型。根据用例模型的场景分析和领域概念，我们抽取出一些可以作为系统的对象，分析它们的关系，建立领域对象模型和类模型。领域模型是对领域内的概念类或现实世界中对象的可视化表示。领域模型也称为概念模型、领域对象模型和分析对象模型，它阐述了领域中的重要概念。领域模型可以作为设计某些软件对象的灵感来源，也将作为在案例研究中所探讨的几个制品的输入。为了进行领域分析，需要阅读规格说明和用例，了解系统要处理的概念，或者组织用户和领域专家进行讨论，确定所有必须处理的概念及概念之间的关系。通过应用领域商用模型分析，给出领域类的基本关系和类中的部分方法和数据。一般是通过 Business Object 版类（stereotype）来定义领域类的，是一个用户定义的版类（或称为构造型），可以用来表示类的对象，是关键域的一部分，应永久地保存在系统中。

领域类描述只是一个"草图"状态，定义的属性和操作不是最后的版本，只是在"当前"看来这些属性和操作是比较合适的。某些领域类的状态还需要用状态图进一步分析。

在 UML 中，包模型是一个封装结构，它不直接反映系统中的实体，而是某一指定功能域或技术域的处理。由于包模型能清晰地说明设计是如何由一组逻辑上相关联的对象构成的，因此它是一种最有效的静态模型。

包模型的描述工具是包图。包图由包和包间的联系组成。简单描述包一般可直接在大矩形中给出包的名称。如果包中还包含了其他子包，则在小矩形中给出包的名称，而大矩形中给出所包含的子包。包间的关系可以用直线或者带箭头的直线表示。

定义用户交互的"外观和感觉"这一项特殊活动是在分析阶段开始的，是与其他活动分开而同步进行的。到了设计阶段，对不同组件之间的接口描述是设计过程的一个重要部分。设计者需要详细给出接口描述，以便该组件和其他组件对象并行的设计。接口设计中应该避免涉及接口的具体表示。正确的方式是将具体的接口实现方法隐藏起来，只提供对象操作来访问对象和修改数据，这样设计将具有非常好的可维护性。分析建模过程包括：

（1）抽取领域对象。根据所面对的业务和行业，以及场景描述，我们可以抽取系统所涉及的概念、名词或事物等，这些都可以作为候选的对象或类。然后，对这些对象或类进一步分析，确定系统需要的最终类或对象。

（2）构建领域模型。当获得了系统的对象或类以后，我们进一步根据系统的交互行为，分析这些对象或类之间的关系，进而构建领域模型。

（3）构建初步的交互模型。一旦建立了领域模型，那么这些对象的交互能够完成系统的业务功能。根据系统的交互行为，我们使用这些对象建立系统的交互行为模型，并检验是否能够完成系统的功能。

10.5 用例驱动分析

需求捕获的目标：一是发现真正的需求，二是以适用于用户、客户和开发人员的方式加以表示。一个系统通常有多种用户，每种用户表示为一个参与者，参与者在与用例交互时使用系统。用例为向参与者提供某些有价值的结果而执行一些动作系列。

如果分析师希望了解用户如何与系统交互，软件团队将能够更好地、更准确地刻画系统特性，完成有针对性的分析和设计模型。因此，使用 UML 分析建模，将从开发用例图、活动图和泳道图形式的场景开始。

10.5.1 用例建模分析

用例着眼于为用户增加价值，提供了一种捕获功能需求的系统且直观的方法，可驱动整个开发过程。用例从某个特定参与者的角度用简单易懂的语言说明一个特定的使用场景。要开始开发用例，应列出特定参与者执行的功能或者活动。这些可以从所需系统功能的列表中获得，或通过提交给最终用户交流获得，或通过评估活动图获得。

用例模型帮助客户、用户和开发人员在如何使用系统方面达成共识。每类用户识别为一个参与者，系统所有的参与者和所有的用例组成了用例模型。用例图描述部分用例模型，显示带有联系的用例和参与者的集合。

用例图包括参与者、用例、关联和边界4个要素。参与者用小人形表示；用例用椭圆表示；关联用直线表示，说明参与者驱动某个用例；边界用矩形框表示，说明系统关注点。

下面以POS机系统为例说明用例建模分析过程。

问题描述

POS机系统是电子收款机系统，通过计算机化的方法来处理销售和支付，记录销售信息。该系统包括计算机、条码扫描仪、现金抽屉等硬件，以及使系统运转的软件，可为不同服务的应用程序提供接口。POS机系统的问题描述如下：

- 收银员可以记录销售商品信息，系统计算总价。
- 收银员能够通过系统处理支付业务，包括现金支付、信用卡支付和支票支付。
- 经理还能处理顾客退货。
- 系统要求具有一定的容错性，即如果远程服务（如库存系统）暂时中断，系统必须仍然能够获取销售信息并且至少能够处理现金付款。
- POS机必须支持日益增多的各种客户终端和接口，如多种形式的用户图形界面、触摸屏输入装置、无线PDA等。
- 系统需要一种机制，提供灵活处理不同客户独特的业务逻辑规则和定制能力。

POS机系统用例描述

POS机系统中，系统的参与者主要有收银员、经理、顾客、公司销售员等。这里主要考虑收银员和经理的用例图，如图10-4所示。

随着与用户更多地交谈，分析师为每个标记的功能开发用例。通常，用例使用非正式的描述性风格编写，也可以使用某个结构化的格式编写，而且有些格式更强调描述的直观性。用例场景详细描述的模板如表10-1所示。

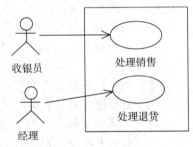

图10-4　POS机系统部分用例图

表10-1　用例场景详细描述的模板

用例不同部分	说明
用例名称	以动词开始描述用例名称
范围	要设计的系统
级别	"用户目标"或者"子功能"
主要参与者	调用系统，使之交付服务
涉众及其关注点	关注该用例的人及其需要
前置条件	开始前必须为真的条件
成功保证	成功完成必须满足的条件
主成功场景	典型的、无条件的、理想方式的成功场景
扩展	成功或失败的替代场景
特殊需求	相关的非功能性需求
技术和数据变化元素	不同的I/O方法和数据格式
发生频率	影响对实现的调查、测试和时间安排
杂项	未决问题等

POS 机系统中"处理一次销售"场景如表 10-2 所示。

表 10-2　"处理一次销售"场景

用例名称	处理一次销售
范围	零售收款机应用
级别	用户目标
主要参与者	收银员
涉众及其关注点	● 收银员：希望能够准确、快速地输入，而且没有支付错误，因为如果少收货款，将从其薪水众扣除。 ● 售货员：希望自动更新销售提成。 ● 顾客：希望以最小代价完成购买活动并得到快速服务；希望便捷、清晰地看到所输入的商品项目和价格；希望得到购买凭证，以便退货。 ● 公司：希望准确地记录交易，满足顾客要求；希望确保记录了支付授权服务的支付票据；希望有一定的容错性；希望能够自动、快速地更新账户和库存信息。 ● 经理：希望能够快速执行超控操作，并易于更正收银员的不当操作。
前置条件	收银员必须经过确认和认证
成功保证	存储销售信息，更新账户和库存信息，记录提成，生成票据，记录支付授权的批准
主成功场景	1. 顾客携带所购商品到收银台通过零售收款机付款。 2. 收银员开始一次新的销售交易。 3. 收银员输入商品条码。 4. 系统逐步记录出售的商品，并显示该商品的描述、价格和累计额。价格通过一组价格规则来计算。 　收银员重复 3～4 步，直到输入结束。 5. 系统显示总额和计算折扣。 6. 收银员告知顾客总额，并请顾客付款。 7. 顾客付款，系统处理支付。 8. 系统记录完整的销售信息，并将销售和支付信息发送到外部的账务系统和库存系统。 9. 系统打印票据。 10. 顾客携带商品和票据离开。
扩展	0-1 经理在任意时刻要求进行超控操作： 　0-1-1 系统进入经理授权模式。 　0-1-2 经理或收银员执行某一经理模式的操作。 　0-1-3 系统恢复到收银员授权模式。 0-2 系统在任意时刻失败：为了支持恢复和更正账务处理，要保证所有交易的敏感状态和时间都能够从场景的任何一步中完全恢复。 　0-2-1 收银员重启、登录系统，请求恢复上次状态。 　0-2-2 系统重建上次状态。 　　0-2-2-1 系统在恢复过程中检测到异常： 　　　0-2-2-1-1 系统向收银员提示错误，记录此错误，并进入一个初始状态。 　　　0-2-2-1-2 收银员开始一次新的销售交易。 1-1 客户或经理需要恢复一个中断的销售交易。 　1-1-1 收银员执行恢复操作，并且输入 ID 以提取对应的销售交易。 　1-1-2 系统显示被恢复的销售交易状态及其小计。 　　1-1-2-1 未发现对应的销售交易。 　　　1-1-2-1-1 系统向收银员提示错误。 　　　1-1-2-1-2 收银员可能会开始一个新销售交易，并重新输入所有商品。 　1-1-3 收银员继续该次销售交易。 3-1 无效商品 ID（在系统中未发现）： 　3-1-1 系统提示错误并拒绝输入该 ID。 　3-1-2 收银员响应该错误。 　　3-1-2-1 商品 ID 可读，如数字型的 UPC（通用产品代码）： 　　　3-1-2-1-1 收银员手工输入商品 ID。

（续）

扩展	3-1-2-1-2 系统显示商品项目的描述和价格。

3-1-2-1-2 系统显示商品项目的描述和价格。
　3-1-2-1-2-1 无效商品 ID 系统提示错误。收银员尝试其他方式。
　3-1-2-2 系统不存在该商品 ID，但是该商品附有价签：
　3-1-2-2-1 收银员请求经理执行超控操作。
　3-1-2-2-2 经理执行相应的超控操作。
　3-1-2-2-3 收银员选择手工输入价格，输入价签上的价格。
　3-1-2-3 收银员通过执行查找产品帮助功能以获得正确的商品 ID 及其价格。
　3-1-2-4 收银员可以向其他员工询问商品的 ID 或价格，然后手工输入 ID 或价格。
3-2 当多个商品项目属于同一类别的时候，不要记录每个商品项目的唯一标识：
　3-2-1 收银员可以输入类别的标识和商品的数量。
3-3 需要手工输入类别和价格：
　3-3-1 顾客要求收银员从所购商品中去掉一项：所去除的商品价格必须小于收银员权限，否则需要经理执行超控操作。
　　3-3-1-1 查找收银员输入的商品 ID 并将其删除。
　　3-3-1-2 系统删除该项目并显示更新后的累计额。
　　3-3-1-2-1 商品价格超过了收银员的权限：
　　　3-3-1-2-1-1 系统提示错误，并建议经理超控。
　　　3-3-1-2-1-2 收银员请求经理超控，完成超控后，重做该操作。
　　3-3-2 顾客要求收银员取消销售交易：
　　　3-3-2-1 收银员在系统中取消销售交易。
　　3-3-3 收银员延迟销售交易：
　　　3-3-3-1 系统记录销售交易信息，使其能够在任何 POS 登录中恢复操作。
　　　3-3-3-2 系统显示用来恢复交易的"延迟票据"，其中包括商品项目和销售交易 ID。
4-1 系统定义的商品价格不是顾客预期的价格：
　4-1-1 收银员请求经理批准。
　4-1-2 经理执行超控操作。
　4-1-3 收银员手工输入超控后的价格。
　4-1-4 系统显示新价格。
5-1 系统检测到与外部税务计算系统服务的通信故障：
　5-1-1 系统在零售收款机结点上重启该服务，并继续操作。
　　5-1-1-1 系统检测到该服务无法重启。
　　　5-1-1-1-1 系统提示错误。
　　　5-1-1-1-2 收银员手工计算和输入税金。或者取消该销售交易。
5-2 顾客声称他们符合打折条件：
　5-2-1 收银员提出打折请求。
　5-2-2 收银员输入顾客 ID。
　5-2-3 系统按照打折规则显示折扣总计。
5-3 顾客要求兑现账户积分，用于此销售交易：
　5-3-1 收银员提交积分请求。
　5-3-2 收银员输入顾客 ID。
　5-3-3 系统应用积分直到价格为 0，同时扣除结余积分。
6-1 顾客要求现金付款，但所携现金不足：
　6-1-1 顾客要求使用其他方式付款。
　　6-1-1-1 顾客要求取消此次销售交易，收银员在系统上取消销售交易。
7-1 现金支付：
　7-1-1 收银员输入收取现金的现金额。
　7-1-2 系统显示找零金额，并弹出现金抽屉。
　7-1-3 收银员放入收取的现金，并给顾客找零。
　7-1-4 系统记录该现金支付。
7-2 信用卡支付：
　7-2-1 顾客输入信用卡账户信息。
　7-2-2 系统显示其支付信息以备验证。
　7-2-3 收银员确认。
　　7-2-3-1 收银员取消付款步骤。
　　　7-2-3-1-1 系统恢复到"商品输入"模式。

（续）

扩展	7-2-4 系统向外部支付授权服务系统发送支付授权请求，并请求批准该支付。 　　7-2-4-1 系统检测到与外部系统协作时的故障： 　　　　7-2-4-1-1 系统向收银员提示错误。 　　　　7-2-4-1-2 收银员请求顾客更换支付方式。 7-2-5 系统收到批准支付的应答并提示收银员，同时弹出现金抽屉。 　　7-2-5-1 系统收到拒绝支付的应答： 　　　　7-2-5-1-1 系统向收银员提示支付被拒绝。 　　　　7-2-5-1-2 收银员请求顾客更换支付方式。 　　7-2-5-2 应答超时。 　　　　7-2-5-2-1 系统提示收银员应答超时。 　　　　7-2-5-2-2 收银员重试，或者请求顾客更换支付方式。 7-2-6 系统记录信用卡支付信息，其中包括支付批准。 7-2-7 系统显示信用卡支付的签名输入机制。 7-2-8 收银员请求顾客签署信用卡支付。顾客签名。 7-2-9 如果在纸质票据上签名，则收银员将该票据放入现金抽屉并关闭抽屉。 7-3 收银员取消支付步骤： 　　7-3-1 系统回到"商品输入"模式。 7-4 顾客出示优惠券： 　　7-4-1 在处理支付之前，收银员记录每张优惠券，系统扣除相应金额。系统记录已使用的优惠券以备账务处理之用。 　　　　7-4-1-1 输入的优惠券不适用于所购商品： 　　　　　　7-4-1-1-1 系统向收银员提示错误。 9-1 存在产品回扣： 　　9-1-1 系统对每个具有回扣的商品给出回扣表单和票据。 9-2 顾客索要赠品票据（不显示价格）： 　　9-2-1 收银员请求赠品票据，系统给出赠品票据。 9-3 打印票据。 　　9-3-1 如果系统能够检测到错误，给出提示。 　　9-3-2 收银员更换纸张。 　　9-3-3 收银员请求打印其他票据。
特殊需求	1. 适用大尺寸平面显示器触摸屏 UI。文本信息可见距离为 1 米。 2. 90% 的信用卡授权相应时间小于 30 秒。 3. 由于某些原因，我们希望在访问远程服务失败的情况下具有较强的恢复功能。 4. 支持文本显示的语言国际化。
技术和数据变化元素	1. 经理超控需要刷卡（有读卡器读取超控卡）或在键盘上输入授权码。 2. 商品 ID 可用于条码扫描器（如果有条形码）或键盘输入。 3. 商品 ID 可适用于 UPC（通用产品代码）、EAN（欧洲物品编码）等任何编码方式。
发生频率	频繁使用
杂项	1. 研究远程服务的恢复问题。 2. 针对不同业务需要怎样进行定制？ 3. 收银员是否必须在系统注销后带走他们的现金抽屉？
未决问题	1. 远程服务的恢复问题。 2. 针对不同业务需要怎样进行定制。 3. 收银员是否必须在系统注销后带走现金抽屉。 4. 顾客是否可以直接使用读卡器，还是由收银员完成？

10.5.2　开发活动图

　　UML 活动图通过提供特定的场景内交流的图形化表示来补充用例。在某个处理环境中，活动图可以描述存在的并且已经被定义为需求导出任务的一部分活动或功能。活动图使用两端为半圆形的矩形表示一个特定的系统功能，箭头表示通过系统的流，菱形表示判定分支，水平线、分叉点和连接表示并发活动，矩形表示对象，即一个活动对象。

活动图通常既能表示控制流又能表示数据流。UML 活动图能够满足数据流建模，从而代替传统的数据流图表示法。图 10-5 给出了处理销售用例中的 UML 活动图的例子。图 10-5 中的黑色圆点表示起点，黑色圆点外带一个圆代表终点。过程描述如下：顾客携带购物车到收银台，收银员逐个输入商品，系统计算总价，然后请求顾客付款。若以现金支付，则出示票据，并将商品提交给顾客；若以支票或信用卡支付，则请求授权。若同意支付，则完成票据和商品移交活动。

10.5.3 开发泳道图

UML 泳道图是活动图的一种有用的变形，可以让建模人员表示用例所描述的活动图，同时看哪个参与者或分析类对活动矩形所描述的活动负责。泳道用纵向分割图的并列条形部分表示，就像游泳池中的泳道，也称特定分区。UML 泳道图通常对于涉及众多参与者的非常复杂的业务过程建模具有价值。在进行复杂业务过程建模时，可以利用耙子符号和活动图分层描述。图 10-6 是 POS 机处理销售用例中银行卡付款的 UML 泳道图。

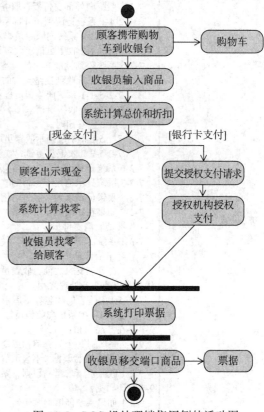

图 10-5　POS 机处理销售用例的活动图

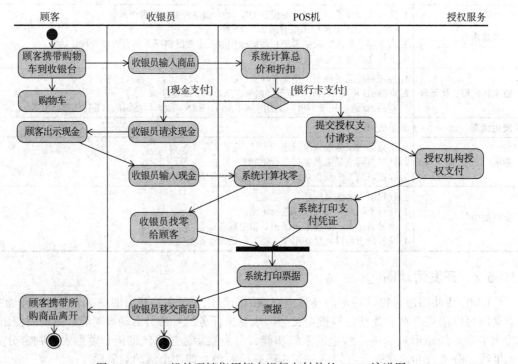

图 10-6　POS 机处理销售用例中银行卡付款的 UML 泳道图

10.6　领域与业务建模

领域建模是抽取一个行业或领域的基本概念或术语，用于理解行业或领域的知识和行为。业务建模能捕获语境中最重要的对象，业务对象代表系统工作环境中存在的事情或发生的事件。业务建模有 3 种典型的形式：

- 业务对象，表示业务中可操作的东西，如订单、账户和合同等。
- 系统需要处理的现实世界中的对象和概念，如导弹、轮船等。
- 将要发生或已经发生的事件，如飞机起飞或午餐休息等。

UML 类图描述了业务模型。业务模型通常是在讨论会上由业务分析人员完成的，并用 UML 把结果文档化。业务建模的目的是理解和描述在业务中最重要的类，由分析人员为该业务选取候选类作为术语表保存起来，便于用户和开发人员使用统一词汇和理解问题。

10.6.1　识别业务类和领域类

业务模型实际上是更为完整的领域模型的一个特例，因此，建立业务模型是建立领域模型的更为有效的替代方法。业务模型是理解一个系统中业务过程的技术。有两种类型的 UML 模型支持业务建模：用例模型和对象模型。用例模型分别从与业务过程和客户对应的业务用例和业务参与者的角度来描述公司的业务过程，并用 UML 用例图、活动图和泳道图，以及文本描述完成。

通过对系统开发的用例或处理叙述进行"语法分析"，可以开始类的识别，带有下划线的每个名词或名称词组可以确定为类，并将这些名词输入一个简单的表中，同义词应被标识出。分析类以如下方式之一表达：

- **外部实体**：使用基于计算机的系统信息。
- **事物**：问题信息域的一部分。
- **发生或事件**：在系统操作环境内发生。
- **角色**：由和系统交互的人员扮演。
- **组织单元**：和某个应用相关。
- **场地**：建立问题的环境和系统的整体功能。
- **结构**：定义了对象的类或与对象相关的类。

根据问题描述和用例描述得到潜在的分析类。分析类侧重于处理功能性需求，很少根据操作及其特征标记来定义或提供接口，而是通过较高的、非形式化层次的职责类定义某行为。分析类总能符合 3 种基本构造型中的一种：边界类、控制类或实体类。

边界类

边界类用于建立系统与其参与者之间交互的模型，经常代表对窗口、窗体、窗幕、通信接口、打印机接口、传感器、终端以及 API 等的抽象。每个边界类至少应该与一个参与者有关，反之亦然。例如，收银员与"处理销售界面"的边界类交互以支持输入商品和处理支付等交互，如图 10-7 所示。

图 10-7 中，收银员通过处理销售用户界面类交互输入商品，产生一个销售类。

实体类

实体类用于对长效持久的信息建模。大多数情况下，实体类是直接从业务对象模型中相应的业务实体类得到的。实体对象不一定是被动的，有时可能具有

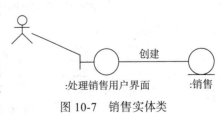

图 10-7　销售实体类

与它所表示的信息有关的复杂行为，能够将变化与它们所表示的信息隔开。实体类经常表示为一种逻辑数据结构，有助于理解系统所依赖的信息。例如，销售实体类就是保存完成的一次销售，如图 10-7 所示。

控制类

控制类代表协调、排序、事务处理以及其他对象的控制，经常用于封装与某个具体用例有关的控制。控制类还可以用来表示复杂的派生与演算，如业务逻辑。系统的动态特性由控制类来建模，因为控制类处理和协调主要的动作和控制流，并将任务委派给其他对象。

控制类类似于设计模型中的控制器类，其目的是 UI 层之上的第一个对象，主要负责接收和处理系统操作消息。通常，对于同一用例场景的所有系统事件可使用同一个控制器类。把职务分配给能代表以下选择之一的类：

- 代表整个"系统""根对象"、运行软件的设备或主要子系统，这些是外观控制器的所有变体。
- 代表用例场景，在该场景中发生系统事件，通常命名为 Usecase-Name+Handler、UsecaseName+Coordinator 或 UsecaseName+Session。

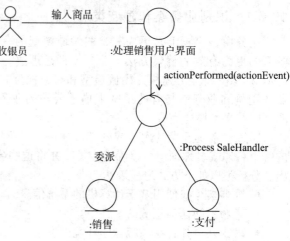

同一用例场景的所有系统事件使用相同的控制器类。

例如，POS 机系统中用若干操作，首先经过控制类将系统请求和输入信息转发给下面的实体类进行处理。在 POS 领域内，ProcessSaleHandler 是运行软件的特定装置，如图 10-8 所示。

图 10-8　POS 机中的控制类

10.6.2　业务类图

类图描述系统的逻辑组成。一个系统逻辑上由一组类组成，这些类在系统运行时实例化出对象，这些对象通过协作完成系统的功能。类图由类、关联关系和重数组成。图 10-9 是 POS 机处理销售的类图。

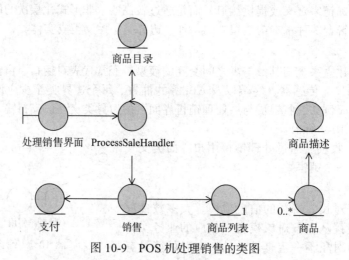

图 10-9　POS 机处理销售的类图

两个分析类以某种方式相互联系，这些联系称作关联。例如，销售类要完成一次销售，必须与商品类、商品列表类、支付类等类相关联。关联可进一步指出多样性，也称为重数。例如，一个销售类与一个商品列表关联，而商品列表类与一组商品类关联。

10.6.3 识别属性和操作

在分析阶段，属性的识别比较不易。属性描述类的性质，可以通过分析该类存在的一些信息类构建。例如，一个销售类一般会有销售的时间、编号、会员号、商品清单、总价等属性。操作定义了某个对象的行为。操作可以分为 4 种类型：

- 以某种方式操纵数据，如添加、删除、选择、更新等。
- 执行计算的操纵，如销售中的计算总价。
- 请求某个对象状态的操作。
- 监视某个对象发生某个控制事件的操作。

操作的构造需要通过交互图和场景描述等手段多次反复分析才能获取。推荐的一个方法是使用 CRC（Class-Responsibility-Collaborator，类 - 职责 - 协作者）技术。

CRC 建模提供识别和组织与产品相关的类。一旦系统的基本使用场景（用例）确定后，则要标识候选类，指明它们的责任和协作，即类 - 责任 - 协作者建模。责任是与类相关的属性和操作，即责任是类知道要做的事情。协作者是为某类提供完成责任所需要的信息的类，即协作类。通常，协作类蕴含着对信息的请求，或对某种动作的请求。CRC 建模方法提供了一种简单标识和组织与系统或产品需求相关的类的手段。CRC 模型是一组表示类标准的索引卡。

CRC 卡是软件开发中的一个非常有用的技术。CRC 卡的内容分成 3 个部分：类的名称、类的责任、协作类。创建 CRC 卡，首先标识出类和它们的责任，然后分析其协作类。一个有用的实现技术是角色扮演技术，即从一个使用实例中取一个典型的脚本，分析类的对象如何交互完成任务，解析出该类的责任和协作类。如果发现有一些任务不属于哪个类负责，意味着设计是有缺陷的，就需要创建一个新类，改变存在类和新类的责任和协作类。POS 机系统中一些用 CRC 卡片表示的例子如表 10-3 ～表 10-6 所示。

表 10-3 销售类 CRC 卡

Class：销售类	
说明：完成一次销售	
职责：	协作类：
创建商品	商品类
计算总价	商品列表类
创建支付	支付类
计算找零	无

表 10-4 商品类 CRC 卡

Class：商品类	
说明：所购买得商品	
职责：	协作者：
实例化	无

表 10-5　商品列表 CRC 卡

Class：商品类表类	
说明：存放所购商品项	
职责：	协作者：
计算小计	商品描述类
添加商品	商品类
删除商品	商品类

表 10-6　商品描述类 CRC 卡

Class：商品描述类	
说明：描述商品信息	
职责：	协作者：
获取描述	无
获取价格	无

10.6.4　开发协作图

用例实现分析是分析模型内部的一种协作，主要描述如何根据分析类及其交互的分析对象来实现和执行一个具体的用例。用例实现包括事件流的文本描述、反映参与者用例实现的分析类图以及按照分析对象的交互作用描述特定流实现或用例脚本的交互图。交互图包括顺序图和协作图。顺序图侧重描述消息序列的时序关系，而协作图侧重于描述消息的组成关系。

用例实现侧重于功能性需求。当参与者向系统发送某种形式的消息而激活用例时，开始执行该用例中的动作序列。边界类对象将接收来自参与者的消息。然后边界对象向其他对象发送一个消息，并使有关对象与之交互从而实现该用例。在分析阶段，通常使用协作图类描述用例的实现。因为我们主要关注的是确定需求和对象的职责，而不是确定详细的时序关系。

协作图又称为通信图，以图或网络格式描述对象交互，其中对象可以置于图中任何位置。在使用协作图时，通过在对象之间建立链接并在其上附加信息来表明对象间的交互，消息名称反映了在与被引用对象交互时引用对象的意图。不同的对象有不同的生存周期：一个边界对象无须专用于一个用例实现，一个实体对象通常并不专用于一个用例实现，控制对象通常对与具体用例有关的控制进行封装。除协作图之外，需要补充一些解释性的文本对协作图进行描述，称为事件 – 分析流。

图 10-10 给出 POS 机处理销售的协作图。处理销售协作流的事件 – 分析流和描述如下：收银员通过处理销售商品界面，发起一次销售，控制类创建一个销售类，收银员逐个输入商品，销售类创建商品，并放入销售列表中。控制类要求计算商品总价，收银员请求顾客付款，控制类委派销售类创建一个支付。

10.6.5　开发包图

分析包描述了一种可以对分析模型的制品进行组织的方式，它可以包括分析类、用例实现及其他分析。分析包应具有强内聚性与低耦合性，可以表示对分析内容的分割。对于大型系统，将系统分解成分析包便于具有不同领域知识的开发人员并行开发。分析包基于功能性需求与问题领域来创建，并能被具有该领域知识的人所理解。分析包可能成为设计模型中的子系统，或者子系统中的分布。分析包可以用包图表示。包图是基本静态图的组合，属于静态图。

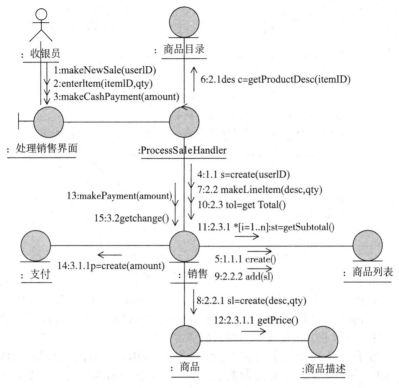

图 10-10　POS 机处理销售的协作图

UML 包图通常用于描述系统的逻辑架构——层、子系统、包等。层可以建模为 UML 包、例如，UI（User Interface，用户界面）层可以建模为名为 UI 层的包。UML 包图分层组织元素的方式也可以嵌套。UML 包是比 Java 包或 .NET 命名空间更为通用的概念，可以表示更为广泛的事物。UML 包用一大一小两个矩形组合而成。如果内部显示了其成员，则包名称标在上面的小矩形内，否则可以标在包内。UML 包代表命名空间，假如 Date 定义在两个包中，可以用全限定的名称来区分它们。例如，Java：：Util：：Date 表示 Java 的包嵌套名为 Util 的包，后者包含 Date 类。图 10-11 给出一个 POS 机的部分 UML 包图。

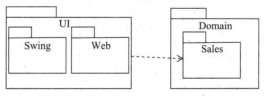

图 10-11　POS 机的部分 UML 包图

10.6.6　逻辑架构

逻辑架构是类的宏观组织结构，它将类组织为包、子系统和层等。层是对类、包或子系统粗粒度的分组，具有对系统主要方面加以内聚的职责。图 10-12 给出了 UML 包图所表示的层。

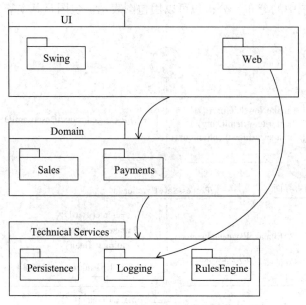

图 10-12　UML 包图表示的层

图 10-12 中有 3 个层：UI 层、Domain 层和 Technical Services 层。UI 层主要处理与用户交互的类。Domain 层包含处理业务的主要类和包。Technical Services 层主要处理一些低层的服务，如持久性服务、定价规则和登录服务等。

MVC 模式常用于人机交互软件的开发，其优点是用户界面改变容易。MVC 模式采用将模型（model）、视图（view）和控制器（controller）相分离的思想。模型是系统的业务处理逻辑和核心数据，关注系统内部业务处理，独立于特定的输出标识和输入行为。视图用来向用户显示信息，它获得模型的数据或结构，决定模型以什么样的方式显示给用户。同一个模型可以对应于多个视图，这样对于视图而言，模型是可重用的代码。当模型的状态发生改变时，可以通知对应的视图进行更新。控制器起到模型与视图的连接作用，其将视图的请求或数据传送给模型进行处理，并接收模型的状态改变，引发视图进行更新。控制器的存在，使得视图和模型不需要直接进行交互，减少它们直接的耦合，便于系统的设计与开发。同时，模型和视图的分离，允许视图可以任意改变，以适应不同的运行环境。图 10-13 给出了MVC 模式的组成结构和应用方式。

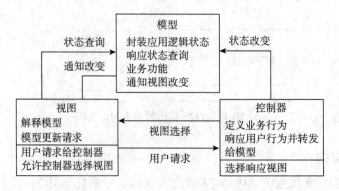

图 10-13　MVC 模式的组成结构与应用方式

Struct 是基于 MVC 模式的 Web 应用框架，它可以使人们不必从头开始开发全部组件，对大项目更有利。Struct 是 Apache Software Foundation（ASF）支持 Jakarta 项目的一部分。Struct 基于标准的 Java Bean、Servlets 和 JSP 技术，在开发过程中可使用这些标准组件，提高程序开发的方便性和易维护性。由于 Struct 解决了 Web 应用程序框架问题，程序员可以关注那些和应用特定功能相关的方面。Struct 控制层是一个可编程的组件，程序员可以通过它们来定义自己的应用程序如何与用户交互，这些组件可以通过逻辑名称隐藏细节，使用配置文件 struct-config.xml 可以灵活地组装这些组件，简化开发工作。

10.7　系统行为建模

行为模型显示了软件如何对外部事件或激励做出响应。要生成行为模型，分析师必须按如下步骤进行：

（1）评估所有的用例，以理解系统内的交互序列。

（2）识别驱动交互序列的事件，并理解这些事件如何和具体的类相互关联。

（3）为每个用例生产序列。

（4）创建系统状态图。

（5）评估行为模型以验证准确性和一致性。

10.7.1　系统顺序图

系统顺序图（System Sequence Diagram，SSD）是为了阐述与讨论系统相关的输入和输出事件而快速、简单地创建的制品。它们是操作契约和重要对象设计的输入。用例文本及其所示的系统事件是创建 SSD 的输入。系统顺序图也是一种顺序图，其侧重于将系统看做整体来刻画系统的输入和输出。SSD 展示了直接与系统交互的外部参与者、系统以及由参与者发起的系统事件。SSD 可以用 UML 的顺序图表示，用以阐述外部参与者对系统发起的事件。

系统事件就是将系统看作黑盒，参与者为完成功能而向系统发出的事件。在用例交互中，参与者对系统发起系统事件，通常需要某些系统操作对这些事件加以处理。例如，当收银员输入商品 ID 时，收银员请求 POS 机系统记录对该商品的销售，即 enterItem 事件，该事件引发了系统之上的操作。用例文本暗示了 enterItem 事件，而 SSD 将其变得具体和明确。

基本上，软件系统要对以下 3 种事件进行响应：来自参与者（人或计算机）的外部事件、时间事件、错误或异常（通常源于外部）。

在对软件进行详细设计之前，最好将其行为作为"黑盒"来调查和定义。系统行为描述系统做什么，而无须解释如何做。例如，处理销售用例场景，其中给出了收银员发出的 makeNwSale、enterItem、makePayment 系统事件。这些事件是通过阅读用例文本而总结出来的。图 10-14 给出了处理销售用例场景的系统事件顺序图。

SSD 是从处理销售用例文本描述中产生的。图 10-14 中，makeNewSale 为创建一次新的销

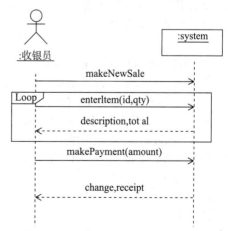

图 10-14　处理销售用例场景的系统事件顺序图

售操作，enterItem（id，qty）为输入商品操作，makePayment 为支付操作。虚线为返回结果，如每次输入商品都返回商品描述和总价，最后要返回找零和打印票据。

SSD 是用例模型的一部分，将场景隐含的交互可视化。大部分 SSD 在细化阶段创造有利于识别系统事件的细节和编写系统操作契约，也有利于对估算的支持。

10.7.2 建立操作契约

操作契约使用前置条件和后置条件的形式，详细而精确地描述领域模型中的对象变化，并作为系统操作的结果。操作契约的主要输入是 SSD 中确定的系统操作、领域模型和领域专家的见解。

操作契约有 4 个部分：操作、交叉引用、前置条件和后置条件。操作是指操作的名称和参数。交叉引用是指会发生此操作的用例。前置条件是指执行操作之前对系统领域模型对象状态的假设。后置条件是指完成操作后领域模型对象的状态。

后置条件（post condition）描述了领域模型内对象状态的变化。领域模型状态变化包括创建用例、形成或消除关联以及改变属性。后置条件不是在操作过程中执行的活动，相反，它们是对领域模型对象的观察结果。

后置条件可以分为以下 3 种模型：创建或删除实例、属性值的变化和形成或消除关联。

操作契约是需求分析的重要工具，能够详细地描述系统操作所需的变化，而无须描述这些操作是如何完成的。

下面给出处理销售用例中的系统操作。

（1）makeNewSale( ) 操作

操作名称：makeNewSale( )。

交叉引用：处理销售。

前置条件：无。

后置条件：

① 创建了 Sale 的实例 S（创建实例）

② S 被关联到 ProcessSaleHandler（形成关联）

③ S 的属性被初始化（修改属性）

（2）enterItem( ) 操作

操作名称：enterItem（id，quantity）。

交叉引用：处理销售用例。

前置条件：正在进行的销售。

后置条件：

① 创建了 SaleLineItem 的实例（创建关联）。

② SaleLineItem 与当前 Sale 关联（形成关联）。

③ SaleLineItem.quantity 赋值为 quantity（修改属性）。

④ 基于 id 匹配，将 SaleLineItem 关联到 ProductDescription（形成关联）。

（3）makePayment( ) 操作。

操作名称：makePayment（amount）。

交叉引用：处理销售。

前置条件：正在进行的销售。

后置条件：

① 创建了 Payment 的实例 p（创建实例）。

② p.amountTendered 被赋值为 amount（修改属性）。

③ p 被关联到当前的 Sale（形成关联）。

④ 当前的 Sale 被关联到 Store（形成关联）。

10.7.3　建立顺序图

表现系统行为方式的一种方式是 UML 的顺序图和协作图，它们统称为交互图。顺序图说明事件如何引发从一个对象到另一个对象的转移。一旦通过用例确认事件，就可以创建一个顺序图。事实上，顺序图表现了导致行为从一个类流动到另一个类的关键类和事件。

顺序图和协作图的作用相同，但顺序图强调事件的时间关系。顺序图以一种栅栏的形式描述对象的交互，其中在右侧添加新创建对象。顺序图的主要元素如下：

- 对象：参与交互的类的实例，对象之间可以发送事件和接收事件。在分析模型中可以用类的类型表示对象。
- 参与者：描述本次交互的发起者，即用例的驱动者，用小人形状表示。
- 生命线：表示一个类的实例，用虚线表示。
- 消息：表示对象间的每个事件，用带箭头的实线表示。生命线自由向下表示时间顺序。
- 执行规格条：表示控制焦点的控制期，也称为激活条。
- 消息标签：指明消息的名称。消息可以有两种方式返回结果，一种是使用消息语法 return var=message（parameter）；另一种是在执行规格条末端使用应答消息线（带箭头虚线），常用于表示构造函数消息和析构函数消息。

图 10-15 给出了 POS 机系统中处理支付用例的顺序图。

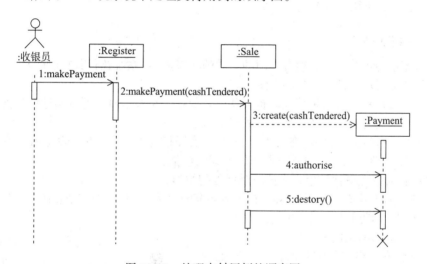

图 10-15　处理支付用例的顺序图

在图 10-15 中，创建实例 create 的消息可以用虚线表示，且与实例对象相连，表示 Payment 是由 Sale 实时创建的，而不是一开始就创建。当 Payment 对象完成支付后不再需要时要及时销毁，以释放内存。

由于 Java 提供垃圾自动回收机制，可以不用这些消息，但对 C++ 等没有自动垃圾回收机制，就要显式地表示对象销毁。对象销毁可用消息箭头的末端画一个"×"来表示。

对于顺序图中有条件和循环的构造，UML 使用图框来描述区域或线段，并在图框中添加操作符或标签和条件子句。图 10-16 给出了 POS 机系统中处理销售中的顺序图。

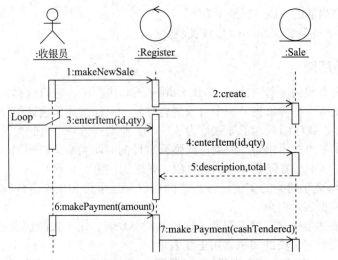

图 10-16　处理销售中的顺序图

图 10-16 中，矩形方框代表 UML 图框。图框操作符有下列几种：

- alt：选择性片断。
- loop：条件为真的循环片段。
- opt：可选片段。
- par：并行执行片段。
- region：只能执行一个线段的临界片段。

10.7.4　系统状态图

在行为建模的场合下，必须考虑两种不同的状态描述：系统执行其功能时每个类的状态；系统执行其功能时从外部观察到的系统状态。

类状态有被动和主动两种特征。被动状态较简单，是某个对象所有属性的当前状态；主动状态表示对象进行持续变换和处理时的当前状态。

UML 状态图描述系统的动态行为。UML 状态图描述了某个对象的状态和感兴趣的事件以及对象响应该事件的行为。UML 状态图的元素包括：

- 状态：对象在事件发生之间某时刻所处的情形，用圆角矩形表示。
- 转移：两个状态之间的关系，它表明当某事件发生时，对象从先前状态转换到后来的状态，用带有标记事件的箭头表示。
- 事件：某个事情的发生。
- 初始状态：当实例创建时，对象所处的状态。

图 10-17 给出了 POS 机处理销售的状态图。

10.8　POS 机系统案例分析

POS 机系统的主要业务功能是完成销售功能和支付功能，同时能够处理退货。POS 机的使用者主要有收银员和经理。收银员使用 POS

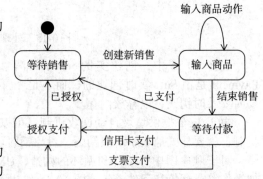

图 10-17　处理销售的状态图

机完成销售功能和支付功能，而经理则可以处理退货和一些超控操作，如改动价格、重启恢复销售等。

用例图

根据问题描述，POS 机系统的用例图如图 10-18 所示。

类图

POS 机系统的初始类图如图 10-19 所示。

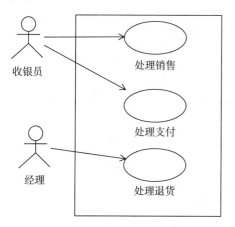

图 10-18　POS 机系统的用例图

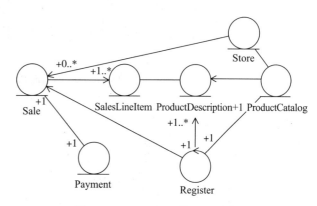

图 10-19　POS 机系统的初始类图

由于 POS 机系统的功能相对少，因此只由一个 Register 控制器代替每个用例处理器。图中核心类有 Sale 类、Payment 类和 SalesLineItem 类。Sale 类记录一次销售信息，Payment 类记录本次销售的付款信息，SalesLineItem 类是本次销售所包含的商品。

顺序图

下面分别绘制各个系统操作的顺序图。

（1）创建一次新的销售

创建一次新的销售的顺序图如图 10-20 所示。

图 10-20 中，Register 负责创建 Sale 对象，并与之关联。Sale 对象主要创建一个空集合（如 List 表）来记录所有将要添加的 SaleLineItem 实例。

（2）添加商品项

添加商品项的顺序图如图 10-21 所示。

图 10-21 中，收银员输入或扫描商品及其数量，Register 对象获取商品描述，并请求 Sale 对象创建该商品实例，并放入本次销售记录中。

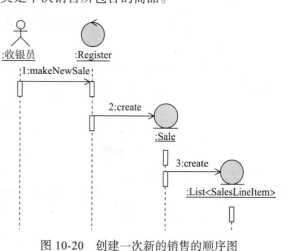

图 10-20　创建一次新的销售的顺序图

（3）计算总价

计算总价顺序图如图 10-22 所示，Register 对象请求 Sale 对象计算当前所购商品的总价。Sale 对象向本次销售中包含的每个商品发出请求计算小计，并累加计算。Register 对象将总价显示给收银员。

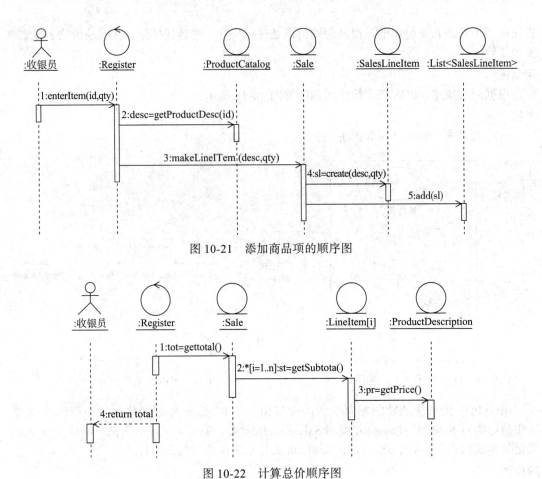

图 10-21　添加商品项的顺序图

图 10-22　计算总价顺序图

（4）处理支付

　　处理支付顺序图如图 10-23 所示，收银员输入付款额，请求系统处理支付。Register 对象请求 Sale 对象创建支付实例。

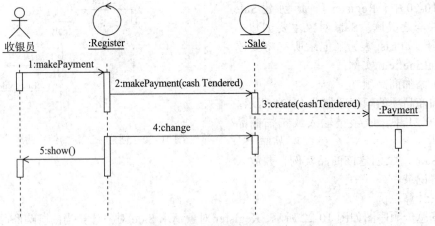

图 10-23　处理支付顺序图

10.9　分布式结对编程系统分析

下面以分布式结对编程系统为例介绍面向对象的分析方法与过程。

10.9.1　项目概述

分布式结对编程的项目概述如下。

1. 项目概述

1.1　项目背景

通过网络实现结对编程是一个不错的选择。本项目编写的软件正是利用网络在异地的多台计算机来实现分布式结对编程的。一方用计算机编写程序的同时，另一方可以在异地参与编程，以实现分布式结对编程。为了支持异地结对编程与结对学习，南京师范大学结对编程与学习实验室委托南京师范大学计算机学院开发一套支持分布式结对编程与结对学习系统，以方便学生和教师随时随地进行结对工作和学习。

在结对编程环境中，基础设施缺乏、地理位置分离和时间安排冲突这些障碍经常给结对编程带来困难。分布协同结对编程让学生或者程序员在不同的地方进行合作编程成为了可能。软件行业的一个大趋势是软件的全球化，这个趋势背后的驱动因素包括软件公司雇佣不同城市或国家的高水平程序员，为客户就近成立研究小组，创造快速虚拟发展小组，持续做一些关键性的项目，即使他们不在一个时区也没影响。

研制分布式结对编程系统软件是为了满足需要用分布式结对编程系统进行工作、学习的个人、小组或公司企业的需求，以现代化的创新思维模式去工作，提高编程的效率及正确率。

1.2　项目描述

分布式结对编程是指两个程序员在不同地点，通过协同编辑器、共享桌面或远程结对编程的 IDE 插件进行的结对编程。分布式结对编程引入了一些在面对面结对编程中不存在的困难，例如协作的额外时延，更多地依赖"重量级"的任务跟踪工具，而不是"轻量级"的索引卡片，以及没有口头交流导致的在类似谁"控制键盘"问题上的混乱和冲突。

分布式结对编程系统允许两个不在同一个地方的程序员通过网络进行实时协同编程与学习，支持结对者通过文本、白板、语音和视频等媒介进行实时交流。其中一个结对者充当驾驭者的角色，负责代码的编写；另一个充当导航员的角色，负责代码监看和整体设计问题等。过一段时间，他们可以交换角色。

1.3　术语

分布式结对编程：两个程序员在不同地点，通过协同编辑器、共享桌面或远程结对编程的 IDE 插件进行的结对编程。

文本交流：两个在不同地点的程序员通过网络进行文本交流。

语音交流：两个在不同地点的程序员通过网络进行语音交流。

视频交流：两个在不同地点的程序员通过网络进行视频交流。

白板交流：两个在不同地点的程序员通过网络进行白板交流。

协同编辑：两个在不同地点的程序员通过编辑器进行代码编写。当一个程序员写入一行代码时，另一个在外地的程序员会立即看到这行代码。

共享桌面：两个在不同地点的程序员通过网络共享他们的计算机屏幕内容。

IDE 插件：开发一些嵌入编辑器的插件，以支持编辑器共享信息或代码。

角色：程序员在结对编程中所充当的角色。驾驭者角色允许程序员编写代码，导航员角色允许程序员查看代码，观察者学习如何编程。

10.9.2　功能描述

分布式结对编程的功能描述如下。

2. 功能描述

2.1　系统组成

分布式结对编程系统包含以下子系统：

- 用户管理子系统：用户管理子系统支持用户的注册、注销、登录等功能。
- 会话管理子系统：会话管理子系统负责结对的发起和结束功能，以及加入结对会话。
- 协同编辑子系统：协同编辑子系统支持用户编写代码，并将代码传送到结对的另一方和实时显示。编辑器还能够控制角色的行为，每一个时刻只允许驾驭者编写代码，另一方只能查看代码。
- 角色交换子系统：角色交换子系统支持结对者双方定期交换角色，同时当结对双方长时间没有交换角色时，系统会强制交换角色。
- 沟通交流子系统：沟通交流子系统支持结对者通过文本、语音、图形、视频进行沟通交流。

2.2　功能划分

2.2.1　用户管理子系统

1. 外部用户

- 用户：系统的合法用户。

2. 功能

- 注册：注册成为系统用户；
- 注销：删除用户；
- 更改：修改用户信息；
- 登录：登录系统。

3. 用例模型视图

用户管理子系统的用例模型视图如图 E-1 所示。

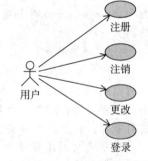

图 E-1　用户管理子系统的用例模型视图

4. 活动图或泳道图

下面只给出注册和登录的活动图，其他请读者自己完成。

注册功能的活动图如图 E-2 所示。

图 E-2　注册功能的活动图

登录功能的活动图如图 E-3 所示。

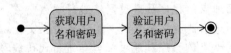

图 E-3　登录功能的活动图

5. 场景描述

这里给出登录功能的场景描述，其他功能请读者自行给出。

用例名称：登录。

范围：用户管理子系统。

级别：重要。

主要参与者：用户（关注身份的合法性）。

涉众及其关注点：无。

前置条件：合法用户。

成功保证：进入系统。

主成功场景：

（1）启动系统，出现登录界面。

（2）输入用户名和密码，提交。

（3）系统验证。

（4）成功进入系统。

扩展：

（2a）输入用户名或密码错误，单击重填；

（3a）密码或用户名错误，返回2）重新输入；

（3b）多次错误，系统强行退出。

特殊需求：无。

技术和数据变元素：用户数据既可以采用文件来存储，也可采用数据库来管理。

发生频率：经常。

2.2.2　会话管理子系统

1. 外部用户

驾驭者：编写代码的结对者。

导航员：查看代码的结对者。

观察者：学习编程的人员。

2. 功能

发起结对会话：以驾驭者或导航员角色发起一个结对会话。

加入结对会话：以驾驭者、导航员或观察者的角色加入一个结对会话。

结束结对会话：结束一个结对会话。

3. 用例模型视图

会话管理子系统的用例模型视图如图 E-4 所示。

4. 活动图或泳道图

这里仅给出发起结对会话功能的活动图，如图 E-5 所示。

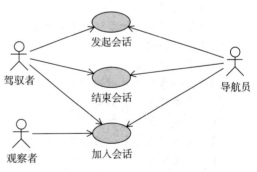

图 E-4　会话管理子系统的用例模型视图

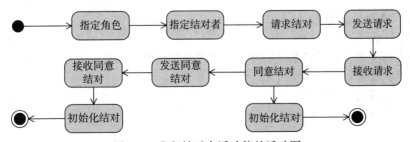

图 E-5　发起结对会话功能的活动图

图 E-6 是发起结对会话功能的泳道图。

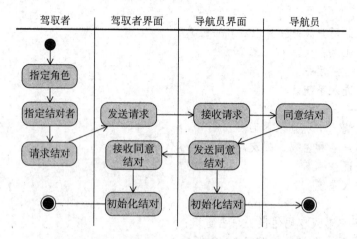

图 E-6 发起结对会话功能的泳道图

5. 场景描述

这里给出发起结对会话功能的场景描述，加入会话功能和结束会话功能请读者自行给出。

用例名称：发起结对会话。

范围：会话管理子系统。

级别：重要。

主要参与者：驾驭者、导航员。

涉众及其关注点：驾驭者关注如何建立结对会话；导航员关注建立结对会话。

前置条件：合法用户。

成功保证：成功结对。

主成功场景：

（1）指定角色（如以驾驭者身份）和结对者。

（2）请求结对。

（3）发送结对请求。

（4）另一方接收结对请求。

（5）查看请求，并同意请求。

（6）本地初始化结对。

（7）发送同意结对给请求方。

（8）接收同意结对。

（9）初始化结对。

扩展：

（5a）不同意结对，撤销。

特殊需求：无。

技术和数据变元素：用户数据既可以采用文件来存储，也可采用数据库来管理。

发生频率：经常。

2.2.3 协同编辑子系统

1. 外部用户

- 驾驶者：编写代码的结对者。
- 导航员：查看代码的结对者。
- 观察者：学习编程的人员。

2. 功能
- 输入代码：驾驶者输入一行代码；
- 修改代码：驾驶者修改一行代码；
- 删除代码：驾驶者删除一行代码。

3. 用例模型视图

协同编辑子系统的用例模型视图如图 E-7 所示。

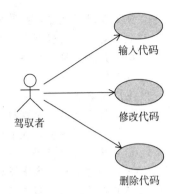

图 E-7 协同编辑子系统的用例模型视图

4. 活动图或泳道图

这里仅给出输入代码功能的活动图，如图 E-8 所示。修改代码和删除代码的功能请读者自行给出。

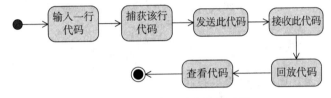

图 E-8 输入代码功能的活动图

输入代码功能对应的泳道图如图 E-9 所示。

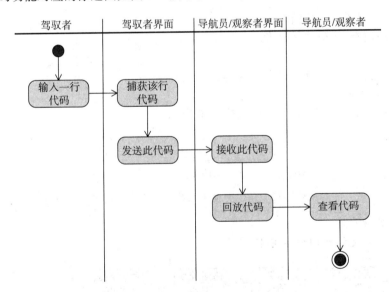

图 E-9 输入代码功能的泳道图

5. 场景描述

这里给出输入代码功能的场景描述，修改代码功能和删除代码功能请读者自行给出。

用例名称：输入代码。

范围：协同编辑子系统。

级别：重要。

主要参与者：驾驶者、导航员、观察者。

涉众及其关注点：驾驭者关注代码发送给结对用户；导航员能够看到驾驭者输入的代码；观察者看到驾驭者的代码。

前置条件：输入代码。

成功保证：看到输入的代码。

主成功场景：

（1）驾驭者通过键盘输入一行代码，并按 Enter 键。

（2）系统捕获新输入的代码。

（3）发送该行代码。

（4）导航员和观察者（如果有的话）接收该行代码。

（5）导航员或观察者回放该行代码到系统界面上。

（6）导航员或观察者查看该行代码。

扩展：

（1a）驾驭者输入一行未按 Enter 键，系统应认为是一行代码；

（2a）驾驭者加入一个空行，系统发出空行请求；

（5a）对于空行也要回放。

特殊需求：无。

技术和数据变元素：代码文件需要存储。

发生频率：经常。

2.2.4　角色交换子系统

1. 外部用户

- 驾驭者：编写代码的结对者。
- 导航员：查看代码的结对者。

2. 功能

- 交换角色：驾驭者与导航员互换角色。

3. 用例模型视图

角色交换子系统的用例模型视图如图 E-10 所示。

图 E-10　角色交换子系统的用例模型视图

4. 活动图或泳道图

交换角色功能的活动图如图 E-11 所示。

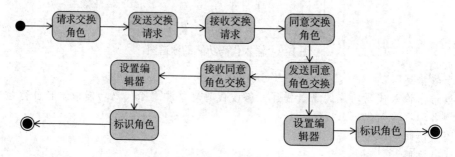

图 E-11　交换角色功能的活动图

交换角色功能的活动图对应的泳道图如图 E-12 所示。

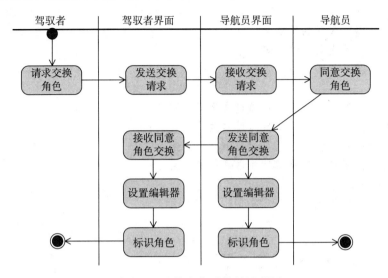

图 E-12 交换角色功能的泳道图

5. 场景描述

交换角色功能的场景描述如下：

用例名称：交换角色。

范围：角色交换子系统。

级别：重要。

主要参与者：驾驭者、导航员。

涉众及其关注点：驾驭者关注交互能够互换；导航员关注角色互换。

前置条件：正在结对。

成功保证：角色互换。

主成功场景：

（1）驾驭者或导航员请求角色交换。

（2）请求方发送交换请求。

（3）接对方接收交换请求。

（4）接收方同意交换角色。

（5）接收方发送同意交换请求。

（6）发送方设置编辑器属性。

（7）发送方标识角色。

（8）接收方设置编辑器属性。

（9）接收方标识角色。

扩展：

（4a）接收方不同意交换角色。

（5a）发送方接收不同意交换角色。

（6～9a）不执行。

特殊需求：无。

技术和数据变元素：无。

发生频率：经常。

2.2.5　沟通交流子系统

1. 外部用户

- 驾驭者：编写代码的结对者。
- 导航员：查看代码的结对者。
- 观察者：学习代码编写。

2. 功能

- 文本交流：驾驭者与导航员通过文本进行交流；
- 白板交流：驾驭者与导航员通过白板进行交流；
- 语音交流：驾驭者与导航员通过语音进行交流；
- 视频交流：驾驭者与导航员通过视频进行交流；

3. 用例模型视图

沟通交流子系统的用例模型视图如图 E-13 所示。

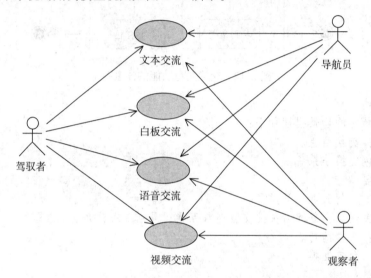

图 E-13　沟通交流子系统的用例模型视图

4. 活动图或泳道图

这里只介绍文本交流和语音交流功能的活动图，其他功能请读者仿照示例给出。
文本交流功能的活动图如图 E-14 所示。

图 E-14　文本交流功能的活动图

语音交流功能的活动图如图 E-15 所示。

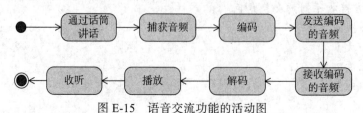

图 E-15　语音交流功能的活动图

5. 场景描述

文本交流功能的场景描述如下：

用例名称：文本交流。

范围：沟通交流子系统。

级别：中等重要。

主要参与者：驾驭者、导航员、观察者。

涉众及其关注点：驾驭者关注基于文本的沟通与讨论；导航员关注通过文本交流；观察者关注通过文本讨论。

前置条件：正在结对。

成功保证：文本传送。

主成功场景：

（1）驾驭者或导航员或观察者输入文本；

（2）请求方发送文本；

（3）接对方接收该文本；

（4）接收方显示文本；

（5）接收方查看文本。

扩展：无。

特殊需求：无

技术和数据变元素：无。

发生频率：经常。

语音交流功能的场景描述如下：

用例名称：语音交流。

范围：沟通交流子系统。

级别：中等重要。

主要参与者：驾驭者、导航员、观察者。

涉众及其关注点：驾驭者关注基于语音的沟通与讨论；导航员关注通过语音交流；观察者关注通过语音讨论。

前置条件：正在结对。

成功保证：语音传送与播放。

主成功场景：

（1）驾驭者或导航员或观察者通过话筒讲话。

（2）本地捕获语音。

（3）本地对语音进行编码。

（4）请求方发送编码的语音数据。

（5）接对方接收该语音。

（6）接收方对该语音数据进行解码。

（7）本地播放语音。

（8）接收方听取声音。

扩展：无。

特殊需求：无

技术和数据变元素：无。

发生频率：经常。

10.9.3　逻辑分析与建模

分布式结对编程的逻辑分析与建模如下。

3. 逻辑分析与建模

本部分主要描述系统的逻辑组成，包括系统需要哪些类和交互。由于分析阶段是站在业务与领域角度进行分析与建模的，因此我们需要建立系统的领域类模型、交互模型等。类模型描述系统的静态逻辑组成，即系统的某个功能有哪些类，它们之间的关系是什么样的。交互模型描述这些类的实例对象是如何交互完成该功能的。这里主要绘制协作模型。

3.1　用户管理子系统建模

1. 业务类和领域类

根据用户管理子系统的功能描述和场景分析，我们可以识别出主要的类如下：

实体类：结对用户、登录、注册、更新和注销。

控制类：用户管理。

界面类：用户管理界面和登录界面。

2. 类模型

登录功能的类模型如图 E-16 所示。

图 E-16　登录功能的类模型

用户管理的类模型如图 E-17 所示。

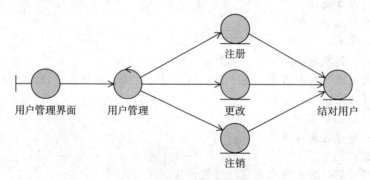

图 E-17　用户管理的类模型

3. 协作模型

登录功能的协作模型如图 E-18 所示。

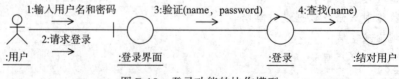

图 E-18　登录功能的协作模型

用户管理的功能有注册、更改和注销，这里给出注册功能的协作模型，如图 E-19 所示。

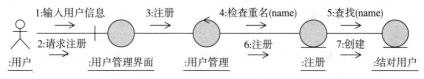

图 E-19 用户管理的协作模型

3.2 会话管理子系统建模

1. 业务类和领域类

根据会话管理子系统的功能描述和场景分析，我们可以识别出主要的类如下：

实体类：会话、发起结对、结束结对和加入结对。

控制类：发起结对、加入结对、结束结对。

界面类：会话管理界面。

2. 类模型

会话管理子系统的类模型如图 E-20 所示。

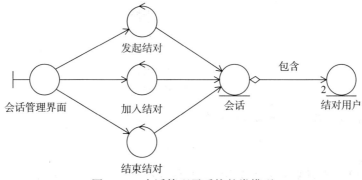

图 E-20 会话管理子系统的类模型

3. 协作模型

这里给出发起结对和加入结对功能的协作模型。发起结对功能的协作模型如图 E-21 所示。

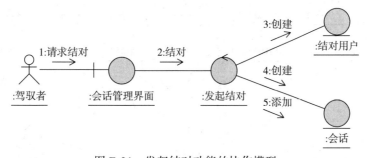

图 E-21 发起结对功能的协作模型

加入结对会话功能的协作模型如图 E-22 所示。

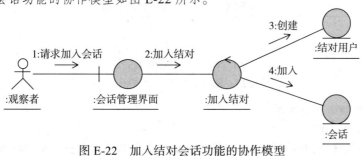

图 E-22 加入结对会话功能的协作模型

3.3 协同编辑子系统建模

1. 业务类和领域类

根据协同编辑子系统的功能描述和场景分析，我们可以识别出主要的类如下：

实体类：编辑器、接收、传送。

控制类：协同编辑。

界面类：协同编辑界面。

2. 类模型

协同编辑子系统的类模型如图 E-23 所示。

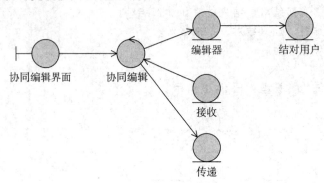

图 E-23   协同编辑子系统的类模型

图 E-23 中接收类指向协同编辑控制类，是因为接收类是一个主动类，负责接收来自另一方的消息。

3. 协作模型

这里给出输入代码功能的协作模型，其他修改和删除代码读者可以自己完成。输入代码功能的协作模型如图 E-24 所示。注意，这里我们假定是在已有的编辑器上实现的，代码的捕获和执行由编辑器自动完成。编辑器可以内嵌在协同编辑界面上。

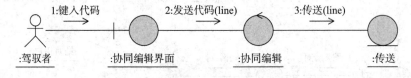

a) 驾驭者发送代码

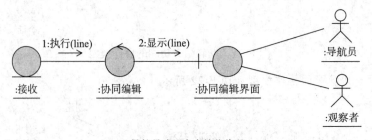

b) 导航员或观察者接收代码

图 E-24   输入代码功能的协作模型

3.4 角色交换子系统建模

1. 业务类和领域类

根据角色交换子系统的功能描述和场景分析，我们可以识别出主要的类如下：

实体类：编辑器、传输、接收、结对用户。

控制类：交换角色。

界面类：协同编辑界面。

2. 类模型

角色交换子系统的类模型如图 E-25 所示。

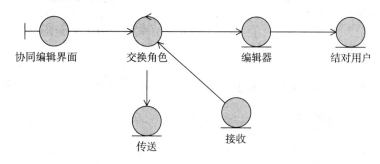

图 E-25　角色交换子系统的类模型

3. 协作模型

交换角色功能的协作模型如图 E-26 所示。

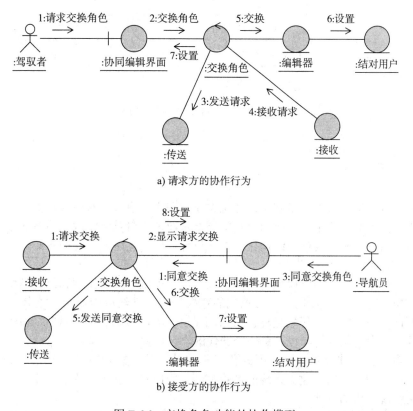

a) 请求方的协作行为

b) 接受方的协作行为

图 E-26　交换角色功能的协作模型

3.5　沟通交流子系统建模

该子系统包括文本交流、白板交流、语音交流和视频交流 4 方面的功能。这里仅讨论文本交流功能的分析建模，其他功能请读者思考。

1. 业务类和领域类

根据文本交流的功能描述和场景分析，我们可以识别出主要的类如下：

实体类：传送、接收。

控制类：文本交流管理。

界面类：文本交流界面。

2. 类模型

文本交流功能的类模型如图 E-27 所示。

3. 协作模型

文本交流功能的协作模型如图 E-28 所示。

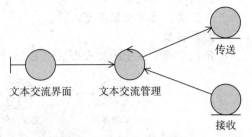

图 E-27 文本交流功能的类模型

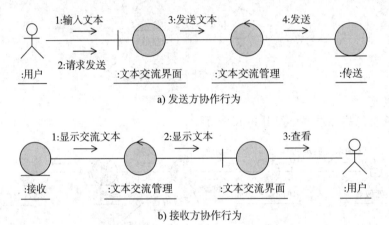

a) 发送方协作行为

b) 接收方协作行为

图 E-28 文本交流功能的协作模型

10.10 小结

面向对象方法学以对象为基础构建系统类模型和交互模型。对象封装了数据和行为，暴露出的行为供其他对象调用。系统的交互实质上是通过一组对象实例的动态交互来完成系统的功能。面向对象分析与设计与结构化分析与设计一样，也是建立各种各样的系统模型，从不同的侧面描述系统的特性。

面向对象模型提供了用例模型、逻辑模型、交互模型、实现模型和部署模型。这些模型可以通过 UML 表示。UML 是一种可视化的建模语言，已经成为面向对象分析与设计建模的标准。面向对象分析与设计的过程包括用例建模、领域建模、交互建模、精化分析和逻辑架构构建等。面向对象分析与设计是一个迭代的增量过程。

面向对象分析与建模是一种半形式化建模技术，以对象为基础站在使用者的角度分析系统的功能与行为，并以此建立系统的逻辑模型。面向对象以用例驱动，建立系统的用例模型，并成为系统分析的基础。

用例建模根据外部使用者从使用系统或业务分析出发，抽取出系统的业务需求和领域要求，并精化为系统的需求。用例模型包括用例视图模型、用例场景和用例活动图或泳道图3 个部分。用例视图模型总体上描述系统的主要功能需求，用例场景描述每个用例的交互过程，并以活动图或泳道图的形式展示给用户，便于与用户的交流。

　　面向对象分析与建模的另一个建模方法是领域模型分析，即建立系统初步的逻辑模型，用以分析与检验系统的行为与业务要求的差距。逻辑建模分析包括领域分析、构建类模型和协作模型 3 个部分。领域分析依据用例场景描述识别出系统的主要概念类和领域类，根据这些类构建系统的类模型。领域分析主要采用名词标识技术和 CRC 技术识别出系统有哪些类。类模型描述系统的逻辑组成，涉及类的名称和类之间的关系，以及重数。协作模型主要描述类的实例对象之间的交互行为，通过交互来完成系统的功能。

　　包图是构建系统逻辑架构的工具。逻辑架构是对系统逻辑层次进行划分，建立系统的层次调用模型。逻辑架构从总体上建立系统的组成结构和调用的层次关系，是逻辑建模的核心。逻辑架构与包图对系统各个子系统进一步精化，去除系统重复的部分，并将共同的部分抽取出来成为独立的类或包，便于系统的分解。

习题

1. 请简述面向对象分析有哪些分析模型。
2. 面向对象分析与设计的过程有哪些？
3. UML 的作用是什么？其由哪些视图组成？
4. 为什么说面向对象分析与设计是一个迭代的过程？
5. 请简要说明结构化分析和面向对象分析的差别。
6. 请简述面向对象分析有哪些分析模型。
7. 请给出 POS 机系统的处理退货功能的类模型。
8. 请简要说明活动图与泳道图的区别。
9. 请解释逻辑架构的概念和表示方法。
10. 请为 ATM 机开发活动图。
11. 请为 POS 机系统的处理退货功能开发活动图。
12. 请举例说明向自身发送消息的情况。
13. 请用 CRC 卡编写分布式结对编程系统的职责与协作者。
14. 请补充 POS 机的 CRC 卡描述。
15. 请给出分布式结对编程系统各子系统的 SSD 和操作契约。
16. 请给出 ATM 机的 SSD 和操作契约。
17. 请分析 POS 机系统中各个类的属性和操作。
18. 请给出 ATM 机系统的状态图。
19. 请分析一下 POS 机系统中会员的情况，如会员积分以及积分支付、会员打折等。
20. 分布式结对编程系统若采用已有的代码编辑器，如 Eclipse、MS Visual Studio 等，其系统实现方案又将是怎样的？

CHAPTER 11

第 11 章

面向对象设计

11.1 引言

面向对象设计（Object Oriented Design，OOD）是根据面向对象分析（OOA）中确定的类和对象设计软件系统，包括设计对象类和设计这些对象类之间的关系。因此，也可以说从 OOA 到 OOD 是一个逐步精化和扩充对象模型的过程。

面向对象分析处理是以问题为中心的，可以不考虑任何与特定计算机实现有关的问题，而面向对象设计则把我们带进了面向计算机的"实地"开发活动中去。但是，在实际的面向对象开发过程中，面向对象分析和面向对象设计二者的界限比较模糊。从面向对象分析到面向对象设计实际是一个多次反复、逐步迭代模型的过程。

11.2 面向对象设计模型

面向对象设计过程主要是对分析阶段建立的对象模型或类模型和交互模型进行精化的过程。如果说面向对象分析是针对用户和业务过程建立站在用户角度的各种模型，那么面向对象设计就是针对系统实现进一步完善与精化各种模型。

精化类模型和对象模型。站在系统实现的角度，分析在分析阶段建立的类型和对象模型是否能够实现系统要求的行为或功能。如果不能，系统还需要哪些改进，需要哪些设计类，哪些类需要进一步分解。进一步分析每个类具备的行为或方法。

交互行为建模。分析系统的交互行为，构建以设计类为基础的系统交互模型。依据系统的交互模型，确定类应该具备的方法及其实现。

设计类精化。细化这些设计类，完善每个设计类的属性和方法，描述每个类的详细实现。

构建逻辑架构。逻辑架构是以包为基础的系统类的层次化组织，底层的包为上层的包提供服务。系统的逻辑架构一般分为界面层、业务层、技术层和基础服务层等。界面层负责处理用户的交互和信息显示，业务层专注于系统的业务功能，技术层为完成业务服务提供一些公共的服务，基础服务层包括一些底层的接口和中间件。

设计模型是系统需求和系统之间的桥梁，是设计构造本身的一个重要部分。而面向对象设计模型是对系统中包含的对象或对象类，以及它们之间的不同类型关系的描述。

为了避免模型之间可能包含相互冲突的需求，通常可以在不同层次使用不同的模型。因此，设计过程中的一个重要步骤就是确定需要什么样的设计模型和设计模型的细节层次。这种选择取决于所开发的系统类型，而且尽量减少对模型使用的数量，这将降低设计的成本和完成设计过程所需要的时间。

一般，面向对象的设计通过两类设计模型来描述。第一类是静态模型。静态模型通过系统对象类及其之间的关系来描述系统的静态结构。在 UML 中常用类图、用例图、构件图、包图等描述系统中元素的关系。第二类是动态模型。动态模型描述系统的动态结构和系统对象之间的交互。在 UML 中常用时序图、协作图、状态图、活动图等来描述系统的行为。

11.3　构件设计

一套完整的软件构件是在体系结构设计过程中定义的。但是没有在接近代码的抽象级上表示内部数据结构和每个构件的处理细节。构件设计定义了数据结构、算法、接口特征和分配给每个软件构件的通信机制。

数据、体系结构和接口的设计表示构成了构件级设计的基础。每个构件的类定义或者处理描述都转化为一种详细设计，该设计采用图形或基于文本的形式来详细说明内部的数据结构、局部接口细节和处理逻辑。构件设计可以采用 UML 图和一些辅助方法来描述，并通过一系列结构化程序设计工具进行设计。

构件是计算机软件中的一个模块化的构造块。在 OMG UML 规范中将构件定义为"系统中某一定型化的、可配置的和可替换的部件，该部件封装了实现并暴露一系列接口"。

构件存在于软件体系结构之中，因而构件在完成所建系统的需求和目标中起了重要的作用。由于构件驻留于软件体系结构的内部，它们必须与其他的构件和存在于软件边界以外的实体（如其他系统、设备和人员）进行通信和合作。

在面向对象软件工程环境中，构件包括一个协作类集合。构件中的每一个类都被详细阐述，包括所有的属性和与其实现相关的操作。作为细节设计一部分，所有与其他设计类相互通信协作的接口（消息）必须予以定义。为了完成这些，设计师从分析模型开始，详细描述分析类（对于构件而言该类与问题域相关）和基础类（对于构件而言该类为问题域提供了支持性服务）。

11.3.1　构件设计的步骤

构件设计的本质是细化的。设计者必须将分析模型和架构模型中的信息转化为一种设计表示，这种表示提供了用来指导构建（编码和测试）活动的充分信息。当应用到面向对象的系统中时，构件设计步骤如下。

步骤 1：标识出所有与问题域相对应的设计类。使用分析模型和架构模型，每个分析类和体系结构构件都要细化。

步骤 2：确定所有与基础设施相对应的设计类。在分析模型中并没有描述这些类，并且在体系结构设计中也经常忽略这些类，但是此时必须对它们进行描述。这种类型的类和构件包括 GUI 构件、操作系统构件、对象和数据管理构件等。

步骤 3：细化所有不能作为复用构件的设计类。详细描述实现类需要的所有接口、属性和操作。在实现这个任务时，必须考虑采用设计试探法（如构件的内聚和耦合）。

（1）在类或构件的协作时说明消息的细节。分析模型中用协作图来显示分析类之间的相互协作。在构件级设计过程中，某些情况下通过对系统中对象间传递消息的结构进行说明来表现协作细节是必要的。尽管这是一个可选的设计活动，但是其可以作为接口规格说明的前提，这些接口显示了系统中构件通信或协作的方式。

（2）为每一个构件确定适当的接口。在构件级设计中，一个 UML 接口是"一组外部可见的操作。接口不包括内部结构，没有属性，没有关联……"。更确切地讲，接口是某个抽象类的等价物，该抽象类提供了设计类之间的可控连接。实际上，为设计类定义的操作可以归结为一个或者更多的抽象类。抽象类内的每个接口应该是内聚的，即它应该关注于一个有限功能或者子功能的处理。

（3）细化属性并且定义相应的数据类型和数据结构。一般地，描述属性的数据类型和数据结构都需要在实现时所采用的程序设计语言中进行定义。UML 采用下面的语法来定义属性的数据类型：

```
name: type-expression=initial-value{property string}
```

其中，name 是属性名；type- expression 是数据类型；initial-value 是创建对象时属性的值；property string 用于定义属性的特征或特性。

（4）详细描述每个操作中的处理流。这需要由程序设计语言的伪代码或者 UML 活动图来完成。每个软件构件都需要应用逐步求精的概念通过大量的迭代进行细化。

第一轮迭代中，将每个操作定义为设计类的一部分。在任何情况下，操作应该采用确保高内聚的方式来刻画，也就是说，一个操作应该完成单一的目标功能或者子功能。接下来的一轮迭代，只是完成对操作名的详细扩展。

步骤 4：说明持久性数据源（数据库和文件）并确定管理数据源所需要的类。数据库和文件通常都建立在单独的构件设计描述之上。在多数情况下，这些持久数据存储起初都被指定为体系结构设计的一部分，然而，随着设计细化过程的不断深入，提供关于这些持久数据源的结构和组织等额外细节常常是有用的。

步骤 5：开发并且细化类或构件的行为表示。UML 状态图被用作分析模型的一部分，以表示系统的外部可观察的行为和更多的分析类个体的局部行为。在构件级设计过程中，对设计类的行为进行建模是必要的。

对象的动态行为受到外部事件和对象当前状态的影响。为了理解对象的动态行为，设计者必须检查设计类生存周期中所有相关的用例，这些用例提供的信息可以帮助设计者描述影响对象的事件，以及随着时间流逝和事件的发生对象所处的状态。

步骤 6：细化部署图以提供额外的实现细节。部署图用作体系结构设计的一部分，并且采用描述符形式表示。在这种表示形式中，主要系统（如子系统）功能都表示在容纳这些功能的计算环境中。

在构件设计过程中，部署图应该被细化以表示主要构件包的位置。然而，构件一般在构件图中不被单独表示，目的在于避免图的复杂性。某些情况下，部署图在这个时候被细化成实例形式。这意味着指定的硬件和要使用的操作系统环境应加以说明，而构件包在这个环境中的位置等也需要指出。

步骤 7：考虑每一个构件设计表示，并且时刻考虑其他选择。软件设计是一个迭代的过程。创建的第一个构件模型总没有迭代 N 次之后得到的模型那么全面、一致或精确。在进行设计工作时，重构是十分必要的。

11.3.2　构件设计的原则

构件设计利用了分析模型开发的信息和体系结构模型表示的信息。当选择了面向对象软件工程方法之后，构件设计主要关注分析类的细化和基础类的定义和精化。这些类的属性、操作和接口的详细描述是开始构建活动之前所需的设计细节。

有 4 种适用于构件设计的基本设计原则，这些原则在使用面向对象软件工程方法时被广泛采用。使用这些原则的目的是使得产生的设计在发生变更时能够适应变更并且减少副作用的传播。设计者以这些原则为指导进行软件构件的开发。

开关原则（the Open-Closed Principle, OCP）。模块应该对外延具有开放性，对修改具有封闭性。简单地说，设计者应该采用一种无需对构件自身内部（代码或者内部逻辑）做修改就可以进行扩展的方式来说明构件。为了达到这个目的，设计者在那些可能需要扩展的功能与设计类之间分离出一个缓冲区。

替换原则（Substitution Principle，SP）。子类可以替换它们的基类。最早提出该设计原则的 Barbara Liskov 建议，将子类传递给构件来代替基类时，使用基类的构件应该仍然能够正确完成其功能。SP 要求源自基类的任何子类必须遵守基类与使用该基类的构件之间的隐含约定。在这里，"约定"既是前置条件（构件使用基类前必须为真），又是后置条件（构件使用基类后必须为真）。当设计者创建了导出子类，则这些子类必须遵守前置条件和后置条件。

依赖倒置原则（Dependency Inversion Principle，DIP）。构件设计依赖于抽象而非具体实现。抽象可以比较容易地对设计进行扩展，又不会导致大的混乱。构件依赖的具体构件（不是依赖抽象类，如接口）越多，其扩展起来就越困难。

接口分离原则（Interface Segregation Principle，ISP）。多个用户专用接口比一个通用接口要好。多个客户构件使用一个服务器类提供操作的实例有很多。ISP 建议设计者应该为每一个主要的客户类型都设计一个特定的接口。只有那些与特定客户类型相关的操作，才应该出现在该客户的接口说明中。如果多个客户要求相同的操作，则这些操作应该在每一个特定的接口中都加以说明。

尽管构件设计原则提供了有益的指导，但构件自身不能够独立存在。在很多情况下，单独的构件或者类被组织进子系统或包中。于是我们很自然地就会问这个包会有怎样的活动。在设计过程中如何正确组织这些构件？Martin 给出了在构件设计中可以应用的另外一些打包原则。

发布复用等价性原则（Release reuse Equivalency Principle，REP）。复用的粒度就是发布的粒度。当类或构件被设计用以复用时，在可复用实体的开发者和使用者之间就建立了一种隐含的约定关系。开发者承诺建立一个发布控制系统，用来支持和维护实体的各种老版本，同时用户缓慢地将其升级到最新版本。明智的方法是将可复用的类分组打包成能够管理和控制的包作为一个更新的版本，而不是对每个类分别进行升级。

共同封装原则（Common Closure Principle，CCP）。一同变更的类应该合在一起。类应该根据其内聚性进行打包。也就是说，当类被打包成设计的一部分时，它们应该处理相同的功能或者行为域。当域的一些特征必须变更时，只有那些包中的类才有可能需要修改，这样可以进行更加有效的变更控制和发布管理。

共同复用原则（Common Reuse Principle，CRP）。不能一起复用的类不能被分到一组。当包中的一个或者多个类变更时，包的发布版本数量也会发生变更。所有那些依赖于已经发生变更的包的类或者包，都必须升级到最新的版本，并且都需要进行测试以保证新发布的版本能够无故障运转。如果类没有根据内聚性进行分组，那么这个包中与其他类无关联的类有可能会发生变更，而这往往会导致进行没有必要的集成和测试。因此，只有那些一起被复用的类才应该包含在一个包中。

11.4　并发性设计

系统设计的一个重要目标是识别必须是并发获得的那些对象和互斥获得的对象。可以将互斥获得的对象叠加在单线程控制或任务中。

状态模型可以帮助我们识别并发性。如果两个对象在不交互的情况下，在同一时刻可以接受事件，它们就是内在并发的。如果事件不同步，我们就不能将这两个对象叠加在单线程控制中。独立子系统一般都存在并发对象，它们可以分配给不同的硬件单元，而没有任何通信成本。

硬件中断、操作系统和任务分派机制的目标是在单处理器中模仿逻辑并发性。对于物理上并发的输入，可以采用独立的传感器来处理。但如果在响应上没有定时约束，多任务操作系统就可以处理这种计算。

例如，ATM 机系统要求，在中心系统失效的情况下，每台机器都要继续自行运行（交易受到限制），那么只能在每台 ATM 机包含一块带有完整控制程序的 CPU。

尽管所有的对象在概念上都是并发的，但实际上系统里面的许多对象还是相互独立的。通过检查单个对象的状态图以及它们之间的事件交换，我们常常能够把许多对象放在单线程控制中。控制线程是通过一组状态图的一条路径，其中每次只有一个对象是激活的。线程会在状态图中存在，一直到对象给另一个对象发送事件，并等待另一个事件。线程将事件递交给接收者，直到最后将控制权返还给原始对象。如果对象发送事件后继续执行，线程将要分裂。在每一个线程控制中，每次只有一个对象是激活的。我们可以将控制线程实现为任务。

在 ATM 机系统中，当银行校验账户或处理银行交易时，ATM 机就会闲置。如果中心计算机直接控制 ATM 机，那么我们可以把 ATM 对象与银行交易对象合并成单项任务。

一般情况，我们需要将每一个并发子系统分配给一个硬件单元，可以是通用处理器或者特定的部件。分配子系统的工作包括估算硬件资源需求、选择子系统的硬件或软件实现、给处理器分配任务和确定物理的连通性。

系统设计师首先要确定系统每秒的交易量与每一次交易所需的时间的乘积，以求出稳态负载，进而估算所需的 CPU 处理能力。通常，需要通过试验来检验估算的准确性。由于负载存在随机性和同步突发活动，因此我们还需要考虑放大这个估算值。

例如，ATM 机本身比较简单，处理的活动基本都是用户界面和一些本地处理，因此单 CPU 就已经足够。对于中心计算机，由于要接受多个 ATM 机的请求，并将请求分配给相应的银行计算机，因此需要多个 CPU 来解决瓶颈问题。银行计算机执行数据处理操作，并包含相对简单的数据库应用，可根据所需的吞吐率和可靠性来选择单处理器数据库版本和多处理器数据库版本。

对于硬件和软件的选择，我们必须确定要用硬件和软件分别实现哪些子系统。用硬件实现子系统主要考虑成本和性能两个方面。设计系统的大多数困难来自于要满足外部施加的软硬件约束。我们必须考虑兼容性、灵活性、成本和性能问题。例如，ATM 机应用没有迫切的性能需求，通用的计算机就可以满足了。

系统设计必须将不同软件子系统的任务分配给处理器。给处理器分配任务要考虑特定动作、通信限制和计算限制等。例如，ATM 机系统没有任何通信和计算限制的问题。ATM 用户发起的通信流量和计算相对而言比较小，但存在特定动作处理要求。如果 ATM 必须要有自主性，当通信网络出现故障时还可以运行，那么它就必须要有自己的 CPU 和程序设计。

在确定了物理部件的种类和相对数量之后，我们必须确定物理部件之间的配置和连接形式，包括连接拓扑、重复部件和通信。例如，进程间的通信调用连接的单个操作系统内部的任务，这种调用要比同一个程序中的子程序要慢得多，对时间要求比较严格的时候是不实用的。简单的做法是合并任务，运用子程序来建立连接。例如，ATM 机系统中，多个 ATM 客户机连接到中心计算机，然后路由到相应的银行计算机。拓扑结构是星形的，中心计算机来仲裁通信。

11.5　设计模式

有经验的软件开发者建立了既有通用原则又有惯用方案的指令系统来指导他们编制软件。如果以结构化形式对这些问题、解决方案和命名进行描述使其系统化，那么这些原则和习惯用法就可以称为模式。

简单地说，好的模式是问题描述和相应的解决方案，并且具有广为人知的名称，它能用于新的语境中，同时对新情况下的应用、权衡、实现、变化等给出建议。对于模式、设计思想或原则命名，可以将概念条理化地组织为我们的理解和记忆，并且还可以便于沟通。模式被命名并且广泛发布后就可以在讨论复杂设计思想时使用简语，这可以发挥抽象的优势。

在软件设计中主要使用的模式有基于职责设计对象（General Responsibility Assignment Software Patterns, GRASP）和 GoF（Gang of Four）模式。其中 GRASP 定义了 9 个基本面向对象设计原则或基本设计构件：信息专家、创建者、控制器、高内聚、低耦合、多态、纯虚构、间接性和防止变异。

11.5.1　基于职责的设计

面向对象设计中的流行方式是，考虑其职责、角色和协作。这是被称为职责驱动设计的大型方法的一部分。

职责驱动设计也即基于职责的设计。在设计中，软件对象具有职责，即对其所作所为进行抽象。UML 把职责定义为"类元的契约或义务"。就对象的角色而言，职责与对象的义务和行为相关。职责分为以下两种类型：行为和认知。

对象的行为职责包括：

- 自身执行一些行为，如创建对象或计算。
- 初始化其他对象中的动作。
- 控制和协调其他对象中的活动。

对象的认知职责包括：

- 对私有封装数据的认知。
- 对相关对象的认知。
- 对其能够导出或计算的事物的认知。

在对象设计中，职责被分配给对象类。对于软件领域对象来说，由于领域模型描述了领域对象的属性和关联，因此其通常产生与"认知"相关的职责。

职责的粒度会影响职责到类和方法的转换。大粒度职责具有数百个类和方法。小粒度职责可能只是一个方法。例如，"提供访问关系数据库"的职责可能要涉及一个子系统中的 200 个类和数千个方法。相比之下，"创建 Sale"的职责可能仅涉及一个类中的一个方法。

在建模或者编写代码时，如何给一个对象分配职责要依赖于基于职责设计的对象模式。一般情况下，在 UML 中，绘制交互图是考虑这些职责的最佳时机。职责不同于方法，职责是一种抽象，而方法实现了职责。

如图 11-1 所示，在 POS 机系统中，Sale 对象具有创建 Payment 的职责，具体实现是使用 makePayment 消息向 Sale 发出请求，Sale 在相应的 makePayment 方法中进行处理。此外，完成这个职责需要通过协作来创建 Payment 对象，并调用其构造器。

因此，当我们在绘制 UML 交互图时，就是在决定职责的分配。通过 GRASP 中的基本原则来指导如何分配职责给一个对象。

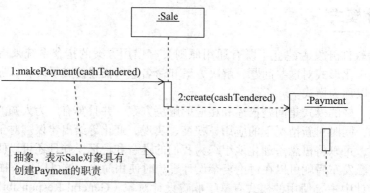

图 11-1 职责与方法相关

11.5.2 常见的设计模式

下面介绍基于职责的面向对象设计的常见设计模式，它们分别是创建者模式、信息专家模式、控制器模式、低耦合模式和高内聚模式。

创建者模式

在面向对象的设计中，常常要考虑的一个问题是一个对象是由谁（哪个对象）创建的。例如，在 POS 机系统中，Sale 对象是由哪个对象类创建？

创建对象是面向对象系统中较常见的活动之一。因此，应该有一些通用的原则以用于创建职责的分配。如果分配得好，设计就能够支持低耦合，提高清晰度、封装性和可复用性。

将创建一个对象 A 的职责分配给对象 B 的指导原则如下：

- B "包含"或组成聚集了 A。
- B 记录 A。
- B 紧密地使用 A。
- B 具有 A 初始化数据并且在创建 A 时会将这些数据传递给 A。

简而言之，一个对象要由拥有或者使用其信息的对象，或与其有密切关系的另一个已存在的对象创建。

对于对象 Sale 由谁创建，分析领域模型会发现，可以认为 Register 是记录 Sale 的类。因此 Register 对象是创建 Sale 对象的合理选择，如图 11-2 所示。通过让 Register 创建 Sale，我们能够方便地将 Register 与 Sale 关联起来。

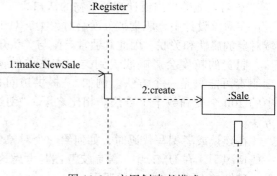

图 11-2 应用创建者模式

信息专家模式

在面向对象的设计中，信息专家（通常称为专家）模式是基本的职责分配原则之一。创建者是对象的行为职责，而信息专家常常指的是对象的认知职责。与创建者一样，信息专家也考虑如何为一个对象分配职责，而信息专家是更一般的情况，它不仅包括创建职责还包括其他的职责分配。例如，在 POS 机系统中，销售的总额该如何确定。决定总额的一些元素应该属于哪些对象的信息。

在一个设计模型中也许要定义数百个或数千个软件类，一个应用软件也许需要实现数百个或数千个职责。在对象设计中，当定义好对象之间的交互后，我们就可以对软件类的职责分配做出选择。如果选择得好，会使系统易于理解、维护和扩展，而我们的选择也能为未来的应用提供更多复用的机会。

具体的指导原则是：给对象分配职责时，应该把职责分配给具有完成该职责所需要信息的那个类。

对于 POS 机系统中的计算销售总额问题，按照信息专家的建议，这里应当寻找具有确定总额所需信息的那个对象类。分析领域模型和设计模型得到，要计算总额应该知道销售的所有 SalesLineItem 实例及其小计之和。Sale 实例包含了上述信息。

按照信息专家建议的准则，Sale 是适合这一职责的对象类，它是适合这项工作的信息专家。为了确定商品的小计，这里需要 SalesLineItem 的 quantity 属性和 ProductDescription 的 price 属性。SalesLineItem 知道其数量和与其关联的 ProductDescription。因此，根据专家模式，应该由 SalesLineItem 确定小计。

如图 11-3 所示，ProductDescription 是回答价格的信息专家，因此 SalesLineItem 向它发送询问产品价格的消息。SalesLineItem 得到价格后，再加上其本身拥有的数量信息，就成为了回答小计的信息专家，因此 Sale 向它询问小计的信息。Sale 拥有所有小计信息，所以 Sale 是回答总额的信息专家，最后完成总额的计算。

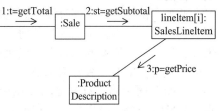

图 11-3 应用信息专家模式

控制器模式

一般情况下，逻辑架构采用分层的形式，其中包括 UI 层和领域层等。根据模型视图分离（Model View Separation，MVS）原则，我们知道 UI 对象不应当包含应用逻辑或业务逻辑。应该把 UI 层的操作或者请求委派给一个协调者，由协调者把任务转发给领域层的领域对象。控制器就是这样一个协调者。但由谁来担当控制器，控制器的职责是需要考虑的问题。例如，在 POS 机系统中，对于 enterItem 和 endSale 这样的系统事件，应使用谁作为控制器？

在系统顺序图分析期间，要首先探讨系统操作。这些是系统的主要输入事件。例如，当使用 POS 终端的收银员按下"结束销售"按钮时，它就发起了表示"销售已经终止"的系统事件。

具体的指导原则是：控制器是 UI 层之上的第一个对象，它负责接收和处理系统操作消息。

控制器的选择原则如下：

- 代表全部"系统""根对象"、运行软件的设备或主要的子系统（如外观控制器）。
- 代表发生系统操作的用况场景，如某个会话控制器。

在用况场景中发生的系统事件通常命名为 <UseCaseName>Handler，或 <UseCaseName>Coordinator，或 <UseCaseName>Session。用同一用况场景的所有系统事件使用相同的控制器类。

在 POS 机系统中，根据控制器模式，可以得到一些选择：

- 代表整个"系统"、"根对象"、装置或子系统的有 Register、POSSystem。
- 代表用况场景中所有系统事件的接受者或处理者的有 ProcessSaleHandler、ProcessSaleSession。

应用控制器模式如图 11-4 所示。正常情况下，控制器应当把需要完成的工作委派给其他领域对象。控制器只是协调或控制这些活动，本身并不完成大量工作。控制器设计中的常见缺陷是分配的职责过多，这时控制器会具有不良的内聚，从而违反了高内聚原则。

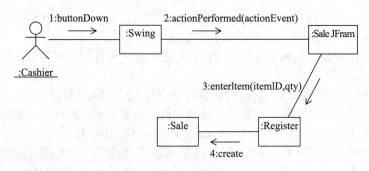

图 11-4   应用控制器模式

低耦合模式

低耦合模式是一个评价模式。低耦合原则适用于软件开发的很多方面，是构件软件较重要的目标之一。耦合是元素与其他元素的连接、感知以及依赖程度的度量。如果存在耦合或依赖，那么当被依赖的元素发生变化时，则依赖者也会受到影响。例如，子类与超类是强耦合的。调用对象 B 操作的对象 A 与对象 B 的服务之间具有耦合作用。

正如上面所述，对象之间存在耦合，强耦合导致一个对象变化时会在很大程度上影响另一个对象。例如，POS 机中的强耦合设计问题如图 11-5 所示。

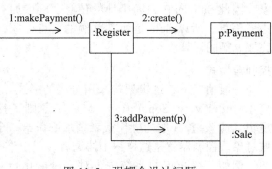

在真实世界领域中，Register 记录了 Payment，所以创建者模式建议将 Register 作为创建 Payment 的候选者。Register 实例会把 addPayment 消息发送给 Sale，并把新的 Payment 作为参数传递给它。这种职责分配使 Register 类和 Payment 类之间产生了耦合，即 Register 类要知道 Payment 类。

图 11-5   强耦合设计问题

如何减少因变化产生的影响是面向对象设计中的关键。具体的指导原则是：分配职责以使（不必要）耦合保持在较低的水平。用该原则对可选方案进行评估。

根据低耦合原则，对强耦合设计问题的创建方式进行改进，如图 11-6 所示。

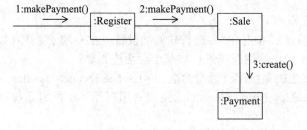

图 11-6   应用低耦合模式

在两个设计方案中，假设 Sale 最终都必须耦合于 Payment。在第一个方案中，Register 创建 Payment，在 Register 和 Payment 之间增加耦合；在第二个方案中，Sale 负责创建 Payment，其中没有增加耦合。所以第二种方案比第一种方案要好，具有低耦合的特点。

高内聚模式

和低耦合模式一样，高内聚模式也是一个评价模式。不管用什么模式来进行面向对象的设计过程，都要始终贯穿这两个模式，以这两个模式作为评价准则。内聚是软件设计中的一种基本品质，内聚可以非正式地用于度量软件元素操作在功能上的相关程度，也可以用于度量软件元素完成的工作量。

内聚性与耦合性往往相辅相成。耦合性较高的例子在这里同样也产生了低内聚的情况，如图 11-7 所示。Register 被赋予了支付的职责。当 Register 类负责越来越多的与系统操作有关的某些或大部分工作，它的任务负荷很重，成为非内聚的类。

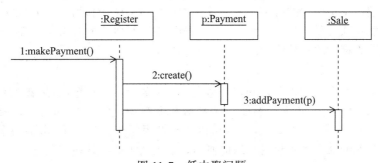

图 11-7　低内聚问题

怎样保持对象是有主次的、可理解的、可管理的，并且能够支持低耦合？具体的指导原则是：分配职责可保持较高的内聚性。可利用这一点来评估候选方案。内聚性低的类要做许多互不相关的工作，或需要完成大量的工作。这样的类是不合理的，它们将导致难以复用、难以理解、难以维护和脆弱等问题。

根据高内聚原则，低内聚问题可设计成图 11-8 所示的模式。把创建 Payment 的职责委派给 Sale，从而支持 Register 的高内聚。

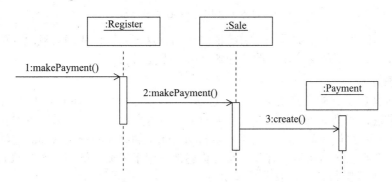

图 11-8　应用 GRASP 高内聚模式

因为内聚和耦合之间的相互补充，所以图 11-8 所示的模式既支持高内聚，又支持低耦合。

在面向对象的设计中，各种职责之间往往都会有紧密的关系，在设计时要结合多种职责分配模式来考虑，不能脱离其他职责以及其他原则单独考虑。

11.6　面向对象详细设计

面向对象详细设计的目的是不断精化设计类。在确定了每个类的职责以后，需要进一步确定类的协作关系和类职责的实现。

11.6.1   模型精化

领域模型虽是面向对象分析中最重要的经典模型，但是，由于在用统一软件开发过程进行面向对象设计中迭代的思想是必不可少的，领域模型的精化对类图和交互图的精化起到至关重要的作用，也是设计一个良好系统的关键。

在面向对象设计中主要使用泛化、特化、关联类、时间间隔、组合和包等概念精化领域模型。其中，泛化和特化是领域模型中支持简练表达的基本概念。概念类的层次结构经常成为激发软件类层次结构设计的灵感源泉，软件类层次结构设计利用继承机制减少了代码的重复。关联类捕获关联关系自身的信息。时间间隔反映了某些业务对象仅在有限的一段时间内有效。使用包可以将大的领域模型组织成较小的单元。

泛化和特化

泛化是在多个概念中识别共性和定义超类（普遍概念）与子类（具体概念）关系的活动。此活动对概念类进行层次分类。例如，在 POS 机系统中，CashPayment、CreditPayment 和 CheckPayment 这些概念很相似，这时就可以将它们组织成泛化 - 特化层次结构。如图 11-9 所示，其中超类 Payment 表示更为普遍的概念，子类表示更为具体的概念。

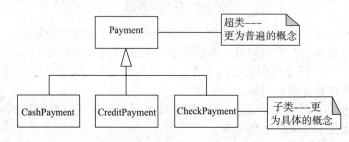

图 11-9   泛化 – 特化层次关系

在领域中识别父类和子类是一个有价值的活动，这样可以使我们对概念有更概括、精炼和抽象的描述。它可以精简表示、改善理解、减少重复信息。

定义超类和子类

超类的定义比子类的定义更为概括，包含范围更广。例如，在 POS 机系统中，考虑超类 Payment 和它的子类。Payment 表示发生购买行为时金钱从一方到另一方的转移，所有的支付都转移了一定数量的金钱。因此在超类 Payment 中拥有 amount：Money 这个属性。

当创建一个类层次结构后，有关超类的陈述都适用于子类。例如，所有的 Payment 都有 amount 属性，并且都与某个 Sale 类具有关联。

（1）概念子类的定义

将概念类划分为子类的动机：

- 子类有额外的有意义的属性。
- 子类有额外的有意义的关联。
- 子类概念的操作、处理、反应或使用的方式不同于其超类或其他子类，而这些方式是我们所关注的。
- 子类概念表示一个活动体，其行为与超类或者其他子类不同，而这些行为是我们所关注的。

（2）概念超类的定义

泛化和定义概念超类的动机：

- 概念子类表示的是相似概念的不同变体。

- 子类满足 100% 准则（即概念超类的定义必须 100% 适用于子类，子类必须 100% 与超类一致）。
- 所有子类都具有相同的属性，可以将其解析出来并在超类中表达。
- 所有子类都具有相同的关联，可以将其解析出来并与超类关联。

通过以上原则对 POS 机系统的 Payment 类进行划分，结果如图 11-10 所示。

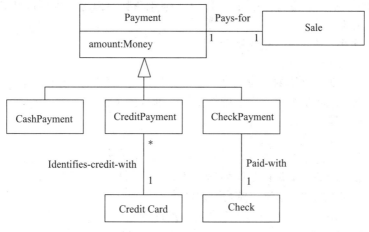

图 11-10　Payment 类层次划分

关联类

在 POS 机系统中，授权服务给每个商店分配一个商业 ID，商店发送授权服务的支付授权请求需要商业 ID 标识商店，商店对于每个服务有不同的商业 ID。然而，商业 ID 这个属性放在哪个类中？ Store 可能有多个 merchantID 值，所以将 merchantID 作为 Store 的属性是不正确的。同理，放入 Authorization Service 中也不正确。

这样就产生了这样一个原则：在领域模型中，如果类 A 可能同时有多个相同的属性 B，则不要将属性 B 置于 A 之中。应该将属性 B 放在另一个类 C 中，并且将其与类 A 关联。这样就得出一个关联类 C。

上述问题中，可以用一个关联类 ServiceContract 来拥有属性 merchantID，如图 11-11 所示。Store 类和 AuthorizationService 类都与 ServiceContract 相关联，这就表示 ServiceContract 类依赖于两者之间的关系。可以将 merchantID 看作与 Store 类和 AuthorizationService 类之间的关联所相关的属性。

图 11-11　关联类

关联类的增加具有如下原则：
- 某个属性与关联相关。
- 关联类的实例具有依赖于关联的生命期。
- 两个概念之间有多对多关联，并且存在与关联自身相关的信息。

聚合关系和组合关系

聚合是 UML 中的一种模糊关联，其不明确地暗示了整体和部分的关系。组合也称组成聚合，是一种强的整体 – 部分聚合关系，并且在某些模型中具有效用。组合关系意味着：

- 某一时刻，部分的一个实例只属于一个整体实例。
- 部分必须总是属于整体。
- 整体要负责创建和删除部分，可以自己创建和删除部分，也可以和其他对象协作创建和删除部分。
- 整体被销毁，其部分必须要销毁。

组合关系的识别准则如下：

- 部分的生命期在整体的生命期之内，部分的创建和删除依赖于整体。
- 在物理或者逻辑组装上，有明确的整体 – 部分关系。
- 整体的某些属性会传递给部分。
- 对整体的操作可能传递给部分。

识别和显示组合关系并不是非常重要，但具有以下好处：

- 有利于澄清部分对整体的依赖的领域约束。
- 有助于使用 GRASP 创建者模式识别创建者。
- 对整体的复制、拷贝等操作经常会传递给部分。

在 POS 机系统中，SalesLineItem 可以视为 Sale 的组成部分，同样 ProductCatalog 是 ProductDescription 的一个组成，如图 11-12 所示。

时间间隔

例如，POS 机系统在初始设计时，SalesLineItem 与 ProductDescription 关联，记录了销售项的价格。在精化过程中，需要关注与信息、合同等相关的时间间隔问题。如果 SalesLineItem 从 ProductDescription 取得当前价格，当价格改变时，以前的销售将指向新的价格，这显然是不正确的。需要区别销售发生时的历史价格和当前价格。

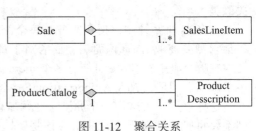

图 11-12   聚合关系

基于信息需求，可以采用两种方法解决此问题：

- 可以在 ProductDescription 中保存当前价格，仅将销售发生时的价格写入 SalesLineItem。
- 将一组 ProductPrice 与 ProductDescription 关联，每个 ProductPrice 关联适用的时间间隔。

这样就可以记录所有的历史价格和未来计划的价格，如图 11-13 所示。

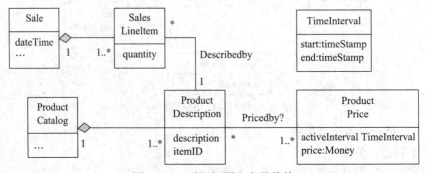

图 11-13   时间间隔和产品价格

组织领域模型

领域模型可以很容易地发展到足够大，这时理想的做法是把它分解成与概念相关的包，因为这样有助于理解，并且有利于由不同的人在不同的子领域并行地进行领域分析工作。

将领域模型划分成包结构时，将满足下述条件的元素放在一起：

- 同一个主题领域，概念或目标密切相关的元素。
- 在同一个类层次结构中的关系。
- 参与同一个用况的元素。
- 有很强关联性的元素。

例如，在 POS 机系统领域模型中，包的结构如图 11-14 所示。其中，Products 包如图 11-15 所示。

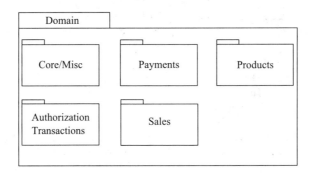

图 11-14　POS 机领域模型包结构

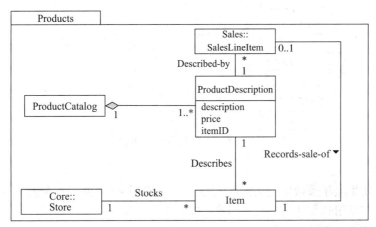

图 11-15　Products 包

11.6.2　逻辑架构精化设计

在逻辑架构精化设计中主要进一步细化各层内部元素、层与层之间的关系和分层架构中一些模式的应用。

层次模型

逻辑架构的设计以分层形式组织，主要遵循模型 – 视图 – 控制器（MVC）3 层模型。在精化逻辑模型时，首先要进一步指出各系统层之间、包之间的关系。

可以用依赖线来表达包或者包内类型之间的耦合。如果不关心确切的依赖方式（如属性的可见性、子类型等），仅仅想突出普通的依赖关系，使用普通的依赖线连接即可。

依赖线可以由一个包发出，例如，在 POS 机系统中从 Sales 包指向 POSRuleEngineFacade 包，从 Domain 包指向 Log4J 包，如图 11-16 所示。UI 层接收用户的输入和操作请求，并将请求发送给控制器。控制器根据不同的请求调用相应的 Domain 层的领域类进行业务处理。控制器类隔离了 UI 层直接访问 Domain 层的类，减少耦合性。另外，UI 层可以采用不同的语言和工具进行设计，而不用关心 Domain 层的具体内容，使得设计变得非常灵活。

根据设计的需要，可以将一些通用和基础性服务的类放在 Technical Services 层，便于业务类的调用和管理。从设计的观点，这种设计提高了可复用性。同时，领域设计人员不用关心具体的技术实现细节，如数据访问、数据存取、网络访问等。

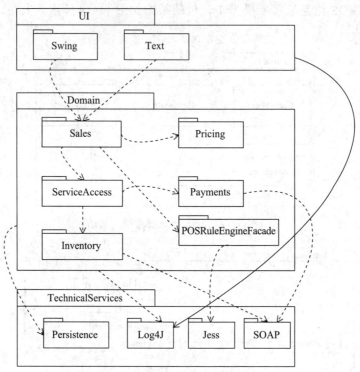

图 11-16   逻辑架构中包的耦合

层次设计模式

架构的层次模型用来指导定义大尺度的分块，同时诸如外观、控制器和观察者这样的微观架构设计模式则用来设计层和包之间的连接。

（1）简单包和子系统

某些包和层不仅仅是概念上的一组事物，事实上它们是具有行为和接口的子系统。在图 11-16 中，Pricing 包不是一个子系统，它仅仅是把定价时用到的工厂和策略组织在一起。然而，Persistence 包、POSRuleEngineFacade 包 和 Jess 包是子系统，它们具有内聚职责的独立引擎。子系统可以用构造型来标识，如图 11-17 所示。

（2）外观和控制器

外观是 GoF 模式中的一个原则。一组完全不同的实现或接口需要公共、统一的接口。可能

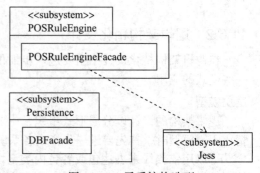

图 11-17   子系统构造型

会与子系统内部的大量事物产生耦合，或者子系统的实现可能会改变。这时对子系统定义唯一的接触点，也即用外观对象封装子系统。该外观对象提供了唯一和统一的接口，并负责与子系统构件进行协作。在逻辑架构设计中，对于表示子系统的包，外观是一种常见的访问模式。一个公共的外观对象定义了子系统的服务，客户端不与子系统内部的构件交互，而是通过与外观对象协作来访问子系统。

GRASP 控制器模式主要起一个转发请求和操作的作用，以提高系统的内聚和降低系统的耦合。在逻辑架构的设计中，控制器以一个单独的包形式存在于 UI 层与领域层包之间。

例如，在 POS 机系统中，既可以通过外观模式又可以用控制器模式来实现 ProcessSale-Frame 对象和领域层对象的交互，如图 11-18 所示。

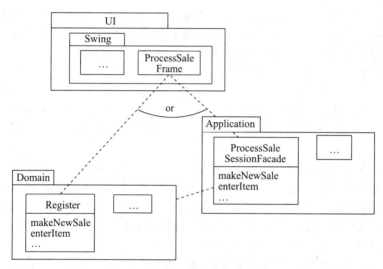

图 11-18　外观和控制器模式选择

（3）模型 – 视图分离和"向上"通信

在一个复杂的系统中，UI 界面窗口的显示是至关重要的。通常能够满足的方式是，窗口向领域对象发送消息，查询其将要在窗口部件中显示的信息。这种模型称为轮询模型，也称"从上面拉"模型。

但是，有时轮询模型也存在不足。例如，每秒钟从上千个对象中找出几个变化了的对象，并用来刷新 GUI 显示，这是非常低效的。在这种情况下，更为有效的方法是选择"从下面推"模型进行刷新显示。由于模型 – 视图分离模式的约束，需要从低层对象向上到窗口之间实现"间接性"通信，由下向上推出刷新的通知。常用的方案如下：

- 观察者模式：使 GUI 对象简单地作为实现诸如属性监听器这样的接口对象。
- UI 外观对象：在 UI 层增加接收来自低层请求的外观。

例如，在 POS 机系统中，如图 11-19 所示，在 UI 层中增加了 UIFacade 为 GUI 对象增加了一层间接性的对象，用以在 GUI 变化时提供防止变异机制，并且当需要从下面向上推的通信模型时，也使用 UIFacade。

11.6.3　分层设计

包的分析和设计主要从系统功能的角度来组织包的结构。本节中主要考虑设计包的细节问题，如何合理地组织包来减少变化带来的影响，创建和设计健壮的物理包。组织包结构的准则如下。

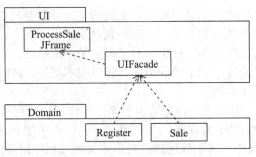

图 11-19　UI 外观实现向上推模型

包在水平和垂直划分上的功能性内聚。最基本的"直观性"原则是基于功能性内聚的模块化，将参与共同性目的、服务、协作、策略和功能的强相关类型（类或者接口）组织在一起。例如，在 POS 机系统中，Pricing 包中的所有类型都与产品定价有关。

除依据功能进行非正式的猜测以外，也可以依据类型之间的耦合程度进行分组。例如，Register 类和 Sale 类之间有强耦合。

由一组接口组成的包。将一组功能上相关的接口放入单独的包，实现类分离。例如，Java 中的 EJB 包 javax.ejb 就是一个例子：它是一个至少有 11 个接口的包，接口的实现放在单独的包中。

正式包和聚集不稳定类的包。包软件开发过程中的基本单元，很少有仅在一个类上工作或者发布一个单独类的情况。假如一个包很复杂并且其中具有很多较稳定的类和不稳定的类，这时可以将这些不稳定的类分离为一个单独包，要减少对不稳定包的广泛依赖。

职责越多的包越需要稳定。如果具有大量职责的包不稳定，那么变化的影响将会严重影响系统的内聚和耦合，甚至系统将无法工作。

在设计中，一般情况下，越靠近底层的包应该越稳定。下面是几种增强包稳定性的方法：包中仅包含或者主要包含接口和抽象类；不依赖于其他的包，或者仅依赖于非常稳定的包，或者封装依赖关系以使其不受影响；包含相对稳定的代码，这些代码在发布之前经过允许的测试和精化；强制规定具有缓慢的变化周期。

将不相关的类型分离出去。将能够独立使用或运行于不同语境的类型组织到单独的包中。例如，假定在包 com.foo.service.persistence 中定义了持久服务子系统。在此包中有两个非常通用的工具 JDBCUtilties 和 SQLCommand。如果它们是与 JDBC 一起工作的通用工具，那么可以在任何使用 JDBC 的场景的独立于持久性服务子系统中使用这些类。因此，最好的设计是将这些类型放入单独的包中，如图 11-20 所示。

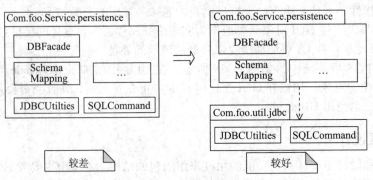

图 11-20　不相关的类型分离

使用工厂模式减少对具体包的依赖。减少对其他包中具体类的依赖是提高包的稳定性的一个途径。例如，在 POS 机系统中，Sales 包、Payments 包和 Persistence 包之间的依赖，如图 11-21 所示。在 Register 类和 PaymentMapper 类中的一些方法中有 CreditPayment pmt=new CreditPayment( )。

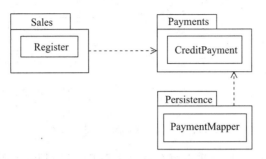

图 11-21　包之间的依赖

为提高 Sales 和 Persistence 包的长期稳定性，不能显式地创建定义于其他包中的具体类，如 Payments 包中的 CreditPayment 类。在这里可以使用工厂对象来创建实例以减少对具体包的依赖程度，如图 11-22 所示，在 Register 类和 PaymentMapper 类中的一些方法中使用下面的调用：

```
ICreditPayment pmt=DomainObjectFactory.getInstance().getNewCreditPayment()
```

注意：使用工厂对象创建的方法所返回的对象类型是接口而不是类。

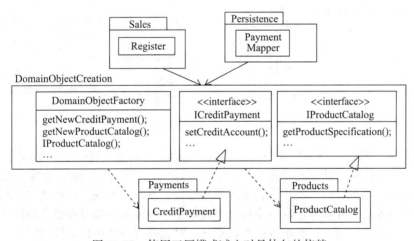

图 11-22　使用工厂模式减少对具体包的依赖

通过领域对象工厂接口创建所有的领域对象是常见的设计方法。

11.6.4　类操作设计

在下面的设计中，以 POS 机系统中的处理销售用例为例，以设计模式为指导来详细讲述系统操作的实现。

本地缓存处理

设计 makeNewSale 操作，如图 11-23 所示。要处理一次新的销售，首先必须创建软件对象 Sale。根据控制器模式还需要设计一个转发 makeNewSale 请求的对象 Register。Register 是记录 Sale 的类。根据创建者模式得出应该由 Register 创建 Sale。在销售过程中必须设计一个集合来存储一系列的商品，所有由 Sale 对象创建的所有商品会添加到集合 List<SalesLineItem> 实例中。

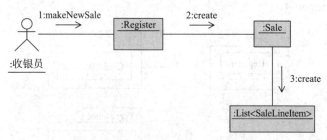

图 11-23   makeNewSale 设计细节

完成创建新的销售后，开始输入每个商品的信息。这里包括货号 id 和数量 qty。所以这次操作为 enterItem（id,qty），如图 11-24 所示。在这里，系统操作的消息仍然交由控制器 Register 来处理。在将商品存储到由 makeNewSale 操作中创建的 SalesLineItem 集合之前，系统还必须获得商品的描述和价格。商品的描述通过商品目录类 ProductCatalog 以 id 为索引来寻找 ProductDescription 中的相关商品。获得描述后就可以利用 Sale 对象来创建一个 SalesLineItem 实例 sl，并且将其存储到集合 List<SalesLineItem> 中。

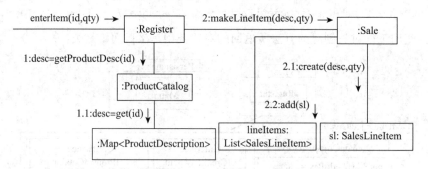

图 11-24   输入商品条目的协作图

这里需要注意的是，当远程服务访问失败时（如产品数据库暂时无法访问），需要保障交易正常进行。解决的方法是使用由 ServicesFactory 工厂创建的 Adapter 对象，实现对服务位置的防止变异。例如，可以提供远程服务的本地部分复制，实现从远程到本地的容错。本地产品信息数据库将缓存最常用的一小部分产品信息，等重新连接时将在本地存储库存的更新信息。为了满足重新连接远程服务的质量场景，对这些服务使用智能代理对象，在每次服务调用时都要测试远程服务是否激活，并且在远程服务激活时进行重新定向，实现从远程服务访问失败中恢复。

在解决容错和恢复问题之前，为了实现从远程数据库访问失败中恢复的可能性，我们建议使用 ProductDescription 对象的本地缓存，以文件形式存放在本地硬盘中。因此，在试图访问远程服务之前，应该总是首先在本地缓存中查找产品信息。

使用适配器和工厂模式能够间接地实现这一特性：

- ServicesFactory 总是返回本地产品信息服务的适配器。
- 本地产品适配器并不会真正地适配其他构件，它将负责实现本地服务。
- 使用实际的远程产品服务适配器的引用来初始化本地服务。
- 如果本地服务在缓存中找到数据，就将数据返回；否则，将请求转发给外部服务。

这里存在两级客户端缓存：

- 在内存中的 ProductCatalog 对象保存着从产品信息服务中读取的一些 Product-Description 对象的内存集合，如 Java 的 HashMap。依据本地可用内存的大小，可以调整该集合的大小。
- 本地产品服务可以维护一个较大的持久化缓存，例如，基于硬盘文件存储，用于维护一定数量的产品信息。该持久化缓存对容错很重要，即使 POS 机应用程序崩溃，内存中的 ProductCatalog 对象丢失，持久化缓存依然有效。

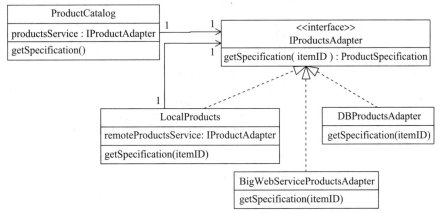

图 11-25　产品信息适配器

图 11-25 展示了设计的内容，实现了适配器接口，但并不是其他构件的真正适配器，而是实现了本地服务功能。具体的实现与初始化如图 11-26 所示。

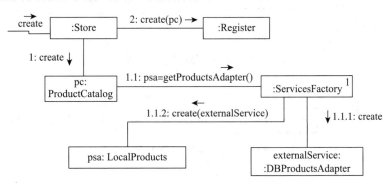

图 11-26　产品信息服务的初始化

通过 ServicesFactory 工厂返回一个本地服务。本地服务获取了对外部服务的适配器的引用。图 11-27 给出了从产品目录到外部产品服务的初始化协作。系统首先从本地获取产品信息，如果存在则直接读取。如果本地没有，则从本地文件中读取产品数据信息。如果本地文件也没有该产品信息，则系统从外部服务器上读取信息。

如果产品不在本地产品服务的缓存中，则本地产品服务将与外部服务的适配器进行协作。本地产品服务将 ProductDescription 对象缓存为串行化对象。如果实际的外部服务从数据库改为新的 WebService，则只需改动远程服务的工厂配置。考虑到与 DBProductsAdapter 的协作，适配器需要与对象 – 关系映射持久化子系统交互，如图 11-28 所示。

上述缓存策略可以采用称为惰性初始化（Lazzy initialization）策略，即当实际读取外部产品信息时，逐步加载缓存。也可以采用立即初始化（eager initialization）策略，即当启动用例时就加载缓存。

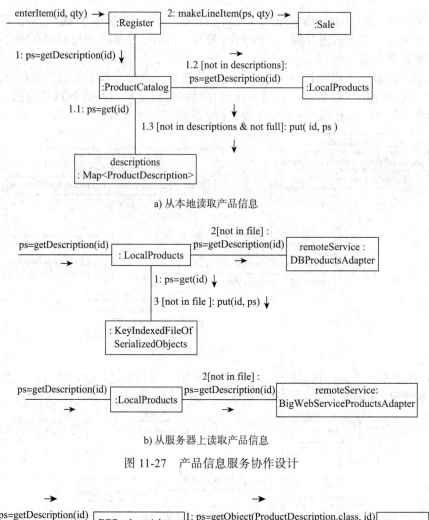

a) 从本地读取产品信息

b) 从服务器上读取产品信息

图 11-27 产品信息服务协作设计

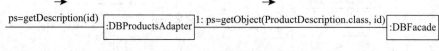

图 11-28 与对象 – 关系映射持久化子系统交互

异常处理

由于产品价格经常变动，缓存价格信息会导致数据失效。解决的方案是增加远程服务操作来查询当日更新的数据。LocalProducts 对象定期地查询并更新它的缓存。如果这样做，将 LocalProducts 对象设计为拥有控制线程的主动对象。线程休眠一段时间，唤醒后读取数据，再次休眠，如此反复。如图 11-29 所示，在 Java 中，线程的 run 可以视为异步消息。

用"active"表示 LocalProducts 对象为主动对象，其运行于自身线程之上。

采用对象缓存文件的方案可以提高系统效率，但是本地缓存没有产品信息而访问外部产品服务失败时，系统如何处理？假设，此时要求系统通知收银员人工输入价格和描述或者取消该产品项。通知故障的最直接的方法是抛出一个异常。当访问外部产品数据库失败时，持久化子系统可能抛出异常。异常沿着调用栈向上传递到适当的处理点。这里假定异常有 Java 的 SQL 处理语句：java.sql.SQLException。

该异常不会一直向上传递到表示层，因为存在抽象层错误。常用的异常处理模式为转换异常模式。转换异常模式的原则是：在一个子系统中，避免直接抛出来自较低层子系统或服务的异常。应该将较低层的异常转换成在本层子系统中有意义的异常。较高层的异常包裹较低层的异常并添加一些信息，使得该异常在较高层的子系统语境中有意义。

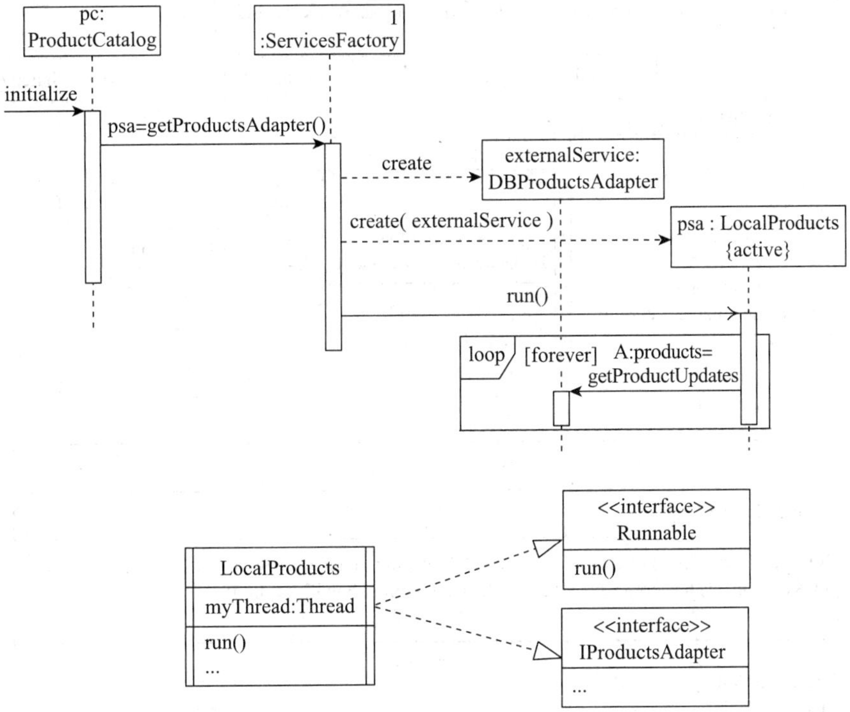

图 11-29　主动对象与控制线程

例如，持久化子系统捕获一个特定的 SQLException 异常，并且抛出一个新的包含 SQLException 异常的 DBUnavailableException 异常。较高层的 DBProductsAdapter 作为逻辑子系统的代表，可以捕获较低层的 DBUnavailableException 异常，并且抛出一个新的 ProductInfoUnavailableException 异常，而新的异常包裹了 DBUnavailableException。注意，异常命名要能够描述这个异常为什么被抛出，而不是要描述抛出者，这样做能够使程序员更容易理解问题。

图 11-30 是 SQLException 异常转换为 DBUnavailableException 异常的描述。在 UML 中，异常是一个特殊的信号。在交互图中，异常被表示为异步消息，用刺形箭头来表示。在 PersistenceFacade 类中，使用标记"exceptions"的分栏可以列出所抛出的异常。

一旦抛出异常，接下来的工作就是如何处理异常。这里有两个模式来处理异常：集中错误日志（centralized error logging）和错误会话（error dialog）。

集中错误日志模式的原则是：使用单实例类访问的集中错误日志对象，所有的异常都向它报告。如果在分布式系统中，那么每个本地单实例类日志对象都将与集中错误日志对象协作。该模式的优点是具有一致的报告方式和灵活的定义输出流与格式。该模式也称为诊断记录器模式。

错误会话模式的原则是：使用标准的单实例类访问的、且与应用程序无关的、非用户界面的对象向用户通知错误。它包裹了一个或多个 UI 对象，如 GUI 模式对话框、文本控制台、蜂鸣器或者语音生成器等，并且将通知错误的职责委派给 UI 对象。这样，错误既可以输出到 GUI 对话框，也可以输出到语音生成器。它也可以将异常报告给集中错误日志对象。具体做法是，用工厂读取系统参数，然后创建相应的 UI 对象。错误会话模式的优点是对输出机制的变化实现了防止变异，具有一致的错误报告风格，集中控制公共的错误通知策略，性能较高。图 11-31 给出了使用错误会话模式的异常设计。图 11-31 中采用异常转换模式抛出异常，用错误会话模式处理异常，用集中错误日志模式记录错误。

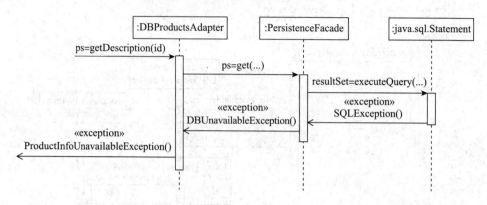

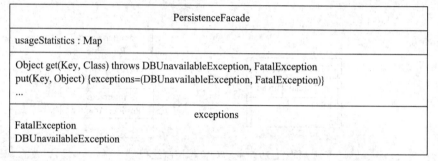

图 11-30　异常转换模式实例

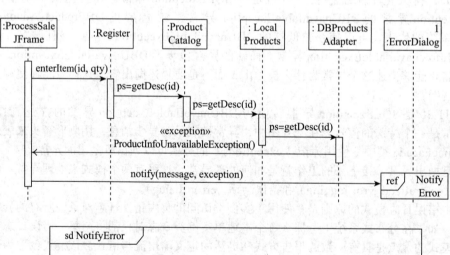

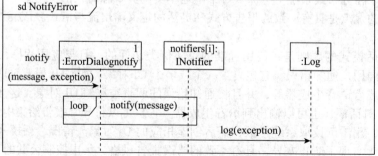

图 11-31　使用错误会话模式的异常设计

11.7　方法设计

下面以 POS 机系统为例讨论从面向对象设计过渡到实现的一些问题。

支付实现

商品输入完成后就可以进行结束商品输入操作。这里用到系统操作 endSale( )，如图 11-32 所示。同理这里也通过控制器 Register 来处理消息的转发。直接将结束的消息传递给 Sale 类的实例 s（也是在处理新销售时创建的一个 Sale 对象）。

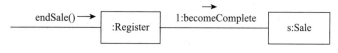

图 11-32　结束销售操作的实现

结束销售操作后是获取总额操作。由控制器发出 getTotal() 操作并要求返回总额 tot。方法的具体实现如图 11-33 所示。要获取总额必须先获取 SalesLienItem 中所有商品的单价。这里单价是通过每个商品自己与商品描述类 ProductDescription 的交互类来获取的。

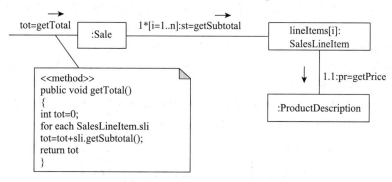

图 11-33　获取总额操作的实现

总额计算得出后就可以进行 makePayment() 操作，如图 11-34 所示。在这里同样通过控制器 Register 来接收系统操作 makePayment 消息。然后需要创建 Payment 实例，这里用 Sale 来创建 Payment 而不选用 Register 创建是因为这样设计有更好的内聚和耦合。最后还需要与 Store 建立联系，将销售的信息进行存储。

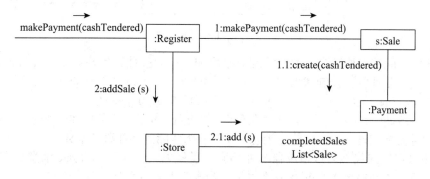

图 11-34　处理支付操作的实现

最后是计算找零的系统操作，将 Sale 对象与 Payment 对象相结合，如图 11-35 所示。

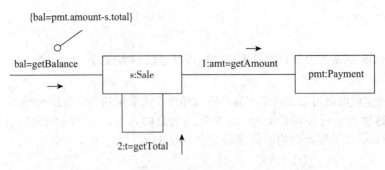

图 11-35　计算找零操作的实现

容错处理

　　通过在外部服务的前端添加本地服务，实现 POS 机系统的产品信息的本地服务容错。系统的使用过程是首先尝试本地服务，如果没有命中，然后尝试外部服务。但这种方案并不是对所有服务都适用，例如账务服务过程中的记录销售，希望快速实时地追踪商店和终端的活动，这时需要先尝试外部服务，然后才尝试本地服务。

　　代理（proxy）模式是解决这个问题较好的方案。代理模式的变体称为远程代理（remote proxy）模式，使用较为广泛。例如，在 Java RMI 和 CORBA 中，访问远程对象的服务时，要调用其本地客户端。这个本地客户端对象称为"桩"，也就是本地代理，或者是远程对象的代表。代理模式的另一种变体称为重定向代理（redirection proxy）模式，也称为容错代理（failover proxy）。这些模式的结构是相同的，不同之处在于代理在被调用时做什么。代理只不过是与被代理对象实现相同接口的对象，它保存指向被代理对象的引用，并且用于控制对被代理对象的访问。代理模式的一般结构如图 11-36 所示。

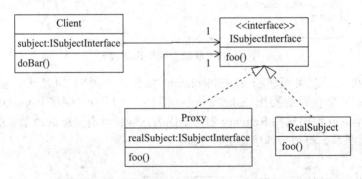

图 11-36　代理模式的一般结构

　　代理模式的基本原则是：通过代理对象增加一层间接性，代理对象实现与 subject 对象相同的接口，并且负责控制和增强对主体对象的访问。例如，图中 subject 实际引用的是代理而非 RealSubject 的实例，realSubject 将实际引用 RealSubject 的实例。

　　对于 POS 机系统应用，要实现对外部账务的访问，我们可以使用如下所述的重定向代理：

- 向重定向代理发送 postSale 消息，将其视为实际的外部账务服务。
- 如果重定向代理通过适配器与外部服务通信失败，则将 postSale 消息重定向到本地服务。本地服务将 Sale 保存在本地，当账务服务激活时重新发给它。

　　图 11-37 给出了重定向代理的类图描述。图中使用编号表示交互的顺序。Register 对象的方法前使用"+"、"−"可见性标记，说明 makePayment 是公共方法，而 complete-SaleHandling 是私有方法。

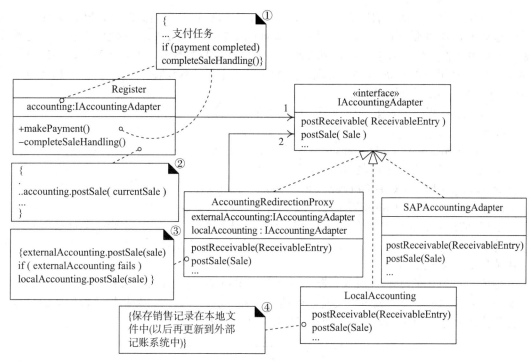

图 11-37　重定向代理的类图

代理是包裹内部对象的外部对象，两者实现相同的接口。Register 对象不知道正在引用的是代理对象，而感觉是真正的对象 SAPAccountingAdapter。代理截获调用以便增强对实际对象的访问能力。例如，POS 机中，accounting 实际引用了 AccountingRedirectionProxy 的实例。当外部服务不能访问时，则重定向到本地服务 LocalAccounting。

非功能性需求设计

软件架构中的大型主题、模式和结构大多关注解决非功能或质量需求的设计，而非基本业务逻辑的设计，这是软件架构的关键点。

POS 机系统中，系统需要与各种各样的设备进行工作，包括显示器、票据打印机、现金抽屉、扫描仪等。这些设备许多都存在工业标准和已经定义好的、标准的面向对象接口。例如，UnifiedPOS 是为 POS 机设备定义了接口的工业标准的 UML 模型。JavaPOS 是 UnifiedPOS 向 Java 映射的工业标准。POS 设备制造商提供这些控制设备的接口的 Java 实现。利用这些软件可以减少开发费用和周期，同时可降低自行开发所带来的困难和风险。

如果要直接使用这些软件，我们可以使用工厂模式从系统属性中读取需要加载的类集，并返回基于其接口的实例。图 11-38 是标准的 JavaPOS 接口，构成了新增加的设计包。

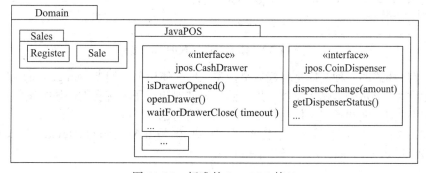

图 11-38　标准的 JavaPOS 接口

如果我们购买了现金抽屉等 POS 机设备，也得到了制造商提供的 JavaPOS 实现的 Java 类。这些 Java 类使低层的设备驱动能够与 JavaPOS 接口进行适配，因此可以看做适配器对象。它们可以作为代理对象，控制和增强对物理设备访问的本地代理。在底层，物理设备在操作系统中有相应的设备驱动。实现现金抽屉的类 jpos.CashDrawer 使用 JNI（Java Native Interface）来调用这些设备驱动。

例如，IBM 提供的现金抽屉和硬币提取机驱动程序：

com.ibm.pos.jpos.CashDrawer 实现了 jpos.CashDrawer；

com.ibm.pos.jpos.CoinDispenser 实现了 jpos.CoinDispenser；

NCR 提供的现金抽屉和硬币提取机驱动程序：

com.ncr.posdrivers.CashDrawer 实现了 jpos.CashDrawer；

com.ncr.posdrivers.CoinDispenser 实现了 jpos.CoinDispenser；

由于 POS 机系统会用到许多设备驱动程序，那么如何进行设计才能避免这么多驱动所带来的复杂性问题呢？解决的方案是采用工厂模式创建一组实现相同的接口的类。这里我们采用抽象工厂（abstract factory）模式。

抽象工厂模式的基本原则是：定义一个工厂接口（抽象工厂），为每一族要创建的事物定义一个具体的工厂类。或者定义实际的抽象类来实现工厂接口，为扩展该抽象类的具体工厂提供公共服务。图 11-39 展示了抽象工厂模式的基本思想。

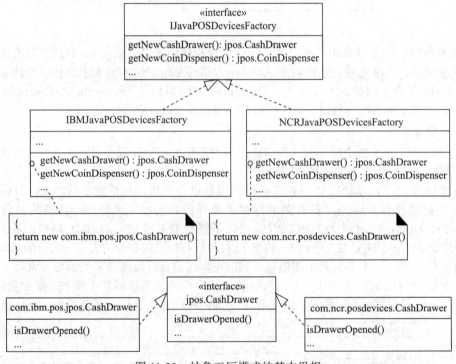

图 11-39 抽象工厂模式的基本思想

抽象工厂模式的一种变体是创建一个抽象工厂，使用单实例类（Singleton）模式访问它，读取系统属性以决定创建哪个子类工厂，然后返回对应的子系统实例。该方案的优点是解决了应用程序如何才能知道应该使用哪个抽象工厂的问题。

例如，在 POS 机系统中，系统需要知道是 IBMJavaPOSDevicesFactory，还是 NCRJavaPOSDevicesFactory。方案如图 11-40 所示。

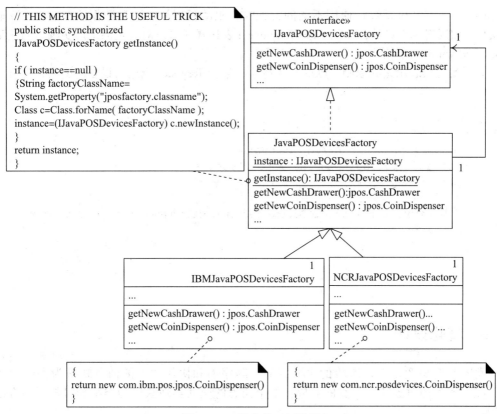

图 11-40　抽象类工厂设计

使用抽象工厂类和单实例类模式的 getInstance 方法，对象可以与抽象超类协作，并得到其某个子类实例的引用。图中 JavaPOSDevicesFactory 是一个抽象工厂类，其 insatance 属性和 getInstance 方法是全局的，用于获得具体的设备类，在 UML 中用下划线表示。getInstance 实现如下：

```
public static synchronized IJavaPOSDevicesFactory getInstance()
{
    if (instance == null)
    {
        String factoryClassName = System.getProperty("jposfactory.
            classname");
        Class c = Class.forName(factoryClassName);
        Instance = (IJavaPOSDevicesFactory) c.newInstance();
    }
    return instance;
}
```

IBMJavaPOSDevicesFactory 和 NCRJavaPOSDevicesFactory 是两个单实例类，在 UML 中用类名称右上角的"1"标记。例如，下面的语句：

```
cashDrawer = JavaPOSDevicesFactory.getInstance().getNewCashDrawer();
```

根据读取的系统属性，上述语句将返回 IBMJavaPOSDevicesFactory 或者 NCRJava-POSDevicesFactory 类的实例。注意通过属性文件可改变外部的系统属性" jposfactory.

classname"，POS 机系统将使用不同的 JavaPOS 驱动程序族。通过数据驱动设计（读取属性文件）和反射编程设计，使用 c.newInstance() 表达式，可以对变化的工厂实现了防止变异（protected variation）模式。

为了实现低表示差异原则，POS 机系统中一般由 Register 类进行设备的引用，部分代码如下：

```
class Register
{
    private jpos.CashDrawer cashDrawer;
    private jpos.coinDispenser coinDispenser;
    public Register()
    {
        cashDrawer = JavaPOSDevicesFactory.getInstance().getNewCashDrawer();
        //…
    }
    //…
}
```

11.8　精化设计

类图和对象图是设计阶段的主要制品。顺序图和协作图中的消息映射为类图中的方法，交互消息的对象映射为类的对象，每个消息的交互实现映射为类图和对象图中方法的实现。

在类图的精化设计中不仅要得到每个类中的属性和方法，还要有方法的粗略实现（也即方法的实现过程）。

可见性的设计

在类图的详细设计中，可见性的设计主要有 4 种：属性可见性、参数可见性、局部可见性和全局可见性。

属性可见性是指在一个类中有另一个类的对象。例如，在 POS 机系统中控制器类 Register 中就有 ProductCalatog 类的对象，如下所示。

```
class Register{
    ……
    private ProductCalatog catalog;
    public void enterItem(itemID,qty){
    ……
    desc=catalog.getProductDesc(itemID);
    ……
    }
    ……
}
```

参数可见性是指一个对象是另一个对象中方法的参数。例如，在 Sale 类中的 makeLineItem 方法的参数中就有 ProductDescription 对象作为参数，如下所示。

```
class Sale{
    ……
```

```
public void makeLineItem(ProductDescription desc,int qty){
......
sl=new SalesLineItem(desc,qty);
......
}
......
}
```

局部可见性是指在一个类对象的方法中有另一个的对象作为其方法的局部变量。例如，在 控制器类 Register 中的 enterItem 方法中就有 ProductDescription 的对象作为其局部变量，如下所示。

```
class Register{
......
public void enterItem(itemID,qty){
......
ProductDescription desc;
desc=catalog.getProductDesc(itemID);
......
}
......
}
```

全局可见性是指一个类对象具有某种方式的全局可见性。这种可见性是相对持久的可见性。当然这种可见性设计在面向对象的方法中并不提倡。

类图的细化

一般情况下，类图的设计是以交互图的设计为基础的，类图中的元素也是从交互图中抽象提取出来的。

通过交互图中对象之间的交互，找出对象所属的类以及类之间的关系。例如，可从 POS 机交互图的分析中得到图 11-42 所示的类图。

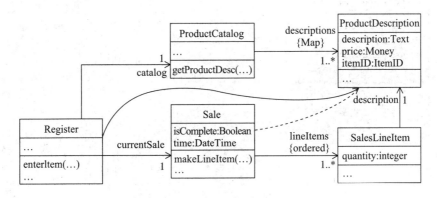

图 11-41 输入商品条目的类图

通过对交互图中对象之间消息的交互的分析和细化可得到类图中的属性和方法。

例如，随着通过各个对象之间具体消息的交互实现 enterItem 的系统操作，可以细化 Register 类和 Sale 类中的方法，如图 11-43 所示。

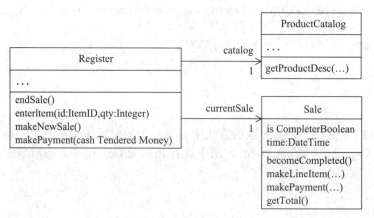

图 11-42　细化的类图

对类图进行分析的时候必须理解类图和类之间的关系如何映射得到具体的实现类，这样更加有利于类图的正确细化。图 11-43 是 Register 细化的类图与实现。

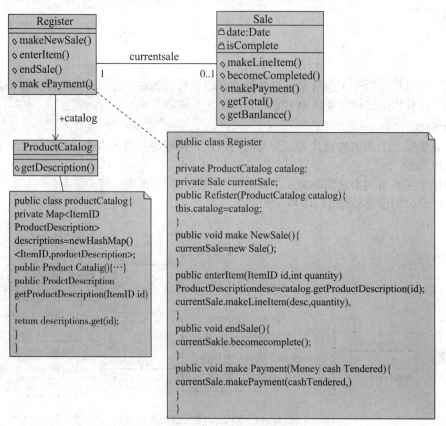

图 11-43　Register 细化的类图和实现

图 11-44 是 Sale 类细化的类图与实现。

图 11-45 是 SalesLineItem 类细化的类图与实现。

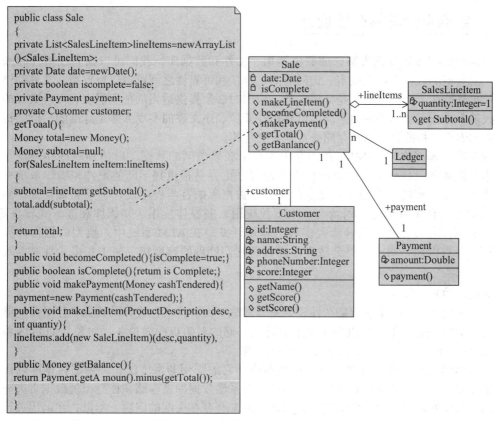

图 11-44　Sale 类细化的类图与实现

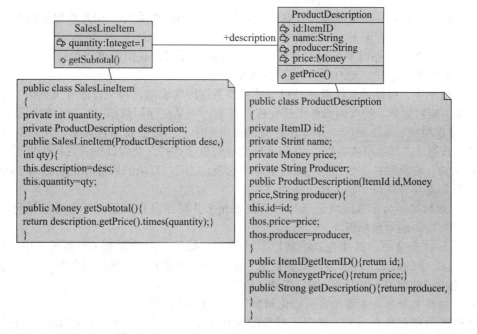

图 11-45　SalesLineItem 类细化的类图与实现

11.9   数据存储与持久性设计

数据存储有多种候选方案，如数据结构、文件和数据库，我们可以独立或组合起来使用。不同类型的数据存储在成本、访问时间、容量和可靠性之间可以进行权衡。文件存储廉价、简单且持久。但文件操作是低层次的，应用时必须提供适当的抽象层次，而且文件的实现方式随着操作系统的不同而不同，可移植性差。顺序文件的实现大多是标准的，但随机访问文件和索引文件的命令以及存储格式是有变化的。

数据库管理系统（DBMS）在内存中缓存了频繁访问的数据，以达到内存和磁盘存储的成本与性能的最佳组合。数据库使得应用程序更容易移植到不同的硬件和操作系统平台上。当然，数据库的弱点是具有复杂的接口，数据库语言与程序设计不是非常紧密。面向对象数据库适合于特定的应用场合，如工程应用、多媒体应用、知识库和嵌入式软件等。关系型数据库比较流行，适合于大多数的软件开发。在 ATM 系统中，典型的银行计算机会使用关系数据库，对于这类金融应用而言，它们处理的速度快、易于获得，且成本效益较好。

持久化设计的基本原理

在一个大型的系统中进行持久性设计是非常重要的。持久性设计的目的是让对象能够方便、快捷地持久化存储。所以在系统中要持久存储的对象也叫做持久性对象，如 POS 系统中的 SaleLineItem 对象、ProductDescription 对象。

在存储信息时，我们都熟悉关系型数据库，它的应用非常广泛。关系型数据库以记录形式来存储数据。但是对于对象数据，如果用关系型数据库来存储往往会出现数据丢失等问题，也即数据的面向对象和面向记录表示之间常常会存在失配的问题。所以，在运用关系型数据库来存储对象信息时，需要第三方或者系统拥有持久性服务。通过这种持久性服务来解决面向对象和面向记录的数据之间的失配问题。

在数据库中还存在对象数据库，它专门设计用来存储对象数据。用对象数据库来存储对象时不需要设计持久性服务，但对象数据库应用比较少。

在设计持久性服务时不仅仅只针对关系型数据库存储，我们也可以设计其他的存储方式，如普通的文件形式、XML 结构、层次数据库等。

通常情况下，提供持久性服务是对于关系型数据库来说的。持久性服务又称为 O-R（对象 – 关系）映射服务。持久性服务主要完成两件事：一是在存储数据时，把对象转换为记录（或其他数据格式，如 XML），并将其存储到数据库中；二是在读取数据时，从数据库中读出记录型数据（或其他格式数据），并将其转换成对象。在持久化设计中首先提出以下概念：

- 映射：在类和持久性存储（如数据库中的表）之间，对象的属性和记录的域（属性列）之间必须存在着一定的映射关系。
- 对象标识：为了方便将记录与对象联系起来并确保没有重复，所有对象和记录都必须有唯一的对象标识。
- 具体化和虚化：具体化是指将以某些格式存储的非对象数据（如数据库中的记录、XML 中的数据）转换为对象型数据。虚化是指将需要持久化的对象数据转换为非对象形式的数据（如记录）进行存储。
- 数据库映射器：主要负责具体化和虚化的纯虚构映射器。

在映射中存在着类和表的映射、对象的属性和记录的映射。所以在存储时，将类表示为表，将对象表示为表中的记录。例如，在 POS 机系统中将类 ProductDescription 表示为表 PRODUCTDESCRIPTION，如图 11-46 所示。

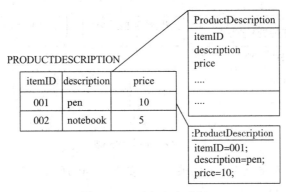

图 11-46　对象和表映射

记录和对象的相互映射都通过对象标识符（OID）来实现。OID 的值通常由字母和数字组成，每个对象具有唯一的 OID。有各种方法可以生成唯一的 OID，包括一个数据库的唯一 OID 乃至全局性的唯一 OID，这些方法包括数据库序列生成器、High-Low 键生成策略等。在对象领域，OID 由封装实际值及其表示的 OID 接口或类来表示；在关系型数据库中，OID 通常被存储为固定长度的字符串值。每个表都有一个 OID 作为主键，每个对象也直接或间接地有一个 OID。因为每个表有 OID 属性列，每个对象有 OID 属性，所以每个对象对应表中的一个记录并且唯一，如图 11-47 所示。

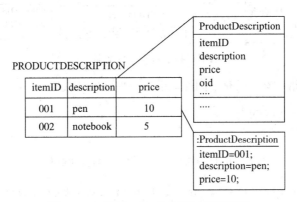

图 11-47　通过 OID 来映射对象和记录

持久性框架的设计

持久性框架是一组通用的、可复用的、可扩展的类型，提供支持持久性对象的功能，也即提供持久性服务。

外观主要是为子系统提供统一接口的常用模式。在持久化设计中，可以通过外观来访问持久化服务。在系统中根据指定的 OID 提取对象的操作，当然子系统还必须知道具体化对象的类型，所以在这里要提供具体化后类的类型。例如，在 POS 机系统中使用外观访问持久服务，如图 11-48 所示。

图 11-48 中的持久化外观只是提供一个操作的接口，起请求、转发的作用，其本身并不完成具体化或虚化的工作。在通常的持久化设计中提出了两种具体化和虚化对象的方式。

- 直接映射：持久性对象类本身定义了自己存储到数据库中的代码。但是这种方式使类的耦合性增加了，同时对象类的内聚性也降低了。
- 间接映射：使用了数据库代理模式，即创建一个类来负责对象的具体化和虚化。这样就不会破坏对象类的耦合和内聚，并且实现了技术服务与逻辑处理方面的关注分离。

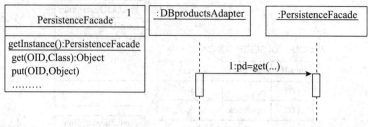

图 11-48   持久化外观

可以为每个持久类对象定义不同的映射类，如图 11-49 所示。

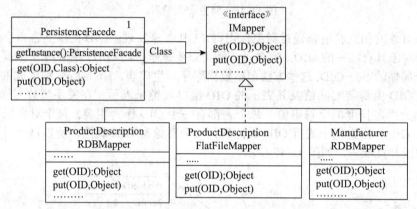

图 11-49   数据库映射器

不同的持久性存储对象可以有不同的映射类，如下面的代码：

```
class PersistenceFacade
{
    //..
    public Object get(OID oid, Class persistenceClass)
    {
        IMapper mapper = (IMapper) mappers.get(persistenceClass);
        Return mapper.get(oid);
    }
    //..
}
```

尽管 ProductDescription 映射器有多个，但在运行态的持久性服务中仅有一个是激活的。

使用模板设计持久性框架的思想是，在超类中定义一种方法，这种方法叫模板方法。超类中定义了算法的框架，其中既有固定的部分也有可变的部分。通过模板方法调用其他一些方法，这些方法中有些可能会被子类覆盖。子类覆盖这些变化的方法，增加自己特有的行为。如图 11-50 所示。update 方法为模板方法，在这个方法中定义了不变部分和可变部分，可变部分是通过调用 repaint 钩子方法实现的。在子类中通过覆盖 repaint 方法来实现自己特定功能的操作。

这些代码之间通常存在共性代码，变化之处在于如何从存储中创建对象。我们在抽象超类 AbstractPersistenceMapper 中定义模板方法 get，在子类中使用钩子方法建立变化的部分。图 11-51 给出了基本设计方案。

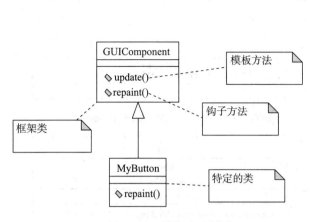

图 11-50 模板方法模式

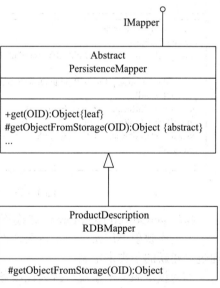

图 11-51 映射器对象设计方案

模板方法 get 的代码如下：

```
public final Object get(OID oid)
{
    obj : = cachedObjects.get(oid);
    if (obj == null)
    {
        // 钩子方法
    obj = getObjectFromStorage(oid);
    cachedObjects.put(oid, obj);
    }
    return obj;
}
```

模板方法通常是公共方法，钩子方法是受保护方法。AbstractPersistenceMapper 和 IMapper 都是持久性框架的一部分。我们可以通过增加一个子类并覆写或实现钩子方法 getObjectFromStorage 来插入这个框架。图 11-52 给出了覆写或实现钩子方法。

覆写钩子方法代码如下：

图 11-52 覆写或实现钩子方法

```
protected Object getObjectFromStorage(OID oid)
{
    String key = oid.toString();
    dbRec = SQL execution result of:
            "Select * from PROD_DESC where key =" + key
    ProductDescription pd = new ProductDescription();
    pd.setOID(oid);
    pd.setPrice(dbRec.getColumn("PRICE"));
    pd.setItemID(dbRec.getColumn("ITEM_ID"));
    pd.setDescrip(dbRec.getColumn("DESC"));
    return pd;
}
```

覆写或实现钩子方法使用 SQL SELECT 查询直接从数据库中读取相关数据，并赋给

ProductDescription 对象。其不同之处是数据库表不同。我们可以使用模板模式将变化部分与不变部分分开，如图 11-53 所示。

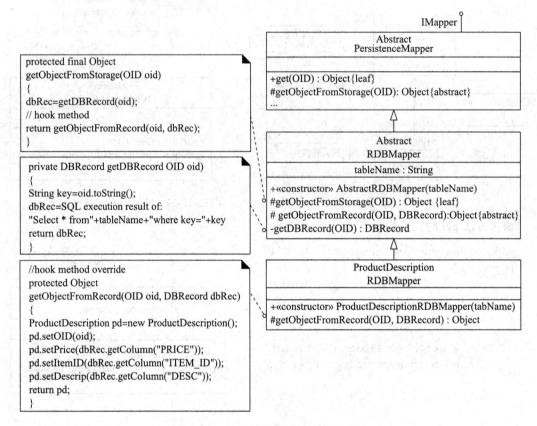

图 11-53　使用模板模式构件钩子方法

　　这里 getObjectFromStorage 是模板方法，而 getObjectFromRecord 是钩子方法。

　　数据库映射类层次结构是持久性框架的基本部分，对于文件等其他存储对象，我们可以通过创建新的子类来定制。

　　作为技术服务子系统，持久性服务应该被设计成线程安全的，因为整个子系统会被分布在分离的进程或其他计算机上，通过 PersistenceFacade 被转换为原创服务器对象，并且有多个线程同时运行于子系统中，为多个客户端服务。因此，方法应该由线程并发控制，如果使用 Java 语言，则在方法前加上 synchronized 关键字：

```
public final synchronized Object get(OID oid)
{   …   }
```

　　上面的工厂对象模式可以对持有一组 IMapper 对象的 PersistenceFacade 进行配置。但是，使用不同操作为每个映射器单独构件是不可取的，因为当映射器数量增加时，就无法实现防止变异。我们可以采用映射器工厂来构建，如下面的代码：

```
class MapperFactory
{
    public MapgetAllMappers()   {   }
    …
}
```

```
class PersistenceFacade
{
    private java.util.Map mappers = MapperFactory.getIntance().getAllMappers();
    ...
}
```

这里持久性的类型是 java.util.Map 的键，IMappers 是值，可以采用 HashMap 实现。工厂使用数据驱动的方式分配一组 IMappers。工厂能够通过读取系统属性，找到需要初始化的 IMapper 类。也可以通过读取字符串的类名，使用类似 Class.newInstance 的操作，对类进行实例化。

为了支持诸如提交的事务管理操作，可取的方法是在本地缓存中维持被具体化的对象。缓存管理模式的原则是由数据库映射器负责维护缓存。当对象被具体化时，对象被置入缓存，以 OID 为键。请求到来时，映射器首先搜索缓存，这样就避免了不必要的具体化。

在实现不同的 RDB 映射器时，我们可以将所有的 SQL 操作合并成一个单独的纯虚构类 RDBOperations，RDB 映射器类与该类协作获取数据库记录或记录集，如 ResultSet。实现代码如下：

```
class RDBOperations
{
    public ResultSet getProductDescriptionData(OID oid) {···}
    public ResultSet geSaleData(OID oid) {···}
    ...
}
```

因此，映射器需要包含下列代码：

```
class ProductDescriptionRDBMapper extends AbstractPersistenceMapper
{
  protected Object getObjectFromStorage(OID oid)
  {
  ResultSet rs =
      RDBOperations.getInstance().getProductDescriptionData(oid);
  ProductDescription  ps = new ProductDescription();
  ps.setPrice(rs.getDouble("PRICE"));
  ps.setOID(oid);
  return ps;
  }
}
```

这种纯虚构的方法易于维护和性能优化，且封装了访问数据库的发送方法和细节。

11.10　部署设计与构件图

部署设计的目的是完成系统运行环境的设计，包括构建部署图和构建分配。

部署图表示的是，如何将具体软件制品（如可执行文件）分配到计算结点（具有处理服务的某种事物）上。部署图表示了软件元素在物理架构上的部署，以及物理元素之间的通信。部署图有助于沟通物理或者部署架构。部署图中最基本的元素是结点，有两种类型的结点：

- 设备结点：具有处理和存储能力，可执行软件的物理计算资源，如典型的计算机或者移动电话。
- 执行环境结点：在外部结点中运行的软件计算资源，其自身可以容纳和执行其他可执行软件元素。例如，操作系统是容纳和执行程序的软件；虚拟机容纳和执行程序；数据库引擎接收 SQL 语句并执行之，并且容纳和执行内部存储过程；Web 浏览器容纳和执行 JavaScript、Java Applets、Flash 和其他可执行的元素；工作流引擎；Servlet 容器或 EJB 容器。

UML 规范建议使用构造型来标记结点类型，如 <<server>>、<<OS>>、<<database>>、<<browse>> 等。结点之间的一般连接表示一种通信路径，并且上面可以标记协议。它们通常表示网络连接。结点可以包含并显示制品，即具体的物理元素，通常为文件。其中包括诸如 JAR 包、部件、.exe 文件和脚本等可执行物。结点也可以包含诸如 XML、HTML 等数据文件。

部署图中通常显示的是一组实例的示例。例如，在一个服务器计算机实例中运行一个 Linux 操作系统实例。通常在 UML 中，具体实例的名称带有下划线，如果没有下划线则代表类，而不是实例。注意，该规则对于交互图中的实例例外，以生命线框图表示的实例的名称没有下划线。

构件是系统中用来描述客观事物的一个实体，是构成系统的、支持即插即用的基本组成单位。一个构件由一个或多个对象经过包装构成，通过接口独立地对外提供服务。

一个构件由 4 部分组成：构件名、属性、服务、接口。构件名是构件的唯一标识，采用 118 位全局唯一标识符 GUID 来表示。属性是用来描述构件静态特征的一个数据项。服务是用来描述构件动态特征的一个操作序列。接口是用来描述构件对外界提供服务的图形界面。

UML 构件是设计级别的视图，并不存在于具体软件视图，但是可以映射为具体的软件制品。由于基于构件的建模所强调的是可替换性，因此其一般准则是，为相对大型的元素进行构件建模，因为对大量较小的、细粒度的可替换部分进行设计较为困难。

11.11　小结

在实际的软件开发过程中，面向对象分析与设计建模之间的界限是模糊的。面向对象分析获取用户的需求，并根据业务分析建立系统的业务模型与领域模型，进而构造基本业务行为来验证需求的准确性和合理性，而面向对象设计则精化来自分析阶段的领域模型和业务模型，然后从系统的角度精化领域对象，进而转换成系统的对象和设计类，进一步构造和扩展类模型、逻辑模型、交互模型等，验证分析是否存在问题，并返回到分析阶段，进行再次分析。由此可见，面向对象分析与设计是一个多次反复、逐次迭代、逐步精化的过程。

面向对象设计阶段包括两层的设计：一层是低层的设计，主要针对分析阶段创建的模型进行设计和细化。例如，对顺序图和协作图中的消息的交互进行细化，对类图和对象图确定属性、方法以及方法的实现等。二层是高层的设计，主要是对系统架构的设计以及实施和部署。例如，对系统的逻辑架构进行精确设计和包的划分，设计出合适的构件来实现类和对象设计，最后还要具体部署整体系统的模型。

设计模式在面向对象的设计中是非常重要的，以设计模式为指导原则来设计整个系统，同时又以内聚和耦合等这样的原则来评价设计的好坏。

习题

1. 请说明面向对象分析与面向对象设计的关系。

2. 什么是逻辑架构？如何用包图描述？

3. 构件级设计原则是什么？

4. 什么是设计模式？请结合实例介绍一些基本的设计模式。

5. 请介绍一些持久性设计工具。

6. 什么是部署图？有哪些组成要素？

7. 请完善 ATM 机系统的顺序图。

8. 请绘制 ATM 机系统的事务管理的构件图和部署图。

9. 请对 POS 机系统进行精化设计，完成部属图和构件图设计。

10. 请给出持久性设计框架。

11. 模板方法模式的设计原则是什么？如何具体化？

12. 数据库映射的间接映射如何实现？

13. 请给出代理模式的一般结构。如何运用代理模式解决本地服务容错问题？

14. 什么是抽象工厂模式？解决什么问题？

第 12 章

面向对象实现与测试

12.1 引言

由于系统按照面向对象进行设计，因此使用面向对象语言实现非常方便、快捷。使用面向对象语言时，由于语言本身充分支持面向对象概念的实现，因此，编译程序可以自动把面向对象概念映射到目标程序中。当然也可以使用非面向对象语言实现系统。使用非面向对象语言编写面向对象程序，则必须由程序员自己把面向对象概念映射到目标程序中。从原理上说，使用任何一种通用语言都可以实现面向对象概念。当然，使用面向对象语言实现面向对象概念，远比使用非面向对象语言方便。

完成编写代码以后，需要进行测试。面向对象的测试与面向过程的测试基本类似，也是先进行单元测试，然后进行集成测试，最后进行系统测试和确认测试。单元测试就是对每个类进行测试，集成测试就是集成多个类一起测试，系统测试和确认测试就是在用户参与的情况下进行整体功能测试。

12.2 面向对象实现

面向对象实现就是使用面向对象语言编程实现类的代码和系统功能实现代码。面向对象语言借鉴了 20 世纪 50 年代的人工智能语言 LISP，引入了动态绑定的概念和交互式开发环境的思想。始于 20 世纪 60 年代的离散事件模拟语言 SIMULA67，引入了类的要领和继承，成形于 20 世纪 70 年代的 Smalltalk。面向对象语言的发展有两个方向：一种是纯面向对象语言，如 Smalltalk、EIFFEL、Java 等；另一种是混合型面向对象语言，即在过程式语言及其他语言中加入类、继承等成分，如 C++、Objective-C、OO Pascal 等。面向对象的编程语言使程序能够比较直接地反映问题域的本来面目，软件开发人员能够利用人类认识事物所采用的一般思维方法来进行软件开发。下面是面向对象语言编程的一些特点。

封装。封装就是将属性私有化，提供公有的方法访问私有属性，包括：

- 修改属性的可见性来限制对属性的访问。
- 为每一对属性创建一对赋值方法和取值方法。
- 在赋值和取值方法中加入对属性的存取限制。

构造方法。方法名与类名相同，没有返回类型。使用 new 关键字实例化对象的过程实际上是调用构造方法的过程。

方法重载。如果两个方法名称相同，但参数项不相同，那么认为一个方法是另一个方法的重载方法，而此过程称为"方法重载"。

继承。在 Java 语言中，用 extends 关键字来表示继承了另一个类。在父类只定义一些通用的属性与方法。子类自动继承父类的属性和方法，子类中可以定义特定的属性和方法。在子类构造方法中，通过 super 关键字调用父类的构造方法。如果子类中重写父类的方法，可以通过 super 关键字调用父类方法。

多态。子类重写父类方法。把父类类型作为参数类型，该父类及子类对象作为参数传入，运行时，根据实际创建的对象类型动态决定使用那个方法。

接口。首先定义一个接口，然后在其中定义具体方法，但没有具体实现。实现类和子类分别实现这个 Java 接口，对具体方法有各自不同的具体实现。在实现类中的打印（print）方法中，接收接口作为参数。面向接口编程的一般步骤是抽象出接口，实现接口，然后使用接口。

常量。在 Java 中，在变量声明中加入 final 关键字代表常量，加入 static 关键字代表类变量。一般情况下，我们把 static 与 final 结合起来声明一个变量。尽量使用含义直观的常量来表示那些在程序中多次出现的数字或字符串。

异常。常见处理异常的方式有 try-catch、try-catch-finally、多重 catch。异常处理包括声明异常、捕获异常和抛出异常。

12.3　POS 机系统实现

关于 POS 机系统，我们考虑了会员的情况，所以增加了一个会员类 Customer。

顺序图

（1）创建一次新的销售，如图 12-1 所示。

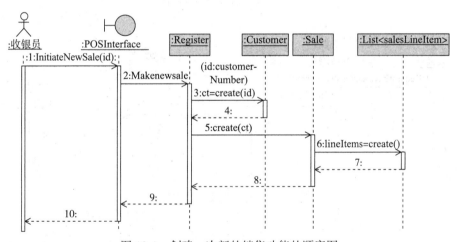

图 12-1　创建一次新的销售功能的顺序图

用户输入或扫描会员卡发起一次销售，系统创建一个会员，并以该会员创建一次销售。销售创建一个商品表单，准备存放输入的商品。

（2）输入商品，如图 12-2 所示。

输入商品分为两个部分的工作：第一阶段是收银员扫描或输入商品编号和数量，系统创建这个商品，并加入到商品表单中；第二部分是系统计算目前的商品的总价，并显示给顾客。

（3）处理支付，如图 12-3 所示。

处理支付也分为两个部分：一是创建支付对象，收银员输入支付金额，系统根据付款金额创建一个支付对象；二是计算找零，系统计算商品总价，然后计算应找回的金额。

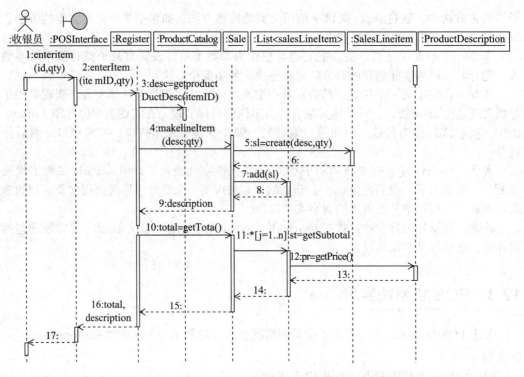

图 12-2 输入商品顺序图

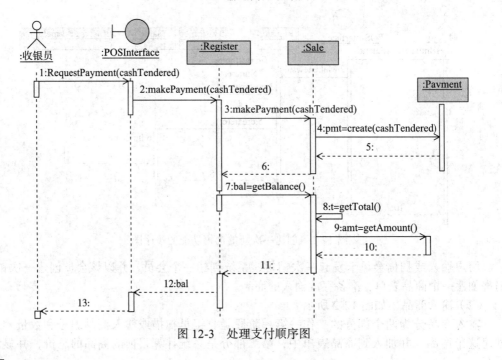

图 12-3 处理支付顺序图

类图

POS 机系统的类图如图 12-4 所示。

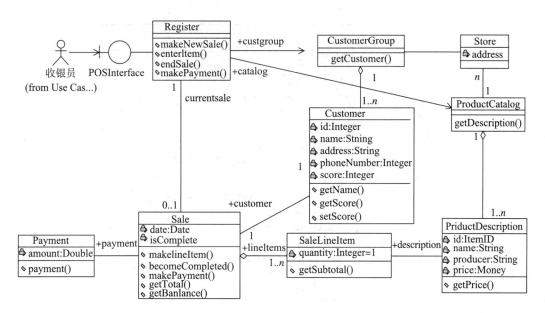

图 12-4 POS 机系统的类图

界面层与领域层的连接

POS 机系统主界面的作用是输入要购买的商品和数量，并实时显示商品的名称、数量、单价和金额，以及总价、折扣等，如图 12-5 所示。

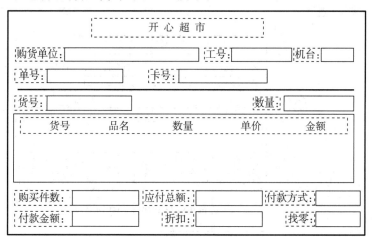

图 12-5 POS 机系统主界面

界面层对象获取领域层对象可见性的常见设计如下：

* 从主程序的起始方法中，如 Java 的 main 方法，调用初始化对象，如 Factory 对象，同时创建界面对象和领域对象，且将领域对象传递给界面层，如图 12-6 所示。
* 界面层对象提取领域对象，如负责创建领域对象的工厂对象。

在 POS 机系统中，当用户发出系统事件消息 enterItem，我们希望界面能够显示商品条目和总额。其设计方案如下：在 Register 中增加一个 getTotal 方法。界面层发送 getTotal 消息到 Register 对象，Register 再将此消息委派给 Sale 对象。这样的设计有利于维护界面层与领域层的耦合，界面层只需知道 Register 对象，不需要了解任何领域对象。但这样的设计增加了 Register 的接口，降低它的内聚性。

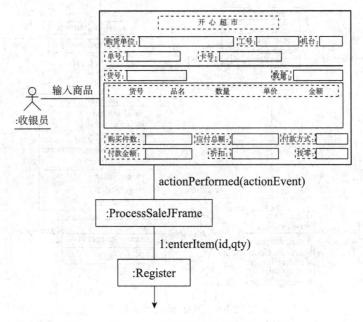

图 12-6   界面层访问领域层

如果界面层只需要知道总额，界面层可直接请求 Sale 对象，如图 12-7 所示。这样的设计将增加从界面层到领域层的耦合度，但 Sale 对象作为设计组成部分是稳定对象，与 Sale 的耦合并不是主要问题。

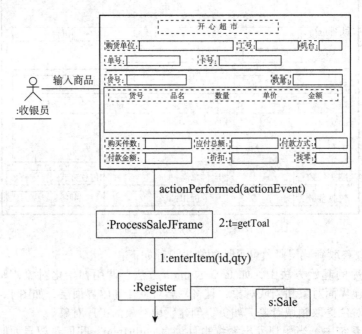

图 12-7   界面层访问领域层 Sale 对象

初始化和启动用例

启动用例操作是系统最早要执行的操作，但在实际设计中要将该操作交互图的开发推迟到所有系统操作的设计工作完成之后进行。这样能够保证发现所有相关初始化活动所需的信息，有利于开发正确的系统操作交互图。

启动用例操作可看作应用开始时执行的初始化阶段。要正确设计启动用例操作，我们必须要理解发生初始化的语境。应用如何启动和初始化与编程语言和操作系统有关。常见的设计约定是创建一个初始领域对象或一组对等的初始领域对象，这些对象是首先要创建的软件领域对象。这些创建活动可以显式地在最初的 main 方法中完成，也可以从 main 方法调用 Factory 对象来完成。

一旦创建了初始领域对象，该对象将负责创建其直接的子领域对象。例如，在 POS 机中，将 Store 作为初始领域对象，那么该对象将负责创建 Register 对象。下面的代码是利用 Java 应用中的 main 方法创建初始领域对象：

```
Public class main
{
    Public static void main(string[] args)
    {
        //Store是初始领域对象，创建其他一些领域对象
        Store store = new Store();
        Register register = store.getRegister();
        ProcessSaleJFrame frame = new ProcessSaleJFrame(register);
        ...
    }
}
```

这一工作也可以委派给 Factory 对象完成。

选择初始领域对象的原则是：位于或接近于领域对象包含或聚合层次中的根类作为初始领域对象，该类可能是外观控制器，如 POS 机中的 Register。

创建和初始化的任务要考虑前面的设计，我们可以确定以下初始化工作：

- 创建 Store、Register、ProductCatalog 和 ProductDescription。
- 建立 ProductCatalog 与 ProductDescription 的关联。
- 建立 Store 与 ProductCatalog 的关联。
- 建立 Store 与 Register 的关联。
- 建立 Register 与 ProductCatalog 的关联。

图 12-8 描述了上述的初始化设计。根据创建者模式，我们选择 Store 创建 Register 和 ProductCatalog，选择 ProductCatalog 创建 ProductDescription。

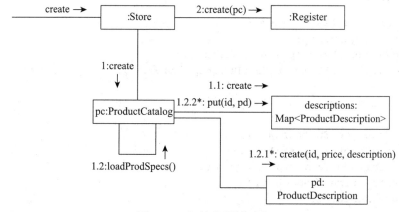

图 12-8　初始化领域对象

在最终的设计中，只有在需要时才从数据库中对 ProductDescription 进行具体化操作。最后给出几个主要类的 Java 语言实现代码。

（1）Sale 类

```java
import java.util.*;
public class Sale {
  private List<SalesLineItem> lineItems = new ArrayList<SalesLineItem>();
  private Date date = new Date();
  private boolean isComplete = false;
  private Payment payment;
  public Money getBalance() {
    return payment.getAmount().minus(getTotal());
  }
  public void becomeComplete() {
    isComplete = true;
  }
  public boolean isComplete() {
    return isComplete;
  }
  public void makeLineItem(ProductDescription desc, int quantity) {
    lineItems.add(new SalesLineItem(desc, quantity));
  }
  public Money getTotal() {
    Money total = new Money();
    Money subtotal = null;
    for (SalesLineItem lineItem : lineItems) {
        subtotal = lineItem.getSubtotal();
        total.add(subtotal);
    }
    return total;
  }
  public void makePayment(Money cashTendered) {
    payment = new Payment(cashTendered);
  }
}
```

（2）SalesLineItem 类

```java
public class SalesLineItem {
private int quantity;
private ProductDescription Description;
public SalesLineItem(ProductDescription desc, int quantity) {
   this.Description = spec;
   this.quantity = quantity;
}
public Money getSubtotal() {
   Money subtotal = new Money();
   subtotal.add(Description.getPrice());
   subtotal.times(quantity);
   return subtotal;
  }
}
```

（3）Payment 类

```java
public class Payment {
  Money amount;
  public Payment (Money cashTendered){
    amount = cashTendered;
  }
  public Money getAmount(){
    return amount;
  }
}
```

（4）Register 类

```java
public class Register {
  private ProductCatalog catalog;
  private Sale currentSale;
  public Register(ProductCatalog catalog) {
    this.catalog = catalog;
  }
  public void endSale() {
    currentSale.becomeComplete();
  }
  public void addLineItem(ItemID id, int quantity) {
    try{
        ProductSpecification desc = catalog.getProductDescription(id);
        currentSale.makeLineItem(desc, quantity);
    }
    catch(ProductNotFoundException e){
        System.out.println("No such item in the catalog");
    }
  }
  public void makeNewSale() {
    currentSale = new Sale();
  }
  public void makePayment(Money cashTendered) {
    currentSale.makePayment (cashTendered);
  }
  public Money getBalance() {
    return currentSale.getBalance();
  }
}
```

12.4 分布式结对编程系统实现

作为支持分布式结对编程的方法，XPairtise 是 Eclipse 的一个插件，提供了共享的编辑、项目同步、共享程序、执行测试、用户管理、内嵌的聊天沟通和共享白板。图 12-9 所示为 XPairtise 插件在 Eclipse 环境下的实例。

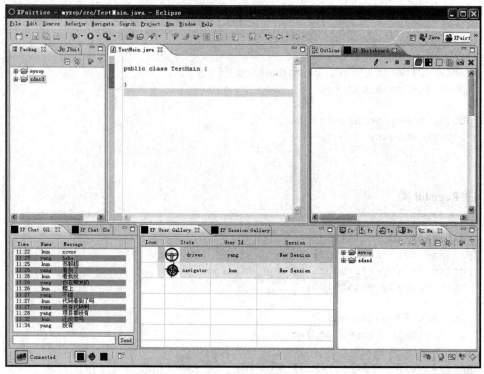

图 12-9　XPairtise 实例

共享的编辑器

分布式结对编程会话一旦建立，驾驭者和导航者可以在共享编辑器（shared editor）中进行协同工作（见图 12-10）。驾驭者的所有操作也显示在导航者一端。这些操作包括打开源文件、滚动窗口、标记文本、移动文本光标、高亮显示行、编辑文本以及重构源代码等。因而，导航者可以实时地看到驾驭者进行的任何修改操作。

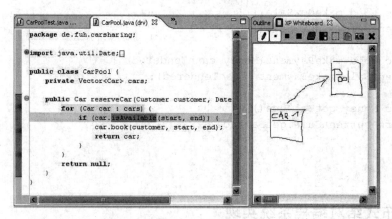

图 12-10　XPairtise 中的共享编辑器

为了在分布式环境中反映这一点，XPairtise 采用权限控制技术。驱驭者和导航者都可以通过点击角色转换按钮要求转换角色 [见图 12-11a]。这个请求会在另外一个用户界面上高亮显示 [见图 12-11b]。不能强制角色转换，角色转换只会在另一个用户同意且点击了角色转换按钮时才能实现。

a) 角色转换请求

b) 请求通知

图 12-11　XPairtise 中的角色转换

交流

XPairtise 支持多渠道交流：驱驭者和导航者可以用集成的共享白板和图形共享编辑器来交换意见。他们可以在会话中通过嵌入式聊天工具（见图 12-12）进行文本通信，也可以和全球范围内所有在 XPairtise 服务器上登录的当前用户通信。可以通过选择不同的选项卡发起不同的聊天。此外，XPairtise 还提供 Skype 控制去建立音频连接。共享编辑器也提供远程选择，这允许导航者在源代码特殊部分引起驱驭者的兴趣，并进行交流。

图 12-12　XPairtise 内嵌聊天器

系统体系结构

XPairtise 采用了一个客户／服务器的体系结构。在技术层面上，XPairtise 客户端用 JMS（Java Messaging Service）基础设施与服务器进行通信，称为 ActiveMQ 消息服务器（见图 12-13）。

在 XPairtise 基础设施的起始阶段，XPairtise 服务器连接到消息总线并建立一个消息通道，支持客户端请求存储在 HSQL 数据库中的共享对象信息。这个数据库就充当了 XPairtise 的对象库，即中央库对象。

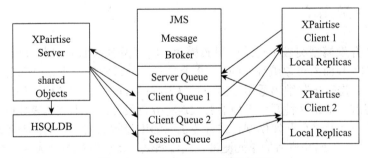

图 12-13　XPairtise 概念系统框架

当用户通过发送信息到服务器的消息队列进行注册时，XPairtise 服务器会为客户创建一个消息队列。客户订阅这个队列，然后接收共享对象的更新（远程订阅）。为了适应后来者，XPairtise 用状态转发（state transfer）方式，即初始状态传给后来者，接下来只需更新应用即可。

协同会话（collaborative session）也被当作共享对象。此外，每个协同会话都有一个消息队列，服务器可以添加所有参与者需要的更新到会话中。这些更新可能是发送状态更新（如用户在共享白板上添加绘图），也可能是分布式命令。当一个用户改变了 Eclipse 中共享编辑器的选择时，XPairtise 插件就会捕捉这个选择命令并发送到服务器上。反过来，服务器把这个命令添加到会话的消息队列中，以便该命令能被协同会话中的所有成员接收到。每个客户端在本地执行这个命令，这样所有的客户就可以看见这个远程选择了。

由于 XPairtise 系统框架采用了核对后来加入者的处理方式，XPairtise 能很容易处理连接丢失问题。用户丢失连接后，只要简单地重加入会话，然后接收最近的会话状态。

系统逻辑架构

系统逻辑架构可分为 4 个层次：用户界面层、领域层、通信服务层和技术服务层，如图 12-14 所示。

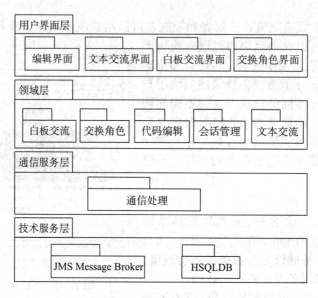

图 12-14　系统逻辑架构

12.5　面向对象测试

面向对象的开发模型突破了传统的瀑布模型，将开发分为面向对象分析（OOA）、面向对象设计（OOD）和面向对象编程（OOP）3 个阶段。分析阶段产生整个问题空间的抽象描述，在此基础上，进一步归纳出适用于面向对象编程语言的类和类结构，最后形成代码。由于面向对象的特点，采用这种开发模型能有效地将分析设计的文本或图表代码化，不断适应用户需求的变动。针对这种开发模型，结合传统的测试步骤的划分，面向对象测试应结合开发阶段的测试，并与编码完成后的单元测试、集成测试、系统测试组合成为一个整体。

面向对象测试的整体目标（以最小的工作量发现最多的错误）和传统软件测试的目标是一致的，但是面向对象测试的策略和战术有很大不同。测试的视角扩大到包括复审分析和设计模型，此外，测试的焦点从过程模块移向了类。

面向对象分析的测试

面向对象分析直接映射问题空间，全面地将问题空间中实现功能的现实抽象化。将问题空间中的实例抽象为对象，用对象的结构反映问题空间的复杂实例和复杂关系，用属性和服务表示实例的特性和行为。面向对象分析的结果是为后续阶段类的选定和实现、类层次结构的组织和实现提供平台。因此，面向对象分析对问题空间分析抽象的不完整，最终会影响软件功能的实现，导致软件开发后期大量不可避免的修补工作。而一些冗余的对象或结构会影响类的选定、程序的整体结构，同时，增加程序员不必要的工作量。因此，面向对象分析的测试重点在于其完整性和冗余性。

面向对象分析的测试包括对对象的测试、对结构的测试、对主题的测试、对属性与实例关联的测试以及对服务和消息关联的测试。

对对象的测试可考虑这些方面：对象是否全面，问题空间中所有涉及的实例是否都反映在认定的抽象对象中；对象是否具有多个属性。只有一个属性的对象通常应被看成其他对象的属性，而不是抽象为独立的对象；认定为同一对象的实例是否有共同的、区别于其他实例的共同属性；认定为同一对象的实例是否提供或需要相同的服务，如果服务随着不同的实例而变化，认定的对象就需要分解或利用继承性来分类表示；如果系统没有必要始终保持对象代表的实例的信息，或者没有必要提供或得到关于它的服务，认定该对象也就无必要；对象的名称应该尽量准确。

结构分为两种：分类结构和组装结构。分类结构体现了问题空间中实例的一般与特殊的关系，组装结构体现了问题空间中实例整体与局部的关系。对分类结构的测试可考虑以下方面：对于结构中处于高层的对象，是否在问题空间中含有不同于下一层对象的特殊可能性，即是否能派生出下一层对象；对于结构中处于同一低层的对象，是否能抽象出在现实中有意义的更一般的上层对象；对于所有的对象，是否能在问题空间内向上层抽象出在现实中有意义的对象；高层的对象的特性是否完全体现下层的共性；低层的对象是否有高层特性基础上的特殊性。

对结构的测试应考虑如下方面：整体与部分的组装关系是否符合现实的关系；整体的部分是否在考虑的问题空间中有实际应用；整体中是否遗漏了反映在问题空间中有用的部分；部分是否能够在问题空间中组装新的有现实意义的整体。

主题是在对象和结构的基础上更高一层的抽象，是为了提供面向对象分析结果的可见性。

对主题的测试应该考虑以下方面：贯彻"7+2"原则，即如果主题个数超过 7 个，就要求对有较密切属性和服务的主题进行归并；主题所反映的一组对象和结构是否具有相同和相近的属性和服务；主题是否是对象和结构更高层的抽象，是否便于理解分析结果的概貌；主题间的消息联系是否代表了主题所反映的对象和结构之间的所有关联。

对属性与实例关联的测试可从如下方面考虑：属性是否对相应的对象和分类结构的每个现实实例都适用；属性在现实世界是否与这种实例关系密切；属性在问题空间是否与这种实例关系密切；属性是否能够不依赖于其他属性被独立理解；属性在分类结构中的位置是否恰当，低层对象的共有属性是否在上层对象属性上得到体现；在问题空间中，每个对象的属性是否定义完整；实例关联是否符合现实；在问题空间中，实例关联是否定义完整。

对服务和消息关联的测试可以以下方面考虑：对象和结构在问题空间的不同状态是否定义了相应的服务；对象或结构所需要的服务是否都定义了相应的消息关联；消息关联所指引的服务的提供是否正确；沿着消息关联执行的线程是否合理，是否符合现实过程；服务是否重复，是否定义了能够得到的服务。

面向对象设计的测试

面向对象设计阶段主要确定类和类结构不仅满足当前需求分析的要求，更重要的是通过重新组合或加以适当的补充，能方便实现功能的重用和扩增，以不断适应用户的要求。因此，对面向对象设计的测试可考虑类的测试、类层次结构的测试和类库支持的测试 3 个方面。

类的测试包括以下内容：是否涵盖了面向对象分析中所有认定的对象，是否能体现分析中定义的属性，是否能实现分析中定义的服务，是否对应着一个含义明确的数据抽象，是否尽可能少地依赖其他类，类中的方法是否具备单一用途。

类层次结构是能构造实现全部功能的结构框架。为此，类层次结构的测试内容包括：类层次结构是否涵盖了所有定义的类，是否能体现面向对象分析中所定义的实例关联，是否能实现分析中所定义的消息关联，子类是否具有父类中没有的新特性，子类之间的共同特性是否完全在父类中得以体现。

类库支持的测试包括：一组子类中关于某种含义相同或基本相同的操作，是否有相同的接口；类中方法是否较单纯，相应的代码行是否较少；类的层次结构是否具有深度大、宽度小的特征。

面向对象编程的测试

面向对象程序是把功能的实现分布在类中。它能正确实现功能的类，通过消息传递来协同实现设计要求的功能。正是这种面向对象程序风格，出现的错误能精确地确定在某一具体的类。因此，在面向对象编程阶段，忽略类功能实现的细则，将测试的目光集中在类功能的实现和相应的面向对象程序风格，包括数据成员的封装性测试和类的功能性测试两个方面。

数据封装是数据之间的操作集合。数据成员的封装性测试的基本原则是数据成员是否被外界直接调用。更直观地说，当改变数据成员的结构时，是否影响了类的对外接口，是否会导致相应外界必须改动。值得注意的是，有时强制的类型转换会破坏数据的封装特性。

类所实现的功能均通过类的成员函数执行。在测试类的功能实现时，应该首先保证类成员函数的正确性。单独地看待类的成员函数，与面向过程程序中的函数或过程没有本质的区别，几乎所有传统的单元测试中所使用的方法都可在面向对象的单元测试中使用。类函数成员的正确行为是类能够实现要求的功能的基础，类成员函数间的作用和类之间的服务调用是单元测试无法确定的。因此，需要进行面向对象的集成测试。测试类的功能，不能仅满足于代码能无错运行或被测试类能提供的功能无错，应该以所做的设计结果为依据，检测类提供的功能是否满足设计的要求，是否有缺陷。

12.6   面向对象测试策略

面向对象软件测试的测试工作过程与传统的测试一样，分为以下几个阶段：制订测试计划、产生测试用例、执行测试和评价。目前，面向对象实现测试划分为方法测试、类测试、类簇测试、系统测试4个层次。

方法测试

方法测试主要考察封装在类中的一个方法对数据进行的操作，它与传统的单元模块测试相对应。但是，方法与数据一起被封装在类中，并通过向所在对象发送消息来驱动，它的执行与对象状态有关，也有可能会改变对象的状态。因此，设计测试用例时要考虑设置对象的初态，使它收到消息时执行指定的路径。

面向对象编程的特性使得对成员函数的测试不完全等同于传统的函数或过程测试。尤其是继承特性和多态特性，使子类继承或重载的父类成员函数出现了传统测试中未遇见的问题。面向对象的单元测试应考虑两个方面的问题：

（1）继承的成员函数是否都不需要测试？父类中已经测试过的成员函数若满足如下条件，则需要在子类中重新测试：①继承的成员函数在子类中做了改动；②成员函数调用了改动过的成员函数的部分。

例如，假设父类 Bass 有两个成员函数：Inherited( ) 和 Redefined( )，子类 Derived 只对 Redefined( ) 做了改动。Derived::Redefined( ) 显然需要重新测试。对于 Derived::Inherited( )，如果它有调用 Redefined( ) 的语句：

```
x=x/Redefined();
```

就需要重新测试，反之，无此必要。

（2）对父类的测试是否能照搬到子类？假设 Base::Redefined( ) 和 Derived::Redefined( ) 已经是不同的成员函数，它们有不同的服务说明和执行。对此，应该对 Derived::Redefined() 重新测试分析，设计测试用例。但由于面向对象的继承使得两个函数相似，故只需在 Base::Redefined( ) 的测试要求和测试用例上添加对 Derived::Redfined( ) 新的测试要求并且增补相应的测试用例。例如，Base::Redefined( ) 含有如下语句：

```
If (value<0) message ("less");
else if (value==0) message ("equal");
else message ("more");
```

Derived::Redfined( ) 中定义为：

```
If (value<0) message ("less");
else if (value==0)  message ("It is equal");
else
    {
    message ("more");
    if (value==88)  message("luck");
    }
```

在原有的测试上，对 Derived::Redfined( ) 的测试只需对 value==0 的测试结果改动；增加 value==88 的测试。

多态有几种不同的形式，如参数多态、包含多态、重载多态。包含多态和重载多态在面向对象语言中通常体现在子类与父类的继承关系。包含多态虽然使成员函数的参数可有多种类型，但通常只是增加了测试的繁杂度。对具有包含多态的成员函数进行测试时，只需要在原有测试分析的基础上扩大测试用例中的输入数据类型。

类测试

封装驱动了类和对象的定义，这意味着每个类和类的实例包装了数据和操纵这些数据的操作，而不是个体的模块。最小的可测试单位是封装的类或对象，类包含一组不同的操作，并且某些特殊操作可能作为一组不同类的一部分存在。我们不再孤立地测试单个操作，而是将操作作为类的一部分。主要考察封装在一个类中的方法与数据之间的相互作用。一个对象有它自己的状态和依赖于状态的行为，对象操作既与对象状态有关，又反过来可能改变对象的状态。普遍认为这一级别的测试是必需的。类测试时要把对象与状态结合起来，进行对象状态行为的测试。类测试可分为以下两个部分：

（1）基于状态的测试：考察类的实例在其生命期各个状态下的情况。这类方法的优势是可以充分借鉴成熟的有限状态自动机理论，但执行起来还很困难：一是状态空间可能太大；二是很难对一些类建立起状态模型，没有一种好的规则来识别对象状态及其状态转换；三是可能缺乏对被测对象的控制和观察机制的支持。

（2）基于响应状态的测试：从类和对象的责任出发，以外界向对象发送特定的消息序列来测试对象。较有影响的是基于规约的测试方法和基于程序的测试。基于规约的测试往往可以根据规约自动或半自动地生成测试用例，但未必能提供足够的代码覆盖率。基于程序的测试大多是传统的基于程序的测试技术的推广，有一定的实用性，但方法过于复杂且效率不高。

类簇测试

　　类簇测试指组装多个类进行测试。面向对象程序具有动态特性，程序的控制流往往无法确定，因此只能对整个编译后的程序做基于黑盒方法的集成测试。面向对象的类簇测试可以分成两步进行：先进行静态测试，再进行动态测试。

　　静态测试主要针对程序的结构进行，检测程序结构是否符合设计要求。现在流行的一些测试软件都能提供一种"可逆性工程"的功能，即通过原程序得到类关系图和函数功能调用关系图。将"可逆性工程"得到的结果与设计的结果相比较，检测程序结构和实现上是否有缺陷。

　　动态测试设计测试用例时，通常需要以上述的功能调用结构图、类关系图或者实体－关系图作为参考，确定不需要被重复测试的部分，从而优化测试用例，减少测试工作量，使得进行的测试能够达到一定覆盖标准。测试所要达到的覆盖标准可以是：达到类所有的服务要求或服务提供的一定覆盖率；依据类之间传递的消息，达到对所有执行线程的一定覆盖率；达到类的所有状态的一定覆盖率等。同时也可以考虑使用现有的一些测试工具来得到程序代码执行的覆盖率。

　　具体设计测试用例，具体步骤如下：

（1）先选定检测的类，参考面向对象设计结果，仔细分析出类的状态和相应的行为、类或成员函数间传递的消息、输入或输出的界定等。

（2）确定覆盖标准。

（3）利用结构关系图确定待测类的所有关联。

（4）根据程序中类的对象构造测试用例，确认使用什么输入来激发类的状态、使用类的服务以及期望产生什么行为等。

　　根据具体情况，动态地进行集成测试，有时也可以通过系统测试完成。

　　因为面向对象软件没有层次的控制结构，传统的自顶向下和自底向上集成策略就没有意义，此外，一次集成一个操作到类中的做法经常是不可能的，这是由于"构成类的成分的直接和间接的交互"。对面向对象软件的集成测试有两种不同策略，第一种称为基于线程的测试，集成一组对应系统的一个输入或事件所需的类，每个线程被集成并分别测试，应用回归测试以保证没有产生副作用；第二种称为基于使用的测试，通过测试那些几乎不使用服务器类的类（称为独立类）而开始构造系统，在独立类测试完成后，下一层使用独立类的类（称为依赖类）被测试。这个依赖类层次的测试序列一直持续到构造完整个系统。

系统测试

　　与传统的系统测试一样，面向对象的系统测试应该尽量搭建与用户实际使用环境相同的测试平台，应该保证被测系统的完整性，对于临时没有的系统设备部件，也应有相应的模拟手段。系统测试时，应该参考面向对象分析的结果，对应描述的对象、属性和各种服务，检测软件是否能够完全"再现"问题空间。系统测试不仅检测软件的整体行为表现，从另一个侧面看，也是对软件开发设计的再确认。

　　与传统的系统测试一样，面向对象的系统测试内容包括：

- **功能测试**：测试是否满足开发要求，是否能够提供设计所描述的功能，是否用户的需求都得到满足。功能测试是系统测试最常用并且必需的测试，通常会以正式的软件说明书为测试标准。

- **强度测试**：测试系统能力的最高实际限度，即软件在一些超负荷情况下的功能实现情况，如要求软件某一行为的大量重复、输入大量的数据或大数值数据、对数据库大量复杂的查询等。

- 性能测试：测试软件的运行性能。这种测试常常与强度测试结合进行，需要事先对被测软件提出性能指标，如传输连接的最长时限、传输的错误率、计算的精度、记录的精度、响应的时限和恢复时限等。
- 安全测试：验证安装在系统内的保护机制确实能够对系统进行保护，使之不受各种非正常的干扰。安全测试时，需要设计一些测试用例以力求突破系统的安全保密措施，由此检验系统是否有安全保密漏洞。
- 恢复测试：人工干扰使软件出错，中断使用，检测系统的恢复能力，特别是通信系统。恢复测试时，应该参考性能测试的相关测试指标。
- 可用性测试：测试用户是否能够满意使用，具体体现为操作是否方便，用户界面是否友好等。
- 安装 / 卸载测试。测试软件在不同操作系统下的安装过程；测试程序卸载的情况。

面向对象的系统测试需要结合需求分析对被测软件做仔细的测试分析，建立测试用例。

12.7　测试驱动开发

12.7.1　什么是测试驱动开发

测试驱动开发（Test Driven Development，TDD）以测试作为开发过程的中心，要求在编写任何产品之前，首先编写用于定义产品代码的行为测试，而编写的产品代码又要以使测试通过为目标。测试驱动开发要求测试可以完全自动化地运行，在对代码进行重构前后必须运行测试。这是一种革命性的开发方法，能够造就简单、清晰、高质量的代码。

测试驱动开发是一种编程时有用的技术，是一种在极限编程（eXtreme Programming，XP）中处于核心地位的技术。采用测试驱动开发，开发者会得到简单、清晰的设计，代码也将是清晰和无缺陷的。采用测试驱动开发的结果是可得到一套伴随产品代码的详尽的自动化测试集。

测试驱动开发包括 3 个阶段：

- 不可运行：编写一个不能工作的测试程序，甚至不能编译。
- 可运行：尽快让这个测试程序工作，为此可以在程序中使用一些不合情理的方法。
- 重构：清除测试程序工作过程中产生的重复设计，优化设计结构。

测试驱动开发带来如下好处：

- 如果代码的错误密度能够充分地减少，那么软件的质量保证工作可由被动保证转变为主动保证。
- 如果开发过程中的意外能够减少，那么项目经理对软件开发进程有一个精确的把握，以便合理安排开发。
- 如果每次技术讨论的主题足够明确，那么软件工程师之间的合作可以高效进行。
- 如果代码的错误密度能够充分地减少，那么每个周期可得到有新功能的软件成品。

测试驱动开发经过试验、编码、再试验、再编码……通过反馈提升代码质量，从而提高编码者的自信心，消除忧虑，提高编程效率和代码质量。

假设有表 12-1 所示的一个报表，如果这是一个多币种的报表，如表 12-2 所示，就需要加上币种单位。这里需要指定汇率，如表 12-3 所示。

表 12-1　单币种报表

票　据	股　份	股　价	小　计
春兰股份	1000	25	25000
长安电子	400	100	40000
总计		65000	

表 12-2　多币种报表

票据	股份	股价	小计
IBM	1000	25 美元	25000 美元
Nova	400	150 瑞士法郎	60000 瑞士法郎
合计		86350 美元	

表 12-3　币种汇率表

源币种	兑换币种	汇率
瑞士法郎	美元	1.5
人民币	美元	7.2

因此，根据汇率表有如下的计划清单陈述：
- 当瑞士法郎与美元的兑换率为 2∶1 时，5 美元＋10 瑞士法郎＝10 美元。
- 5 美元 ×2＝10 美元。

那么设计者编写怎样的代码才可以正确地计算出报表呢？

在假定给定汇率的情况下，要能对两种不同币种的金额进行相加，并将结果转换为另一种币种。要能将某一金额（每股股价）与某一个数（股数）相乘，并得到一个总金额。

为此，设计者将建立一个计划清单，并集中注意力在那些事情上。当完成某项工作时，设计者可将其划去。如果要接着做什么，就将其加入清单。测试驱动开发的第一步是测试。首先观察计划清单，第一个测试看起来较复杂，我们从第二个开始。

下面是一个关于乘法功能的简单实例：

```
public void testMultiplication() {
    Dollar five = new Dollar(5);
    five.times(2);
    assertEquals(10, five.amount);
}
```

然后测试，没有通过。由于这里没有任何程序代码，需要分析问题，并为计划清单增加测试：
- 当瑞士法郎与美元的兑换率为 2∶1 时，5 美元＋10 瑞士法郎＝10 美元。
- 5 美元 ×2＝10 美元。
- 将 amount 定义为私有。
- Dollar 类有副作用吗？
- 钱数必须为整数吗？

编译没通过，原因是没有定义 Dollar 类及其方法。下面构造 Dollar 类及方法：

```
Dollar
class Dollar {
    int amount;
    Dollar(int amount) {
    }
    void times(int multiplier) {
    }
}
```

现在运行测试程序，结果又失败了。分析原因，希望结果为"10"，但事实上都是"0"。原因是没有给 amount 赋值。假设改动为：

```
int amount = 10;
```

程序通过，但程序风格很差，功能有限。

我们来分析一下 10 的来历，10＝5×2，而 5 与 2 处于两个不同的地方，所以依规则，应消除重复。修改代码，可以不在初始化时给 amount 赋值，而将这个移到 times( ) 方法中。

```
Dollar
int amount;
void times(int multiplier) {
    amount = 5 * 2;
}
```

测试仍然通过，测试程序保持在可运行状态。测试驱动开发并非一定要采取这样一小步一小步的开发过程，而是要培养这种能力。通过学习，设计者可以选择粒度较大的步骤。

如何消除测试代码和工作代码之间的重复，即怎样得到一个 5 呢？这可交给构造函数来做：

```
Dollar
Dollar(int amount) {
    this.amount = amount;
}
```

然后在 times( ) 函数中使用它：

```
Dollar
void times(int multiplier) {
    amount = amount * 2;
}
```

由于参数"multiplier"的值是 2，可由参数来代替这个常量：

```
Dollar
void times(int multiplier) {
    amount = amount * multiplier;
}
```

进一步使用 Java 的"*="操作符消除内容重复：

```
Dollar
void times(int multiplier) {
    amount *= multiplier;
}
```

这样解决了"5美元×2＝10美元"这条计划，可以从清单中划去。

12.7.2　测试驱动开发的步骤

测试驱动开发的总体流程如下：

（1）编写一个测试程序。设想希望拥有的接口、所需要得出正确计算结果的元素。

（2）让测试程序运行。尽快地让测试程序运行起来。方案要求整洁、简单、快速。快速使测试通过是一切行为的理由。

（3）编写合格的代码。进行软件设计，消除先前引入的重复设计，使测试尽快运行通过。

如此重复上述3步，直到达到最终目标。

测试驱动开发的最终目标是得到整洁可用的代码。方法是"分而治之"。首先解决目标中的"可用"问题，然后解决"代码的整洁"问题。

继续前面的货币转换程序初步设计，改变测试代码测试不同乘数的变化：

```
public void testMultiplication() {
    Dollar five = new Dollar(5);
    five.times(2);
    assertEquals(10, five.amount);
    five.times(3);
    assertEquals(15, five.amount);
}
```

由于第一次调用 times( ) 函数后，five 变为 10，而我们的意图是不让 five 丝毫改变。这样做要改变 Dollar 类的接口，因此，我们改动测试程序：

```
public void testMultiplication() {
    Dollar five = new Dollar(5);
    Dollar product = five.times(2);
    assertEquals(10, product.amount);
    product = five.times(3);
    assertEquals(15, product.amount);
}
```

改变 Dollar.times( ) 的声明：

```
Dollar
Dollar times(int multiplier) {
    amount *= multiplier;
    return null;
}
```

测试程序可以编译，但不能运行，原因 times( ) 函数没有返回带有正确的 amount 值的 Dollar 对象：

```
Dollar
Dollar times(int multiplier) {
    return new Dollar(amount * multiplier);
}
```

这个程序消除了 Dollar 类的副作用，故可以将"Dollar 类有副作用吗？"从计划清单中划去。

上面的程序中，我们将对象当作数值来使用，这样的对象称为数值对象。对数值对象的一个要求是，一旦数值对象的实例变量值在构造函数中指定，那么以后不允许其发生变化。

数值对象的一个隐含意思是所有操作都必须返回一个新的对象；另一个隐含意思是使用数值对象，必须要实现 equals( ) 函数。因为一个 5 美元的对象跟其他 5 美元的对象几乎没有什么区别。因此，在计划清单中增加两条任务：

- 实现 equals( ) 函数。
- 实现 hashCode( ) 函数。

如果 Dollars 作为散列表的键值（key），那么如果要实现 equals( ) 就必须实现 hashCode( )。现在考虑测试的相等性。首先，5 美元应该等于 5 美元：

```
public void testEquality() {
    assertTrue(new Dollar(5).equals(new Dollar(5)));
}
```

测试没有通过。equals( ) 的伪实现返回 true。

```
Dollar
public boolean equals(Object object) {
    return true;
}
```

要返回 true，实际上"5==5"，即"amount==5"，也就是"amount==dollar.amount"。

下面用测试的三角法来实现。如果用两个已知间距的接收站都测定无线信号的方向，那么就有足够的信息计算信号的方位和范围。这种方法称为三角法。要使用三角法，我们使用"5 美元 !=6 美元"。

```
public void testEquality() {
    assertTrue(new Dollar(5).equals(new Dollar(5)));
    assertFalse(new Dollar(5).equals(new Dollar(6)));
}
```

使判等函数 equals( ) 一般化：

```
Dollar
public boolean equals(Object object) {
    Dollar dollar = (Dollar)object;
    return amount == dollar.amount;
}
```

因此在计划清单中可划去 equals( ) 函数的测试计划。

如果对设计方案一点思路也没有，三角法提供了一个从另一个稍微不同的角度考虑这个问题的机会。例如，我们会在计划清单中加入：

- 与空对象判等。
- 与非同类对象判等。

从概念上讲，Dollar.times( ) 操作应该返回一个 Dollar 对象，这个对象的值是原对象的值乘以乘数。但在测试程序中并没有明确这一点。设计者可以重写这一个断言，让 Dollar 对象之间进行比较：

```
public void testMultiplication() {
```

```
Dollar five = new Dollar(5);
Dollar product = five.times(2);
assertEquals(new Dollar(10), product);
product = five.times(3);
assertEquals(new Dollar(15), product);
}
```

进一步分析，临时变量 product 的作用已经不大了，设计者可采用内联方式（online）将其直接插入进来：

```
public void testMultiplication() {
    Dollar five = new Dollar(5);
    assertEquals(new Dollar(10), five.times(2));
    assertEquals(new Dollar(15), five.times(3));
}
```

现在测试程序比较清楚，但它并不是一系列操作，而是一个关于正确与否的断言。测试经过这样的修改，Dollar 类是唯一一个使用其实例变量 amount 的类，所以设计者可以将 amount 改为私有：

```
Dollar
private int amount;
```

现在，设计者就可以将"将'amount'定义为私有"从计划清单中划去。

测试驱动开发也有风险。例如，如果关于判等的测试不能准确地说明判等功能可用，那么关于乘法的测试也不能准确地说明乘法功能可用。任何程序都可以从代码和测试两条线走，设计者应尽可能减少缺陷。有时由于推理不严密，导致缺陷存在。如果发生这种情况，设计者应该编写测试。

12.7.3　编写测试程序

处理清单上第一个测试到目前为止还有些困难，不能通过简单的步骤来实现。可以看出一个先决条件是必须要有一个类似的 Dollar 对象，但这个对象是法郎。如果设计者能让这个法郎对象像现在的美元对象一样工作，那么距离编写和运行这两类不同对象混合相加的测试就更近了。设计者在计划清单中增加"5 瑞士法郎 ×2＝10 瑞士法郎"的测试。

设计者可以复制并编写 Dollar 测试程序：

```
public void testFrancMultiplication() {
    Franc five = new Franc(5);
    assertEquals(new Franc(10), five.times(2));
    assertEquals(new Franc(15), five.times(3));
}
```

应用什么快捷的方式可以让新测试程序运行通过呢？可以复制美元 Dollar 的实现代码，用 Franc 代替 Dollar。当然，这样做没有使用抽象机制，不利于代码简洁，但通过复制只要花极短的时间完成这样一个测试，其目的是快速通过测试，然后适时地进行设计。继续如下的代码复制和修改：

```
Franc
class Franc {
    private int amount;
```

```
    Franc(int amount) {
        this.amount = amount;
    }
    Franc times(int multiplier) {
        return new Franc(amount * multiplier);
    }
    public boolean equals(Object object) {
        Franc franc = (Franc)object;
        return amount == franc.amount;
    }
}
```

测试通过，而且非常迅速。现在可以将"5 瑞士法郎×2＝10 瑞士法郎"从计划清单中划去。显然代码存在大量的重复设计，在编写下一个测试之前要进行重新设计，并完成 equals( ) 函数的一般化。

为了使一个新的测试能够尽快地工作，设计者大量使用了复制和粘贴代码的方法。下面对设计进行该优化。在计划清单中增加："美元与瑞士法郎之间的重复设计"，"普通判等"，"普通相乘"。

设计者使用 Money 类来统一共同的判等函数代码：

```
Money
class Money
Dollar
class Dollar extends Money {
    private int amount;
}
```

所有的测试全部通过，现在可以上移 amount 实例变量到 Money 类中：

```
Money
class Money {
    protected int amount;
}
Dollar
class Dollar extends Money {
}
```

amount 的可见性必然由 private 改为 protected，以便子类能够看见。现在着手将 equals( ) 函数的代码上移：

```
Dollar
public boolean equals(Object object) {
    Money dollar = (Money)object;
    return amount == dollar.amount;
}
```

所有测试依然可以运行通过。现在将 equals( ) 函数上移至 Money 类：

```
Money
public boolean equals(Object object) {
    Money money = (Money)object;
    return amount == money.amount;
}
```

同时要清理 Franc.equals( ) 函数。在改动之前，设计者一开始就把应该有的测试程序写出来。当没有足够的测试程序时，设计者必然会遇到测试不支持重构的情况。设计者可直接复制 Dollar 类的测试程序：

```
public void testEquality() {
    assertTrue(new Dollar(5).equals(new Dollar(5)));
    assertFalse(new Dollar(5).equals(new Dollar(6)));
    assertTrue(new Franc(5).equals(new Franc(5)));
    assertFalse(new Franc(5).equals(new Franc(6)));
}
```

显然，多了两行重复，设计者可以在后面改正这一缺陷。让 Franc 继承 Money 类：

```
Franc
class Franc extends Money {
}
```

Franc.equals( ) 函数与 Money.equals( ) 函数几乎是一样的，所以可删除 Franc 类中的实现，强制转化为类型：

```
Franc
public boolean equals(Object object) {
    Money money = (Money)object;
    return amount == money.amount;
}
```

现在可以从计划清单中划去"普通判等"。由于 Franc.equals( ) 与 Money.equals( ) 没有区别，因此可以删除法郎类中的冗余实现。运行测试程序，全部通过。

那么接下来，设计者就可以关注法郎对象与美元对象之间的比较了。在计划清单中加入测试"比较法郎对象与美元对象"。

修改测试程序：

```
public void testEqulity() {
    assertTrue(new Dollar(5).equals(new Dollar(5)));
    assertFalse(new Dollar(5).equals(new Dollar(6)));
    assertTrue(new Franc(5).equals(new Franc(5)));
    assertFalse(new Franc(5).equals(new Franc(6)));
    assertFalse(new Franc(5).equals(new Dollar(5)));
}
```

美元等于法郎。测试失败了。分析知道，判等代码需要确定不是用法郎对象和美元对象做比较，而是使用两个对象中的数值进行比较。修改 Money 类的 equals( ) 函数：

```
public boolean equals(Object object) {
    Money money = (Money)object;
    return amount == money.amount &&
        getClass().equals(money.getClass());
}
```

这样的代码只是比较对象是否相同，不满足金融领域的问题。现在可以将"比较法郎对象与美元对象"从计划清单中划去。要实现多币种计算，设计者要考虑 times( ) 函数代码的重构。请在测试列表中加入"货币？"

times( ) 函数在两个类中非常相似。为了使这两种实现完全一致，首先，设计者可使它们返回同一个 Money 对象：

```
Franc
Money times(int multiplier) {
    return new Franc(amount * multiplier);
}
Dollar
Money times(int multiplier) {
    return new Dollar(amount * multiplier);
}
```

设计者可在 Money 类中加一个返回 Dollar 对象的工厂方法：

```
public void testMultiplication() {
    Dollar five = Money.dollar(5);
    assertEquals(new Dollar(10), five.times(2));
    assertEquals(new Dollar(15), five.times(3));
}
```

它的实现是创建并返回一个 Dollar 对象：

```
Money
static Dollar dollar(int amount) {
    return new Dollar(amount);
}
```

但设计者可以消除对 Dollar 的引用，改动测试程序，并修改 Money.times( ) 的声明，然后修改工厂方法的声明：

```
public void testMultiplication() {
    Money five = Money.dollar(5);
    assertEquals(new Dollar(10), five.times(2));
    assertEquals(new Dollar(15), five.times(3));
}
Money
abstract class Money;
abstract Money times(int Multiplier);
static Money dollar(int amount) {
    return new Dollar(amount);
}
```

所有测试都运行通过，设计者可以在测试的任何地方使用工厂方法：

```
public void testMultiplication() {
    Money five = Money.dollar(5);
    assertEquals(Money.dollar(10), five.times(2));
    assertEquals(Money.dollar(15), five.times(3));
}
public void testEquality() {
    assertTrue(Money.dollar(5).equals(Money.dollar(5)));
    assertFalse(Money.dollar(5).equals(Money.dollar(6)));
    assertTrue(new Franc(5).equals(new Franc(5)));
```

```
assertFalse(new Franc(5).equals(new Franc(6)));
assertFalse(new Franc(5).equals(new Dollar(5)));
}
```

现在 Dollar 子类已经没有存在的意义了。通过消除测试程序与子类存在的耦合，设计者现在可以自由地改变继承关系而不会对模型代码构成任何影响。

12.7.4　代码重构

虽然经过系统架构和设计的重构，系统的结构已经得到了很大程度的改善，但是，我们还需要进行一个更低层面但绝对重要的重构工作，这就是代码重构。

我们在浏览一个系统的代码后，通过经验及直觉就能发现的一些问题，例如，代码的方法过大、系统中重复的代码过多、类的子类中存在大量相同方法、代码中存在过多的注释、参数列表太长等。

需要强调一点，我们明确代码重构通常所遵循的原则有着极为重要的意义：必须创建相应的大量测试用例和测试脚本。代码重构要遵循小步调的工作规模（小计划、小构想、小改动、小测试），从问题最严重或最危险的部分开始。一定要利用测试进行验证。如果测试失败，就需要重复进行上述动作。

两个子类 Dollar 和 Franc 仅剩下构造函数。一个只有构造函数的子类是没有意义的，所以，设计者希望删除这两个子类。设计者可以将对子类的引用改为对父类的引用。

```
Franc
static Money franc(int amount) {
    return new Money(amount, "CHF");
    }
Dollar
static Money dollar(int amount) {
    return new Money(amount, "USD");
}
```

Dollar 已经没有了作用，可以删除它。由于测试 testDifferentClassEqulity( ) 的存在，因此 Franc 暂时保留。判等测试：

```
public void testEquality() {
    assertTrue(Money.dollar(5).equals(Money.dollar(5)));
    assertFalse(Money.dollar(5).equals(Money.dollar(6)));
    assertTrue(Money.franc(5).equals(Money.franc(5)));
    assertFalse(Money.franc(5).equals(Money.franc(6)));
    assertFalse(Money.franc(5).equals(money.dollar(5)));
}
```

第一个断言和第二个断言的工作是一样的，可删除第二个断言和第三个断言：

```
public void testEquality() {
    assertTrue(Money.dollar(5).equals(Money.dollar(5)));
    assertFalse(Money.franc(5).equals(Money.franc(6)));
    assertFalse(Money.franc(5).equals(money.dollar(5)));
}
```

为了删除 Franc 类，可删去 testDifferentClassEquality( ) 函数。下来的问题就接近目标了，即"5 美元＋5 美元＝10 美元"。

```
public void testSimpleAddition() {
    Money sum = Money.dollar(5).plus(Money.dollar(5));
    assertEquals(Money.dollar(10).equals(sum));
}
```

在 Money 类中添加 plus( ) 函数：

```
Money
Money plus(Money addend) {
    return new Money(amount + addend.amount, currency);
}
```

上面的方法仅是计算二者的数量和，没有考虑多币种运算。最困难的设计要求是系统中的大部分代码都不能感觉到是在与多币种货币"打交道"。一种可能的策略是把所有货币值转化成某种参照货币。另外一种方法是使用汇率，并使用算术表达式来计算。解决方案是创建一种行为像 Money 类的对象，但代表了两种 Money 对象的和。Money 对象是表达式中无法再继续细分的元素。通过操作形成表达式，其中之一就是 Money 对象的和 Sum。一旦操作完成，在给定一组汇率之后，运算的结果就能够化归为某种单一的货币。

12.8 小结

开发一个软件是为了解决现实世界中的问题，这些问题涉及的业务范围称为该软件的问题域。面向对象的编程实现将现实世界中的客观事物描述成具有属性和行为（或称为服务）的对象，通过抽象找出同一类对象的共同属性（静态特征）和行为（动态特征），形成类。类通过一个简单的外部接口与外界发生关系，对象与对象之间通过消息进行通信。这样，程序模块间的关系更为简单，程序模块的独立性、数据的安全性就有了良好的保障。类的继承与多态性可以很方便地实现代码重用，大大提高了程序的可重用性，缩短了软件开发周期，并使软件风格统一。

面向对象的软件测试是面向对象软件开发的不可缺少的一环，是保证软件质量、提高软件可靠性的关键。面向对象测试包括分析测试、设计测试和实现测试。结合传统软件测试的方法和技术，并针对面向对象软件所具有的特征，将面向对象实现测试层次划分为 4 层：方法测试、类测试、类簇测试和系统测试。方法测试对类的方法进行测试，类测试对每一个类进行独立测试，类簇测试对一组类进行集成测试，系统测试按照黑盒方法进行系统功能测试。

测试驱动开发是极限编程的一个重要组成部分，它的基本思想是在开发功能代码之前，先编写测试代码。也就是说在明确要开发某个功能后，首先思考如何对这个功能进行测试，并完成测试代码的编写，然后编写相关的代码满足这些测试用例，最后循环添加其他功能，直到完成全部功能的开发。代码整洁、可用是测试驱动开发所追求的目标。

习题

1. 面向对象的程序设计语言与以往各种编程语言的根本不同点是什么？
2. 主流的面向对象语言有哪些？

3. 面向对象测试实现测试划分为哪几个层次？

4. 什么是测试驱动开发？

5. 测试驱动开发有哪些优点和不足？

6. 测试驱动开发适合用在哪些阶段？

7. 测试驱动开发包括哪 3 个阶段？

8. 如何构造测试计划清单？

9. 请举例说明如何在你的项目中实施测试驱动开发技术。

第四部分

软件维护与项目管理

本部分将介绍软件维护与项目管理的基本原理、方法和过程及其模型,分为软件维护和软件项目管理两部分内容,将回答以下问题:

- 什么是软件结构化维护?
- 软件维护有哪些方法?
- 软件维护有哪些类型?
- 什么是软件项目管理?
- 软件项目管理包括哪些内容?

学过本部分内容后,请思考下列问题:

- 软件维护的过程是什么?
- 如何提高软件的可维护性?
- 软件关联包括哪些内容?
- 软件估算技术有哪些方法?
- 如何编写软件项目计划文档?

第 13 章

软 件 维 护

13.1　引言

软件维护工作处于软件生存周期的最后阶段，维护阶段是软件生存周期中最长的一个阶段，所花费的人力、物力最多，其费用高达整个软件生存周期费用的 60%～70%。因为计算机程序总是会发生变更，如对错误的修改、新功能的加入、环境变化造成的程序变动等，因此应该充分认识到维护工作的重要性和迫切性，提高软件的可维护性，减少维护的工作量和费用，延长已经开发的软件的生存周期，以发挥其应有的效益。

软件维护指在软件交付运行后，为保证软件正常运行以适应新变化而进行的一系列修改活动。

软件维护是软件工程的一个重要任务，其主要工作是在软件运行和维护阶段对软件产品进行必要的调整和修改。要求进行维护的原因主要分为如下 5 种：

- 在运行中发现在测试阶段未能发现的潜在软件错误和设计缺陷。
- 根据实际情况，需要改进软件设计，以增强软件的功能，提高软件的性能。
- 要求在某环境下已运行的软件能适应特定的硬件、软件、外部设备和通信设备等组成的新工作环境，或要求其适应已变动的数据或文件。
- 使投入运行的软件与其他相关的程序有良好的接口，以利于协同工作。
- 使软件的应用范围得到必要的扩充。

随着计算机功能越来越强，社会对计算机的需求越来越大，这就要求软件必须快速发展。在软件快速发展的同时，应该考虑软件的开发成本，显然，对软件进行维护的目的是纠正软件开发过程中未发现的错误，增强、改进和完善软件的功能和性能，以适应软件的发展，延长软件的寿命以让其创造更多的价值。

无论软件（产品）的规模怎样，开发一个完全不需要改变的软件是不可能的。即使到了软件运行期，软件还是在不断进化以适应变更的需求。所以，软件维护是一个不可避免的过程。

软件（产品）的维护工作有以下特点：

- 软件维护是软件生产活动中持续时间最长、工作量最大的活动。大、中型软件产品的开发期一般为 1～3 年，运行期可达 5～10 年。在这么长的软件运行过程中，需要不断改正软件中的残留错误，以适应新的环境和用户新的要求等。这些工作需要花费大量的精力和时间。据统计，软件（产品）维护所花费的工作量通常占整个软件生存周期工作量的 70% 以上，一些特大型软件的维护费用甚至高达开发费用的 40～50 倍。所以，软件维护是导致软件成本大幅度上升的重要因素。
- 软件维护不仅工作量大、任务重，如果维护得不正确，还会产生一些意想不到的副作用，甚至可能引入新的错误。因此，软件维护直接影响软件（产品）的质量和使用寿命，维护活动必须慎之又慎。

- 软件维护活动实际是一个修改和简化了的软件开发过程。软件开发的所有环节，如分析、设计、实现和测试等几乎都要在维护活动中用到。
- 软件维护和软件开发一样，都需要采用软件工程的原理和方法，这样才可以保证软件维护的标准化、高效率，从而降低维护成本。

13.2 软件的可维护性

软件维护是不可避免的，人们总希望所生产的软件能够容易维护一些。在软件工程领域，软件的可维护性是衡量软件（产品）维护容易程度的一种软件质量属性。它是软件开发各个阶段，甚至是各项开发活动（包括维护阶段的维护活动）的关键目标之一。

软件的可维护性是指纠正软件（产品）的错误和缺陷，以及为满足产品新要求或环境变化而进行修改、扩充、完善的容易程度。所以，软件的可维护性定义为软件的可理解、可测试、可修改的难易程度。

一个软件（产品）的质量属性可以表现在许多方面。可维护性既是其中之一，又和其他软件质量属性有相当密切的关系。以下是定义可维护性，或者影响可维护性的软件质量属性。

可理解性。 可理解性是指人们通过阅读源代码和相关文档，了解程序功能、结构、接口和内部过程的容易程度。一个可理解的程序应该具备模块化、结构化、风格一致化（代码风格与设计风格的一致性）、易识别化（不使用令人捉摸不定或含糊不清的代码，使用有意义的数据名和过程名），以及文档完整化等特性。

可测试性。 可测试性是指论证程序正确性的容易程度。程序复杂度越低，证明其正确性就越容易。测试用例设计得合适与否，取决于对程序的理解程度。因此，一个可测试的程序应当是可理解的、可靠的和简单的。

可修改性。可修改性是指程序容易修改的程度。一个可修改的程序应当是可理解的、通用的、灵活的和简单的。其中，通用性是指程序适用于各种功能变化而无需修改。灵活性是指能够容易地对程序进行修改。

上述 3 个属性是密切相关的，共同表述了可维护性的定义。如果一个程序的可理解性差，则是难以修改的；如果可测试性差，修改后正确与否也难以验证。

除此之外，还有以下几个影响可维护性的软件质量属性。

可靠性。可靠性是指一个程序按照用户的要求和设计目标，在给定的一段时间内正确执行的概率。

可移植性。可移植性表明程序转移到一个新的计算机环境的可能性大小。它表明程序可以容易地、有效地在各种各样的计算机环境中运行的容易程度。

可使用性。从用户的观点来看，可使用性可以定义为程序方便、实用，以及易于使用的程度。一个可使用的程序应该能够做到易于使用，允许用户出错和改变，并尽可能避免用户不知所措的状态。

效率。效率表明一个程序能执行预定功能而又不浪费机器资源的程度。机器资源包括内存容量、外存容量、通道容量和执行时间等。

13.3 软件维护的类型

根据维护工作的特征，软件维护活动可以归纳为纠错性维护、完善性维护、适应性维护和预防性维护。

纠错性维护

软件测试不可能找出一个软件系统中所有潜伏的错误，所以当软件在特定情况下运行时，这些潜伏的错误可能会暴露出来。对在测试阶段未能发现的，在软件投入使用后才逐渐暴露出来的错误进行测试、诊断、定位、纠错以及验证、修改的回归测试过程，称为纠错性维护（corrective maintenance）。纠错性维护占整个维护工作的21%。

它的主要维护策略是开发过程中采用新技术，利用应用软件包，提高系统的结构化程度，进行周期性维护审查等。

完善性维护

在软件的使用过程中，用户往往会对软件提出新的功能与性能要求。为了满足这些日益增长的新要求，需要修改或再开发软件，以扩充软件功能、增强软件性能、改进工作效率、提高软件的可维护性等。这些维护活动称为完善性维护（perfective maintenance）。

例如，完善性维护可能是修改一个计算工资的程序，使其增加新的扣除项目；缩短系统的应答时间，使其达到特定的要求；把现有程序的终端对话方式加以改造，使其具有方便用户使用的界面；改进图形输出；增加联机帮助（Help）功能；为软件的运行增加监控设施等。

完善性维护的目标是使软件产品具有更高的效率。可以认为，完善性维护是有计划的一种软件"再开发"活动，不仅过程复杂，而且还可能会引入新的错误，必须格外慎重。

在软件维护阶段的正常期，由于来自用户的改造、扩充和加强软件功能及性能的要求逐步增加，完善性维护的工作量也逐步增加。实践表明，在所有维护活动中，完善性维护所占的比例最大，大约占总维护量的50%以上。

适应性维护

适应性维护是为了适应计算机的飞速发展，使软件适应外部新的硬件和软件环境或者数据环境（数据库、数据格式、数据输入/输出方式、数据存储介质）发生的变化而修改软件的过程。适应性维护占整个维护工作的25%。例如，为现有的某个应用问题实现一个数据库管理系统；对某个指定代码进行修改，如将3个字符改为4个字符；缩短系统的应答时间，使其达到特定的要求；修改两个程序，使它们可以使用相同的记录结构；修改程序，使其适用于另外的终端。

它主要的维护策略是对可能变化的因素进行配置管理，将因环境变化而必须修改的部分局部化，即局限于某些程序模块等。

预防性维护

为了提高软件的可维护性和可靠性等，主动为以后进一步维护软件打下良好基础的维护活动称为预防性维护（preventive maintenance）。

随着软件技术的进步，相对早期开发的软件系统会有结构上的缺陷（当时的各种局限性造成的）；或者随着不断维护，软件系统的结构在衰退。如果发生这些情况，就需要在改善软件结构上下功夫，解决的办法是进行预防性维护。

预防性维护主要采用先进的软件工程方法对已经过时的、很可能需要维护的软件系统，或者软件系统中的某一部分重新进行设计、编码和测/调试，以期达到结构上的更新。这种维护活动有一些软件"再工程"的含义。可以认为，预防性维护的意义在于"把今天的方法学用于昨天的系统，以满足明天的需要"。

预防性维护是为提高软件的可维护性而改进软件产品的工作，大约占总维护量的5%。

13.4　软件维护方法

正确合理地使用软件维护方法，是提高维护的效率和质量的关键。软件维护方法包括：

- 维护方法：涉及软件开发的所有阶段。
- 维护支援方法：支持软件维护阶段的技术。
- 维护档案记录：做好维护档案记录，才能为维护评价提供有效的数据。
- 维护评价：确定维护的质量和成本。

维护方法

维护方法是软件开发阶段用来减少错误、提高软件可维护性的方法，涉及软件开发的所有阶段。在需求分析阶段，对用户的需求进行严格的分析定义，使之没有矛盾且易于理解，可以减少软件中的错误。例如，美国密歇根大学的 ISDOS 系统就是需求分析阶段使用的一种分析和文档化工具，可以用于检查需求说明书的一致性和完备性。在设计阶段，划分模块时，应充分考虑将来改动或扩充的可能性，采用结构化分析和结构化设计方法，以及通用的硬件和操作系统来设计。在编码阶段，应使用灵活的数据结构，使程序相对独立于数据的物理结构，养成良好的程序设计风格。在测试阶段，应尽可能多地发现错误，保存测试所用例子以及测试数据等。这些技术可以减少软件错误，提高软件的可维护性。

维护支援方法

维护支援方法是在软件维护阶段用来提高维护作业效率和质量的方法。包括：

- 信息收集：收集有关系统在运行过程中的各种问题。
- 错误原因分析：分析所收集到的信息，分析出错的原因。
- 软件分析与理解：只有对需要维护的软件进行认真的理解，才能保证软件维护正确进行。
- 维护方案评价：在进行维护修改前，要确定维护方案，并由相关的组织评审通过后才能执行。
- 代码与文档修改：实施维护方案。
- 修改后的确认：经过修改的软件，需要重新进行测试。
- 远距离的维护：对于网络系统，可以通过远程控制进行维护。

软件维护过程

通常进行每项软件维护活动时，首先要建立维护机构，对每一个维护申请提出报告，并对其进行论证；然后为每一项维护申请规定维护的内容和标准的处理步骤；此外，还必须建立维护活动的登记制度，以及规定维护评审和评价的标准。

概括地说，软件维护过程如下：

- 提交维护申请报告。
- 制订维护计划。
- 进行维护活动。
- 建立维护文档。
- 复审 / 评价维护性能。

除了较大的软件开发公司外，进行软件（产品）的维护工作，并不需要设立一个专门的维护机构。虽然不要求建立一个正式的维护机构，但是，在开发部门确立一个非正式的维护机构是非常必要的。

维护需求往往是在无法预测的情况下发生的。一般情况下，随机的维护申请提交给一个维护管理员，他把申请交给某个系统监督员去评价。系统监督员是一位技术人员，他必须熟悉产品程序的每一个细微部分。一旦做出评价，由维护负责人确定如何进行修改。在维护人员对程序进行修改的过程中，由配置管理员严格把关，控制修改的范围，对软件配置进行审计。维护负责人、系统监督员、维护管理员等均负责维护工作的某个职责范围。维护负责人、维护管理员可以是指定的某个人，也可以是一个包括管理人员、高级技术人员的小组。系统监督员可以有其他职责，但应具体分管某一个软件包。在开始维护之前，就把责任明确下来，可以大大减少维护过程中的混乱。

　　所有的软件维护申请应按规定的方式提出。通常由用户（或者和维护人员共同）提出维护申请单（Maintenance Request Form，MRF），或称为软件问题报告（Software Problem Report，SPR），提交给软件维护机构。如果遇到一个错误，必须完整地说明产生错误的情况，包括输入数据、错误清单及其他有关材料。如果申请的是适应性维护、完善性维护，或者是预防性维护，必须提出一份修改说明书，详细列出所希望的修改。

　　维护申请报告是计划维护工作的基础。维护申请报告将由维护管理员和系统监督员共同研究处理，并相应地做出软件变更报告（Software Change Report，SCR）。SCR 的内容包括：所需修改变动的性质；申请修改的优先级；为满足该维护申请报告所需的工作量（人员数、时间数）；预计修改后的结果。

　　SCR 应提交给维护负责人，经批准后才能开始进一步安排维护工作。

　　对于各种类型的、每一项具体的维护申请，软件维护的工作流程如图 13-1 所示。进行维护的主要步骤是确认维护类型、实施维护和维护评审。

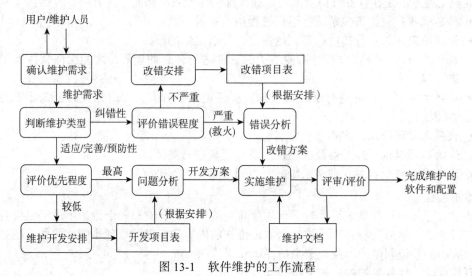

图 13-1　软件维护的工作流程

（1）确认维护类型

　　确认维护类型需要维护人员与用户反复协商，弄清错误概况及其对业务的影响大小，以及用户希望做什么样的修改，并把这些情况存入维护数据库，然后由维护管理员判断维护的类型。

　　对于纠错性维护申请，从评价错误的严重性开始。如果存在严重错误（往往会导致重大事故），则必须安排人员，在系统监督员的指导下，立即进行问题分析，寻找错误发生的原因，进行"救火"式的紧急维护；对于不严重的错误，可根据任务性质和轻重缓急程度，统一安排改错的维护。所谓"救火"式的紧急维护，是暂不顾及正常的维护控制，也不必考虑评价可能发生的副作用，在维护完成、交付用户之后再去做相关的补偿工作。

　　对于适应 / 完善 / 预防性维护申请，需要先确定每项申请的优先次序。若某项申请的优先级非常高，就应立即开始维护性的开发工作；否则，维护申请和其他开发工作一样，进行优先排队，统一安排时间。并不是所有这些类型的维护申请都必须承担，因为这些维护通常等于对软件项目做二次开发，工作量很大。所以需要根据商业需要、可利用资源情况、目前和将来软件的发展方向，以及其他因素，决定是否承担。

对于不需要立即维护的申请，一般安排到相应类型的维护项目表（改错项目表和开发项目表）中，然后根据安排有计划地进行相关维护。

（2）实施维护

尽管维护申请的类型有所不同，但一般都要进行以下这些工作：

- 修改软件需求说明。
- 修改软件设计。
- 设计评审。
- 对源程序做必要的修改。
- 单元测试。
- 集成测试（回归测试）。
- 确认测试。
- 软件配置评审等。

（3）维护评审

每项软件维护任务完成之后，最好进行维护情况的评审，对以下问题进行总结：

- 在目前情况下，设计、编码、测试中的哪些方面可以改进？
- 缺少哪些维护资源？
- 工作中的主要或次要障碍是什么？
- 从维护申请的类型来看，是否应当有预防性维护？

维护情况评审对将来的维护工作如何进行会产生重要的影响，也可为软件机构的有效管理提供重要的反馈信息。

为了估计软件维护的有效程度，确定软件产品的质量，同时确定维护的实际开销，需要在维护过程中做好维护文档的记录。每项维护活动都应该收集相关的数据，以便对维护工作进行正确评价。这些数据主要包括修改程序所增加的源程序语句条数、修改程序所减少的源程序语句条数、每次修改所付出的人员和时间数（简称人时数，即维护成本）、维护申请报告的名称和维护类型、维护工作的净收益。

对一个软件（产品）维护性能的评价，如果缺乏可靠的统计数据将会变得比较困难。但是，如果所有维护活动的文档做得比较好，就可以统计得出维护性能方面的度量模型。可参考的度量内容如下：每次程序运行时的平均出错次数；花费在每类维护上的总人时数；每个程序、每种语言、每种维护类型的程序平均修改次数；因为维护，增加或删除每个源程序语句所花费的平均人时数。

根据这些度量提供的定量数据，可对软件项目的开发技术、语言选择、维护工作计划、资源分配，以及其他许多方面做出正确的判定。

13.5　提高软件的可维护性

13.5.1　结构化维护与非结构化维护

软件的开发过程对软件的维护有较大的影响。若一个软件没有采用软件工程方法进行开发，也没有任何的文档，只有程序，这样的软件维护起来非常困难，这类维护称为非结构化维护。相反，软件开发有正规的软件工程方法和完善的文档，那么维护这样的软件相对要容易得多，这类维护称为结构化维护。

非结构化维护。由于这类维护只有源代码，没有或只有少量的文档，维护活动只能从阅读、理解、分析程序源代码开始。通过阅读和分析程序源代码来理解系统的功能、结构、数据、接口、设计约束等，势必要花费大量的人力、物力，而且很容易出错，很难保证程序的正确性。

结构化维护。由于存在软件开发各阶段的文档，这对于理解和掌握软件的功能、性能、结构、数据、接口和约束有很大帮助。进行维护活动时，从需求文档弄清系统功能、性能的改变；从设计文档检查和修改设计；根据设计改动源代码，并从测试文档的测试用例进行回归测试。这对于减少维护人员的精力和花费，提高软件维护的效率有很大作用。

13.5.2　提高软件可维护性的技术途径

软件的可维护性对于延长软件的生存周期具有决定性的意义。这主要依赖于软件开发时期的活动。软件的可维护性是软件开发阶段的关键目标。

如何提高软件的可维护性，可以从两方面考虑。一方面，在软件开发期的各个阶段、各项开发活动进行的同时，应该时时、处处努力提高软件的可维护性，保证软件产品在发布之日有尽可能高水准的可维护性；另一方面，在软件维护期进行维护活动的同时，也要兼顾提高软件的可维护性，同时不能对可维护性产生负面影响。

提高软件可维护性的技术途径主要有以下 4 个方面。

建立完整的文档

文档（包括软件系统文档和用户文档）是影响软件可维护性的决定因素。由于文档是对软件的总目标、程序各组成部分之间的关系、程序设计策略，以及程序实现过程的历史数据等的说明和补充，因此，文档对提高程序的可理解性有着重要作用。即使是一个十分简单的程序，要想有效地、高效率地维护它，也需要编制文档来解释其目的及任务。

对于程序维护人员来说，要想对程序编制人员的意图重新改造，并对今后变化的可能性进行估计，也必须建立完整的维护文档。

文档版本必须随着软件的演化过程，时刻保持与软件（产品）的一致性。

明确质量标准

在软件的需求分析阶段，应明确建立软件质量目标，确定所采用的各种标准和指导原则，提出关于软件质量保证的要求。

从理论上说，一个可维护的软件产品应该是可理解的、可靠的、可测试的、可修改的、可移植的、效率高的和可使用的。但要实现所有的目标，需要付出很大的代价，而且有时也是难以做到的。因为，某些质量特性是相互促进的，如可理解性和可测试性、可理解性和可修改性；但也有一些质量特性是相互抵触的，如效率和可移植性、效率和可修改性等。尽管可维护性要求每一种质量特性都要得到满足，但它们的相对重要性应该随软件产品的用途以及计算环境的不同而不同。例如，对于编译程序来说，可能强调效率；但对于管理信息系统来说，则可能强调可使用性和可修改性。因此，对于软件的质量特性，应当在提出目标的同时规定它们的优先级。这样做有助于提高软件的质量，并对整个软件生存周期的开发和维护工作都有指导作用。

采用易于维护的技术和工具

为了提高软件的可维护性，应采用易于维护的技术和工具。

例如，采用面向对象、软件重用等先进的开发技术，可大大提高软件可维护性。

模块化是软件开发过程中提高可维护性的有效技术。它的最大优点是模块的独立性特征。如果要改变一个模块，则对其他模块影响很小；如果需要增加模块的某些功能，则仅需增加完成这些功能的新的模块或模块层；程序的测试与重复测试比较容易；程序错误易于定位和纠正。因此，采用模块化技术可以提高可维护性。

结构化程序设计不仅使得模块结构标准化，而且将模块间的相互作用也标准化了，因而把模块化又向前推进了一步。采用结构化程序设计可以获得良好的程序结构。

选择可维护的程序设计语言。程序设计语言的选择对程序的可维护性影响很大。低级语言，即机器语言和汇编语言，很难理解和掌握，因此很难维护。高级语言比低级语言容易理解，具有更好的可维护性。非过程化的第四代语言，用户不需要指出实现的算法，仅需向编译程序或解释程序提出自己的要求，由编译程序或解释程序自己做出实现用户要求的智能假设。例如，自动选择报表格式、选择字符类型和图形显示方式等。总之，从维护角度来看，第四代语言比其他语言更容易维护。

加强可维护性复审

在软件工程的每一个阶段、每一项活动的复审环节中，应该着重对可维护性进行复审，尽可能提高可维护性，至少要保证不降低可维护性。

13.6 小结

从软件工程的角度来看，软件产品即使投入运行，随着运行时间的推移还会发生变更（或称为演化）。软件产品在运行期间的演化过程即软件维护过程。

软件维护是软件生存周期的最后一个阶段，也是持续时间最长、工作量最大的一项不可避免的过程。软件维护的基本目标和任务是改正错误、增加功能、提高质量、优化软件、延长软件寿命，以及提高软件产品价值。

软件维护活动可分为纠错性维护、完善性维护、适应性维护和预防性维护 4 种类型。软件维护过程主要包括提交维护申请报告、制订维护计划、进行维护活动、建立维护文档和复审 / 评价维护性能。

软件的可理解性、可测试性和可修改性是定义软件可维护性的基本要素。文档是影响软件可维护性的决定因素。

提高软件可维护性是软件开发各个阶段，包括维护阶段都努力追求的目标之一。提高软件可维护性的技术途径主要有建立完整的文档、明确质量标准、采用易维护的技术和工具，以及加强可维护性复审等。

面向对象技术和软件重用技术是能从根本上提高软件可维护性的重要技术。

习题

1. 为什么说软件维护是不可避免的？
2. 试解释软件维护成本"居高不下"的原因？
3. 软件的可维护性与哪些因素有关？应该采取哪些措施提高软件的可维护性？
4. 什么是非结构化维护？什么是结构化维护？它们各自的特点是什么？
5. 试说明软件文档和软件可维护性的关系。

6. 简述软件维护的工作过程。为什么说软件维护过程是一个简化的软件开发过程？

7. 假设你是一家软件公司的软件项目负责人，现在的任务是要找出有哪些因素影响公司开发的软件的可维护性。说明你将采用什么方法来分析维护过程，从而发现公司软件可维护性的度量。

8. 如何提高软件的可维护性？

第 14 章

软件项目管理

14.1 引言

软件项目管理涉及对人员、过程、产品和项目本身等管理过程中发生的事件的计划和监控。从软件工程大量的应用实践中，人们逐渐认识到技术和管理是软件工程化生产不可缺少的两个方面。对于技术而言，管理意味着决策和支持。只有对生产过程进行科学、全面的管理，才能保证达到提高生产率、改善产品质量的软件工程目标。

项目是指一系列独特的、复杂的并相互关联的活动，这些活动有着一个明确的目标或目的，且必须在特定的时间、预算、资源限定内依据规范完成。项目参数包括项目范围、质量、成本、时间、资源。项目管理自诞生以来发展很快，当前人们已从多种角度来解释项目管理。

软件项目管理是软件工程的保护性和支持性活动。它在任何技术活动之前开始，并持续贯穿于整个软件的定义、开发和维护过程之中。

软件项目管理的目的是按照预定的进度、费用等要求，成功地组织实施软件的工程化生产，完成软件（产品）的开发和维护任务。具体地说，有效的软件项目管理主要体现在对项目的人员、计划和质量等方面的管理。

人员管理

一个软件项目的开发需要各种资源，包括涉及的各类人员、开发时间、支持开发的软件（工具），以及软件产品运行所需要的软/硬件等，其中最主要的资源是人。因为，软件开发过程是人的智力密集型劳动，所以项目开发成功的一个很重要的因素是人。

软件项目人员管理的目的是通过吸引、培养、鼓励和留住有创造力的、技术水平高的人才，增强软件组织承担日益繁重的软件开发的能力。所以，软件项目人员的管理要包括招募、选择、业绩管理、培训、报酬、专业发展、组织和工作计划，以及培养团队精神和企业文化等一系列以人为本的工作。

根据数以百计的大、中型软件开发项目的统计，对开发人员资源的需求（或称为消耗），包括对其他资源的需求，是随时间变化的一个类似于图 14-1 所示的曲线模式（以自然对数 e 为底的指数函数），通常称为 Rayleigh-Norden 曲线。一开始资源需求量较小，然后逐渐上升，当到达某个时间常数（t_d）时需求量达到峰值，之后再逐渐下降，减少到较低的数值。

经观察得知，时间常数 t_d 大致相当于软件开发完成的时间。也就是说，t_d 左方曲线大致为开发时期的人员需求，右方曲线大致为维护时期的人员需求。曲线下方的面积是整个软件生存周期所需的工作量。对于大型软件项目，t_d 左右两边

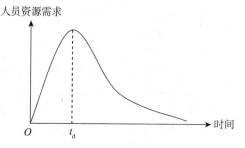

图 14-1　开发人员资源需求随时间变化的曲线

的面积之比为 4∶6，或者 3∶7。

软件项目计划

软件项目计划包括估算、进度安排、风险分析、质量管理计划 4 项主要活动。由于估算是所有其他项目计划活动的基础，而且项目计划又提供了通往成功的软件工程的路线图，因此，没有估算就着手开发，团队会陷入盲目。在项目开始之前，项目经理和软件团队必须估算将要完成的工作、所需的资源，以及从开始到完成所需要的时间。这些活动一旦完成，软件团队就可以制订项目进度计划。

软件质量管理

软件（产品）是一个复杂的逻辑实体，其需求很难精确把握，加上其开发活动大多由手工完成，软件产品或多或少会存在一定的质量缺陷。解决这一问题的手段有两个：技术手段和管理手段。

技术手段有两个方面：

- 改进测试方法，提高测试效率，更有效地发现和排除软件开发过程中发生的各种错误或缺陷，提高软件质量。
- 改进开发过程，使各种错误不会或很少引入软件开发过程。

实践证明，采用这两种技术手段解决软件质量问题的效果并不很明显。

虽然不断有新的测试技术和工具出现，但测试的有效性并没有发生根本变化。运用各种规范的软件过程模型，出发点是在整个开发过程中不让错误或缺陷进入，但前提是要用形式化方法描述软件需求，然后像公式推导一样进行严谨的开发，可是这些都过于理想化，其效果并不十分理想。

软件项目管理计划文档

一个大型的软件产品项目是大量时间和人力的聚合，如同其他大的建设项目一样，在项目开始时就进行详细的计划，是决定项目开发成功与否的关键因素。这就是工程项目"计划先行"指导思想的体现。

软件计划工作从软件项目一开始就持续不断地进行着。但是，这种计划在软件项目的需求规格说明文档制定之后、软件设计工作开始之前会达到一个高峰，以至于构成了一个独立的软件过程开发阶段——计划阶段。计划阶段的主要任务是拟定软件项目管理计划（Software Project Management Plan，SPMP）文档。这份文档给软件开发过程的管理提供了一个综合蓝图，是软件项目管理的指导性文件。

软件项目管理计划的目标是提供一个框架，使得管理者能够对资源、成本和进度进行合理的估算和安排。开始软件项目时，这些估算在一个限定的时间框架内进行，并且随着项目的进展不断更新。

SPMP 主要由需要做的事、需要的资源和需要花的经费 3 部分内容组成。

- 需要做的事：软件项目实施计划，包括进度安排、质量保证措施等。
- 需要的资源：软件项目资源需求和资源计划，资源包括时间、硬件、软件、人员和组织机构等。
- 需要的经费：对软件项目的规模、开发和维护成本的估计。

SPMP 中软件产品的进展情况可以通过里程碑（milestone）来反映。里程碑可以用计划完成的日期来标识，也可以用一份相关文档来标识。为了确定一个软件产品是否真正达到了一个里程碑，必须通过一系列由开发人员、管理者和客户组成的小组进行的审查。若一个软件产品经过审查并取得了一致的意见，那么，它将成为一个基线（baseline）。

SPMP 还使用了工作包的概念。一个工作包不仅定义了软件产品，而且定义了人员需求、开发期限、资源、负责人和验收标准等，其中资金预算和资金分配方案是这个计划的关键组成部分。资金分配要针对每一个项目的职责和活动进行。

SPMP 既不能低估工程的成本和周期，也不允许项目管理计划中存在错误，这一点很重要。对于开发者来说，这些可能意味着严重的财政隐患。正因为如此，SPMP 在提交之前必须通过审查。

IEEE 和我国国家标准局给出了 SPMP 的文档标准，如图 14-2 所示。

1　引言	3.3　风险管理
1.1　项目概述	3.4　监督与控制机制
1.2　项目交付	3.5　人员计划
1.3　软件项目管理计划的演变	4　技术过程
1.4　参考资料	4.1　方法、工具和技术
1.5　术语和缩写词	4.2　软件文档
2　项目组织	4.3　项目支持功能
2.1　过程模型	5　工作包、进度和预算
2.2　组织结构	5.1　工作包
2.3　组织边界和接口	5.2　依赖性
2.4　项目责任	5.3　资源要求
3　管理过程	5.4　预算和资源分配
3.1　管理目标和优先级	5.5　进度表
3.2　假设、依赖性和限制	6　附加部分

图 14-2　软件项目管理计划（SPMP）标准

14.2　软件项目组织

绝大多数软件（产品）的规模都很大，以至于少数几个专业技术人员在给定的时间限制内不能完成。因此，软件开发需要有组织的团队。软件团队必须有效地组织所有的开发人员，共同协作完成软件开发工作。

软件团队的结构取决于组织的管理风格、团队中的人员数量和技能水平等因素。

软件项目团队的组织方案有多种。通常，如果项目规模较小，则只需组成一个项目开发小组，开发小组规模以 2～8 名成员为宜；如果项目规模较大，则应该组成多个开发小组分担任务；如果有必要，可将多个开发小组再分成层级结构，以保证组织和管理的有效性。

软件开发团队的组织形式一般有 4 种，即民主分权式团队、控制集权式团队、控制分权式团队和敏捷团队。

民主分权式团队

民主分权式团队没有固定的负责人，问题的解决方法由小组讨论决策，团队成员之间的沟通是平行的。这种团队很少需要任务协调，即使需要协调也是短期指定或由组外人员负责。

由于民主分权式团队是一个没有领导者的团队，民主氛围浓郁，它最重要的优点是成员之间的平等和相互尊重，提倡无私精神，成员的工作积极性高，也能以积极的态度对待错误，相互发现的错误越多，就越高兴。这种积极的态度使得整个团队能多出、快出产品，能更有效地发现错误，开发出更高质量的产品。

民主分权式小组有两点不足：个人偏爱和管理员难以管理太民主的小组。民主分权式组织方式比较强调个人的作用，所以希望团队成员都是经验丰富、技术和技能都熟练的人员。该组织方式特别适用于较小规模或研究型产品的开发。

控制集权式团队

一个较大规模或复杂型产品的实现，必须以一种更具层次的方式来组织团队。控制集权式团队是典型的人员组织方式之一。控制集权式团队的顶层问题和组内协调由团队负责人管理。负责人和组员之间的沟通是上下级的。

控制集权式团队具有两个特点：第一是专业化，该团队的每个成员仅执行他们各自的专业任务，分工明确；第二是层次性，每个成员在该团队中处于一定的领导或被领导地位。

控制集权式团队由一名高级工程师（主程序员）、一名后备工程师、资料管理员，以及2～5名技术人员组成，高级工程师为团队负责人。在必要的时候，控制集权式团队还需要其他领域专家的协助，如作业控制语言专家、法律和财政事务方面的专家等。

控制集权式团队组织方式有许多成功的范例。一个典型范例是 IBM 公司于 1972 年完成的《纽约时报》等出版物摘要和全文的"剪报资料信息库管理系统"项目。当然，这个项目的成功也和 IBM 公司本身就拥有一大批出色的软件专家有很大关系。

控制集权式团队组织方法也有不切实际之处，如团队的人员选择问题。高级工程师必须是高级专业技术人员和成功的管理员的结合体。事实表明，一个高级技术人员所需要的才能，不同于一个成功的管理员所需要的才能，而且实际情况是，团队既缺乏成功的管理员，也缺乏高级专业技术人员。

控制分权式团队

民主分权式团队的最大优点是组员之间是无私的、平等的人际关系，由此形成强大的团队作战能力；控制集权式的最大优点是分工有序、责任明确。但是，控制集权式团队的个人负责制，导致身兼数职，领导人、管理员的各项工作难以面面俱到。

大规模的软件产品的实现，例如，一个需要 20 个人以上，甚至 120 个人来实现的产品，通常采用的是一种更合理的团队组织方式，即综合民主分权和控制集权两者优点的控制分权式团队。

总的说来，一个软件产品的开发过程是在团队领导人（经理）的指导下对开发小组实行分级管理而进行的。对于更大规模的产品，类似地，可以在组织层次中再添加子组级别。这种方式的小组（子组）和个人之间的沟通是平行的，但也会发生沿着控制层产生的上下级通信。

敏捷团队

敏捷方法学倡导：通过尽早地逐步交付软件来使客户满意，组织小型的充满活力的团队，采用非正式的方法，交付最小的软件工程工作产品，以及总体开发的简易性。

小型的充满活力的团队，也称为敏捷团队，吸纳了很多成功的软件项目团队的特性，同时又避免了很多产生问题的源头。同时，敏捷方法学强调团队成员的个人能力与团队协作精神相结合，这是团队成功的关键因素。

在软件项目中，为了发挥每个团队成员的能力，培养有效的合作，敏捷团队是自组织的。

为了成功地管理软件项目，我们必须了解项目可能会出现什么问题，如需求模糊、产品范围定义不清楚、技术变化、客户抵制等。

Barry Boehm 提出一个 W^5HH 原则，其强调项目目标、里程碑和进度、责任、管理和技术方法以及需要的资源。这种方法通过提出一系列问题来导出对关键项目特性以及项目计划的定义：

- Why：为什么要开发这个系统？回答这个问题，可以评估项目的商业方面的有效性。
- What：将要做什么？回答这个问题，将制定完成项目所需的任务清单。
- When：什么时候完成？回答这个问题，将帮助团队安排好项目进度。
- Who：某个功能由谁完成？回答这个问题，将规定每个成员的角色和责任。
- Where：组织结构位于何处？回答这个问题，将明确项目共利益者的责任和组织。
- How ：如何完成技术工作和管理工作？一旦确定了产品的范围，必须定义项目的管理策略和技术策略。
- How much：每种资源需要多少？回答这个问题，将通过估算确定项目的资源与计划。

14.3 软件过程管理

软件工程管理的重要内容是项目管理和过程管理，其基本目标是提高软件生产的效率和保证软件产品的质量。

从软件工程项目管理的角度，可以将项目开发过程要做的工作分成两类：项目职责、活动或任务。项目职责的管理不与软件开发过程的特定阶段相关联，它是贯穿于项目开发全过程的一类管理事务。活动或任务是与软件开发过程的特定阶段相联系的。活动是一个较大的工作单元，有开始时间和结束时间，有资源消耗和工作成果，如预算、文档、进度表、源代码、用户指南等。一项活动可以包含一系列任务，任务是进行管理的最小工作单元。因此，对软件项目的活动和任务的管理贯穿于整个项目开发过程之中。

对于项目职责的管理，首先根据项目的目标和范围（用户和开发者共同确定），考虑可选的解决方案，定义技术和管理的约束；然后进行合理（尽可能准确）的成本估算、有效的风险评估、适当的项目任务划分或给出意义明确的项目进度标志等；最后根据这些信息，制订一份详细的软件项目管理计划。

软件过程提供了软件工程化生产的一个框架。软件过程管理就是在这个确定的框架下建立一个软件开发过程的综合计划（也可称为软件实施计划）。一个软件过程的若干框架活动适用于所有软件项目，不关乎其规模和复杂性。若干不同任务的集合（每个集合都由任务、里程碑、交付物和软件复审组成）使得框架活动适应于不同软件项目的特征和项目开发者的需求。还有一类保护性活动，如软件质量保证、软件配置管理和测度等，独立于任何一个框架活动，贯穿在整个开发过程之中。

软件度量主要划分为项目度量和过程度量两大类。软件项目度量是战术性活动，目的在于辅助项目开发的控制和决策，改进软件产品的质量；软件过程度量是战略性活动，目的在于改进企业的软件开发过程，提高开发生产率。此外，对软件（产品）质量也可以单独进行度量，称为产品度量。

14.3.1 软件过程度量

软件过程度量是对整个企业中全体项目组开发能力的测度。把对项目组中个人的度量组合起来，可形成对项目的度量；把所有项目组的项目度量组合起来，就形成了对整个企业的过程度量。

软件过程度量使得软件工程组织能够洞悉一个已有的软件过程的功效。例如，开发范型、软件工程任务、工作产品、"里程碑"等，它们能够提供致使软件过程改进的决策依据。

过程独立地收集涉及的所有项目，而且要经历相当长的时间，目的是提供能够引导长期的软件过程改进的一组过程指标。改进任何过程的唯一合理方法即测量该过程的特定属性，再根据这些属性建立一组有意义的度量，然后使用这组独立提供的指标来导出过程改进策略。

过程度量涉及人员的技能和动力、产品复杂性以及过程中采用的技术。这些因素要直接测量是比较困难的，我们可以根据从过程中获得的结果间接导出一组度量。例如，软件发布之前的错误数测量、最终用户报告的缺陷测量、交付的工作产品测量、花费的工作量测量、进度与计划的一致性测量等。

软件过程度量对组织提高其整体的过程成熟度能够提供很大的帮助。Grady 给出一组软件过程度量规则：

- 解释度量数据时使用常识，并考虑组织的敏感性。
- 提供测量和度量结果的反馈。
- 不要使用度量评价个人。
- 制定清晰的目标和为达到目标而要使用的度量。
- 综合考虑度量。

除此之外，软件过程度量还需要注意以下几点：

- 软件企业的高层领导应该定时收集项目度量和产品度量的测量数据，及时综合出企业最新过程度量数据。
- 同一企业的所有项目组，在项目度量中应采用相同的规格化手段，例如，采用面向规模的或者面向功能的度量方法，使不同项目组的测度数据具有可比性。
- 过程度量的基本目标是提高软件产品质量而改进企业的软件过程，所以，质量度量和过程度量二者应紧密结合。

14.3.2　软件过程改进

要想让过程改进能同时优化所有过程属性是不可能的。过程改进可以采用特别的方法、工具，或者使用某些在别处使用过的过程模型。然而，对于已发布的过程改善方法，如果只简单引进是不会成功的。这是因为，虽然开发机构在开发相同类型的软件时有很多相同之处，但总有很多机构自身因素、规程和标准等影响着过程。

过程改进应该是开发机构的一项明确的任务，也是一项持久的活动，可以在整个机构中开展，也可以在大机构中的各个部门单独开展。

软件过程改进是长期的、重复的过程，需要得到开发机构的批准、相关支持和资源。软件过程改进过程的通用模型如图 14-3 所示。

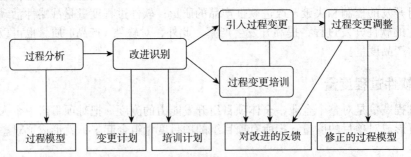

图 14-3　软件过程改进的通用模型

过程分析：包括检查现有过程，建立过程模型，并以文档来记录和理解过程。最好是能够量化地分析过程。分析得到的量化数据给过程模型增添了信息。分别在变更之前、之后所做的量化分析可以对变更的利弊做出客观的评价。

改进识别：使用过程分析的结果来识别影响产品质量和生产效率的质量、进度或成本等瓶颈因素，并制订出过程变更计划和培训计划。

- 引入过程变更：加入新的规程、方法和工具，并与其他过程集成。这一过程有两点非常重要，一是要保证有充足的变更时间，二是要保证这些变更不和其他的过程及已有的规程和标准发生冲突。
- 过程变更培训：由于过程变更，必须要及早培训相关的工程师。否则，过程变更可能会遭到项目开发者和管理者的反对，从而导致变更无法实施，且不可能得到变更所带来的好处。
- 过程变更调整：过程变更不可能一经引入就起作用，需要一个调整时期。其间可能会有一些小问题出现，会对过程不断修改，并允许执行的反复。

14.3.3 软件项目度量

软件项目度量使得软件项目组织能够对一个软件产品的开发进行估算、计划和组织实施。例如，包括软件规模和成本估计、产品质量控制和评估、生产率评估等。它们可以帮助项目管理者评估正在进行的项目的状态，跟踪潜在的风险，在问题造成不良影响之前发现问题，调整工作流程或任务，以及评估项目组织控制产品质量的能力。

软件度量是软件项目管理的一项重要任务。人们最关注的是软件生产率和软件质量的度量——根据投入的成本（工作量和时间）对开发产生的输出，即产品适用性的测度。为了达到准确估计和计划的目的，往往需要利用和统计大量的历史数据。

项目度量常用在估算阶段。从过程项目中收集的度量被作为估算当前软件工作的工作量及工作时间的基础。随着项目的进展，可以将花费的工作量及时间的测量与估算值比较。管理者可以根据这些数据来监控项目的进展。生产率可以根据创建的模型、评审时间、功能点以及交付的源代码行数来测量。

项目度量的目的是双重的。首先，利用项目度量能够对开发进度进行必要的调整，同时可以避免延迟，并减少潜在的问题及风险，从而使得开发时间减到最少。其次，可利用项目度量在项目进行过程中评估产品质量，必要时可调整技术方法以提高质量。

14.4 软件项目风险管理

项目管理的目的之一是进行风险管理。一个可以预期的失败并不是最坏的，这样的项目只需要放弃或者提供更多的资源来争取更好的结果就可以了。事实上，在软件项目中，最令人担忧的实际上是那些未知的东西。能否更早地了解和管理这些未知的元素，是软件项目管理水准的重要体现。目前，风险管理被认为是 IT 软件项目中减少失败的一种重要手段。当不能很确定地预测将来事情的时候，可以采用结构化风险管理来发现计划中的缺陷，并且采取行动来减少潜在问题发生的可能性和影响。风险管理意味着在危机还没有发生之前就对它进行处理，这就提高了项目成功的机会，同时减少了不可避免的风险所产生的后果。

项目风险管理实际上是贯穿在项目开发过程中的一系列管理步骤，其中包括风险识别、风险预测、风险管理策略、风险解决和风险监控。它能让风险管理者主动"攻击"风险，进行有效的风险管理。通常，软件风险分析包括风险识别、风险预测和风险管理三项活动。

14.4.1 风险识别

软件风险可区分为项目风险、技术风险和商业风险。项目风险是指在预算、进度、人力、资源、客户，以及需求等方面存在的潜在问题，它们可能造成软件项目成本提高、开发时间延长等风险。技术风险是指设计、实现、接口和维护等方面的问题，它们可能造成软件开发质量的降低、交付时间的延长等后果。商业风险包括市场、商业策略、推销策略等方面的问题，这些问题会直接影响软件的生存能力。

为了正确识别风险，我们将可能发生的风险分成若干风险类，每类建立一个风险项目检查表来识别它们。以下是常见的风险类以及需要检查的内容。

- 产品规模风险：检查与软件总体规模相关的风险。
- 商业影响风险：检查与管理或市场约束相关的风险。
- 与客户相关的风险：检查与客户素质和沟通能力相关的风险。
- 过程风险：检查与软件过程定义和开发相关的风险。
- 技术风险：检查与软件的复杂性和系统所包含的技术成熟度相关的风险。
- 开发环境风险：检查与开发工具的可用性和质量相关的风险。
- 人员结构和经验风险：检查与开发人员的总体技术水平和项目经验相关的风险。

以商业影响风险类为例，其风险项目检查表中可能包括下列问题：

- 建立的软件是否符合市场的需求（市场风险）？
- 建立的软件是否符合公司的整体商业策略（策略风险）？
- 销售部门是否知道如何推销这种软件（销售风险）？
- 有没有因为课题内容或人员的改变，使该项目失去管理层的支持（管理风险）？
- 项目预算或参加人员有没有保证（预算风险）？

如果上述任何一个问题的答案是否定的，就可能出现风险，这时需要识别并预测可能产生的影响。

14.4.2　风险预测

风险预测，又可称为风险估计（risk estimation），包括对风险发生的可能性、风险发生所产生的后果两项活动的估计。通常，风险预测由参与风险评估的计划人员、管理人员和技术人员共同完成。

建立风险可能性尺度。风险可能性的尺度可以定性或定量来定义，一般不能用是或否来表示，较多使用的是概率尺度，如极罕见（<10%）、罕见（10%~25%）、普通（25%~50%）、可能（50%~75%）以及极可能（>75%）。这些概率可以根据过去开发的项目、开发人员的经验，或者其他方面收集的数据，经过统计分析估算而得。

估计风险对产品和项目的影响。风险产生的后果通常使用定性的描述，如灾难性的、严重的、可容忍的，以及可忽略的。如果风险实际发生了，对产品和项目所产生的影响一般与风险的性质、范围和时间3个因素有关。风险的性质是指风险发生时可能产生的问题。例如，系统之间的接口定义得不好，就会影响软件的设计和测试，也可能导致系统集成时出现问题。风险的范围是指风险的严重性和分布情况。风险的时间是指风险的影响何时开始，以及风险会持续多长时间等。

14.4.3　风险管理

风险管理又称为风险规避，是对风险进行驾驭和监控的活动。

风险驾驭指项目管理者综合考虑风险出现的概率和一旦发生风险就可能产生的影响，确定处理风险的策略。对于一个具有高影响但发生概率很低的风险，不必花费很多的管理时间。对于低影响但高概率的风险，以及高影响且发生概率为中到高的风险，应该优先将其列入风险管理之中。处理风险的策略可以分为规避策略、最低风险策略和应急计划 3 种。

风险监控指对每一个已识别的风险定期进行评估，从而确定风险出现的可能性是变大还是变小、风险影响的后果是否有所改变。风险监控应该是一个持续不断的过程。

风险管理应该建立风险缓解、监控和管理计划（Risk Mitigation, Monitoring and Management Plan, RMMMP），它将记录风险分析的全部工作结果。这份文档是整个项目管理计划（SPMP）的一部分，为项目管理者所用。

进行风险管理和制定 RMMMP 主要依靠项目管理者的判断和经验。例如，某开发人员在开发期间中途离职的概率是 0.7，且离职后会对项目有影响，那么该风险规划和监控的策略如下：

- 与在职人员协商，了解其可能流动的原因。
- 在项目开始前，把缓解这些流动原因的工作列入风险管理计划。
- 做好人员流动的准备，并采取措施以确保一旦人员离开，项目仍能继续。
- 制定文档标准并建立一种机制，保证文档能及时产生。
- 对所有工作进行仔细审查，使更多人能够按计划进度完成自己的工作。
- 对于每个关键性技术岗位，要注意培养后备人员等。

进行风险预测和采取风险管理措施会增加项目成本，称为风险成本。决定采用哪些风险驾驭和监控策略，还需要兼顾估算的风险成本，做综合考虑。

14.5 软件配置管理

开发一个计算机软件时，变更是不可避免的。软件配置（Software Configuration）是一个软件的各种形式、各种版本的文档和程序的总称。软件配置管理（Software Configuration Management, SCM）是对软件变更（或称为进化）过程的管理。

软件配置管理是应用于整个软件过程的保护性活动，也可被视为整个软件过程的质量保证活动之一。管理变更的能力是项目成败的关键。既然变更是不可避免的，那么如何管理、追踪和控制变更就显得尤为重要。

14.5.1 基本概念

软件变更。软件变更是随时发生的，它的起源有多种因素。然而，基本的变更需求源是：新的商业或市场条件引起的产品需求或业务流程（规则）的变化、新客户的需要、修改软件系统产生的数据、产品提供的功能，或基于计算机系统提供的服务。改组或减小企业规模，将导致项目优先级或软件工程队伍结构的变化。预算或进度的限制，将导致系统或产品的重定义。

软件配置项。软件过程的输出信息主要有 3 项：计算机程序（源程序和执行代码）、软件（产品）文档（技术文档和用户文档），以及数据（程序内部的和程序外部的）。这些项包含了所有在软件过程中产生的信息，称为软件配置项（Software Configuration Items, SCI）。除了文档、程序和数据，创建软件的开发环境（包括软件工具）也被列为 SCI 范畴，置于软件配置控制之中。

基线。在软件工程的术语中，各个阶段产品的复审时间均称为基线。基线是软件过程中的"里程碑"，其标志就是有一个或多个 SCI 的交付。这就是说，SCI 是随着软件的开发进程逐步产生的，它们是软件的阶段产品。例如，软件的项目计划、需求说明书、测试计划、设计文档和源程序等，都是阶段产品。这些经过复审（基线）的被正式获得认可的 SCI，称为基线 SCI。

　　SCM 中，运用基线概念的一个重要原则是：基线之前变更自由，基线之后必须严格变更管理。这就是说，在软件开发进程中，开发者有权对本阶段的阶段产品进行更改；一旦阶段产品通过复审成为基线 SCI 之后，就应该将它交给配置管理人员去控制，任何人（包括研制该阶段产品的人员）需要对它更改时，都要经过正式的报批手续。正是这种对基线 SCI 的连续控制与跟踪，保证了软件配置的完整性与一致性。

　　所有基线 SCI 被放置到项目配置数据库（或称为中心数据库）中，这样便于对 SCI 进行检索、提取、修改等配置信息的处理和维护。

　　任务和目标。软件配置管理的主要任务是标识、控制、审计和报告在软件开发和维护过程中发生的变更，其目标是使软件更容易地实现和适应变更要求，并减少软件变更所花费的工作量（成本）。

14.5.2   软件配置管理过程

　　软件配置管理主要包括配置管理规划、变更管理、版本和发布管理等一系列软件配置管理活动。

配置管理规划

　　一个开发机构（企业／公司）的配置管理过程及其相关文档应该是以标准为基础的。所以，必须制定项目配置管理规划。配置管理规划描述配置管理应该使用的标准和规程。制定的规划应该是一组一般性的、整个机构通用的配置管理标准，然后再调整这些标准使之适合每一个具体的项目。

　　软件工程界已经有一系列软件配置管理标准，最通用的 SCM 标准是 ANSI/IEEE 标准，可应用于各类商业软件项目。

　　配置管理规划根据标准编写，主要包括以下内容：

- 定义哪些 SCI 需要管理，以及识别这些 SCI 的形式和模式。
- 说明由谁负责配置管理规程，并把受控 SCI 提交给配置管理团队。
- 用于变更控制和版本管理的配置管理策略。
- 描述配置管理过程的记录，以及该记录应该被维护的形式。
- 描述配置管理所使用的工具和使用这些工具的过程。
- 定义将用于记录配置信息的配置数据库。

　　其他信息，如对外部供应商提供的软件的管理、对配置管理过程审查规程的管理等，也要包含在配置管理规划中。

　　配置管理规划一个很重要的特点是要明确责任，应该明确由谁负责提交每个 SCI 项给质量保证小组并进行配置管理，确定每个 SCI 的评审人员。

变更管理

　　对于大型软件系统而言，变更是一个不争的事实。应该根据设计好的变更管理规程，通过确定的变更管理过程和相关的辅助工具，保证对变更的成本和效益做出正确的分析，并使变更始终处于控制之中。

　　当需要把变更的 SCI 交付给配置管理团队时，就启动了一个变更管理过程。这个过程可能开始于测试阶段，也可能开始于软件交付给客户之后。

版本管理

　　一个版本就是一个系统实例，在某种程度上，有别于其他系统实例。各种系统版本可能有不同的功能、性能，可能是修改了系统错误，或者可能有相同的功能，它们只是为了适应

不同的软 / 硬件配置而设计的。发布版本是分发给用户的系统版本。一个系统的版本比发布版本多得多，这是因为很多版本是为内部开发或测试而创建的，无须发布。

版本和发布管理是标识和跟踪一个软件系统各种版本和发布的过程。

版本管理主要是为版本的标识、编辑和检索等设计一个规程，以保证版本信息的有效管理。一般，版本标识的内容包括版本编号、基于属性的标识和基于变更的标识。

发布管理负责确定发布时间、分发渠道、编制和管理发布文档，以及协助安装新的版本。发布版本不仅仅是本系统的可执行代码，还包括：

- 配置文件——定义对于特定的安装，发布版本应该如何配置。
- 数据文件——成功进行系统操作所必需的。
- 安装程序——用来帮助在目标硬件上安装系统。
- 电子和书面文档——用于系统说明。
- 包装和相关宣传——为版本发布所做的工作。

14.6　软件项目估算

无论在什么时候进行估算，我们都是在预测未来，因此估算必然存在一定程度的不确定性。估算是一项重要的活动，不能以随意的方式来进行，必须采用科学合理的技术与方法，尽可能保证估算的客观性。过程度量和项目度量从历史角度为定量估算提供了依据和有效的输入。当建立估算和评审时，我们必须依赖过去的经验。

14.6.1　软件项目资源

在软件项目计划中，估算主要针对工作的资源、成本及进度进行。估算需要经验，需要了解历史信息。估算存在风险，而风险又会导致不确定性。估算的风险取决于对资源、成本及进度的定量估算中存在的不确定性。如果对项目范围缺乏了解，或者项目需求经常改变，不确定性和估算风险就会非常高。

一个软件项目开发需要各种资源，包括涉及的各类人员、开发时间、支持开发的软件（工具），以及软件产品运行所需要的软 / 硬件等。项目计划的目标是提供一个能使管理人员对资源、成本及进度做出合理估算的框架。一般，估算要做出最好情况和最坏情况，将项目的结果限制在一定范围内。由于估算中存在不确定性，因此，随着项目的进展，必须不断地对计划进行调整和更新。

软件范围描述了将要交付给最终用户的功能和特性、输入和输出的数据、软件界面，以及界定系统的性能、约束条件、接口和可靠性。在开始估算之前，首先要对软件范围描述进行评估、细化和提供更多的细节。由于成本和进度的估算要依赖系统功能，因此某种程度上的功能分解是必要的。性能方面仅考虑处理时间和响应时间的需求。约束考虑外部硬件、可用存储空间，以及其他限制等。

完成对所需资源的估算是重要的任务之一。软件项目主要的资源包括人员、可重用的软件构件或模块、开发环境。每一项资源都需要描述该资源的 4 个特性：资源的描述、可用性说明、何时需要资源、事业资源的持续时间。

人力资源是软件项目中的一个重要方面。计划人员首先要评估软件的范围，选择完成开发所需的技能，然后给人员分配职位（如高级管理者、项目（技术）管理者、开发人员）和专业业务。只有在估算出开发工作量（如多少人·月）后，才能确定软件项目需要的人员数量。

14.6.2 软件规模度量

软件（产品）规模的度量是软件成本估算的基础。软件规模精确估算比较困难，软件开发者必须尽可能把所有影响估算的因素都考虑到，尽量对项目开发周期和成本进行准确估计。影响的因素包括人员的技术熟练程度、项目复杂度、项目规模、开发组对应用领域的熟悉程度、软件将运行的平台，以及可以利用的工具等。

常用的软件产品规模度量方法有代码行方法、软件科学方法、可测量数据方法和功能点度量方法。

代码行方法

代码行技术是最通用的软件产品规模的度量方法。常用的度量单位是代码行数（Line of Code，LOC）和千条代码行数（KLOC）。下面给出一组简单的面向规模的度量：每千行代码（KLOC）的错误数、每千行代码（KLOC）的缺陷数、每千行代码（KLOC）的成本、每千行代码（KLOC）的文档页数、每人·月错误数、每人·月千行代码（KLOC）、每页文档的成本。

使用代码行技术存在许多问题，这是因为：

- 建立代码只是整个软件开发工作中的一小部分，仅仅用最终产品的代码行数来代替规格说明书、计划、实现、集成，以及测试等系统开发过程所需的时间是远远不够的。
- 用不同的语言来实现同一个软件产品将导致不同的代码行数。另外，LISP 语言和第四代语言没有代码行数的概念。
- 代码行数往往不是很准确，如代码行除可执行语句外，还有数据定义、注释等，这将直接影响代码的质量、可读性和可重用性等。
- 并非所有的代码都交付给用户，实际上往往有一部分代码量存在于开发工具中。
- 只有当软件产品开发完全结束后，才能确定最终的软件产品的代码行数。

因此，基于代码行数的规模估算预见性差，有较大的风险。由于各种成本估算技术本身就存在不确定性，如果使用一个并不可靠的代码行数作为输入，那么这种成本估算的结果就不可能可靠。

软件科学方法

由于代码行数度量方法不是很可靠，软件科学家推荐了多种源于软件科学基本度量原理的度量软件产品规模的方法。例如，计算软件产品中（单一）操作数和运算符的数目。

可测量数据方法

软件产品的可测量数据一般在软件开发的早期就确定下来了，可以对可测量数据进行度量。可测量数据最典型的度量方法是 FFP 度量方法。FFP 是数据处理软件中所涉及的文件（File）、流（Flow）和过程（Process）3 个英文单词的首字母。

FFP 中，将文件定义为持久存在于产品中的逻辑或物理关系记录的集合，事务文件和临时文件被排除在外；将流定义为软件产品与环境间的数据接口，如屏幕显示和报表；将过程在功能上定义为对数据的、逻辑的或算术的操作，如排序、有效验证或更新。

若给出了软件产品中的文件数 F_i、流数 F_1 和过程数 P_r，则产品的规模 S 和成本 C 可以由下式得出：

$$S = F_i + F_1 + P_r \tag{14-1}$$

$$C + b \times S \tag{14-2}$$

式中，b 是一个常数，反映了开发商开发软件的效率（生产率）。所以，常数 b 的值可以根据开发商以前的成本数据统计确定。软件产品的规模只是文件、流和过程数量的总和，一旦软件的结构设计完成，这个量就可以确定下来。

FFP 度量方法的有效性和可靠性已经在一些中等规模的数据处理应用软件的样本中得到了验证。但是，这种方法不适用于强调功能和控制的大型数据库领域。

功能点度量方法

功能点（Function Points，FP）度量方法将软件产品提供的功能测量作为规范值。功能点度量是基于软件产品信息域值的计算和软件复杂性的评估而导出的。涉及的信息域值有输入项数 Inp、输出项数 Out、查询项数 Inq、主文件数 Maf 和接口数 Inf。功能点数 FP 由式（14-3）得到。

$$FP = 4 \times Inp + 5 \times Out + 4 \times Inq + 10 \times Maf + 7 \times Inf \qquad (14\text{-}3)$$

式中，每个信息度量项的系数可以根据软件的复杂性（简单、平均和复杂 3 个等级）来选择。表 14-1 给出了各个度量项不同级别的功能点的分配值。

表 14-1　度量项不同级别功能点分配值

度量项	简单级	平均级	复杂级
Inp	3	4	6
Out	4	5	7
Inq	3	4	6
Maf	7	10	15
Inf	5	7	10

实际中常运用一种扩展的功能点度量方法。其估算步骤如下：

（1）确定软件产品中的每个度量项，即 Inp、Out、Inq、Maf、Inf 和对应等级的功能点数，按照式（14-3）计算，得到一个未调整的功能点（Unadjusted Function Points，UFP）。

（2）计算技术复杂性因子（Technical Complexity Factor，TCF）。技术复杂性涉及数据通信、分布式数据处理、性能计算、高负荷的硬件、高处理率、联机数据输入、终端用户效率、联机更新、复杂的计算、重用性、安装方便、操作方便、可移植性以及可维护性 14 种技术因素的影响。为每一个因素分配一个从 0（无影响）到 5（影响最大）的影响值。把这 14 个技术因子的影响值相加，得到总影响程度（Degree of Influence，DI）。TCF 由式（14-4）得到：

$$TCF = 0.65 + 0.01 \times DI \qquad (14\text{-}4)$$

由于 DI 值在 0～70 之间，因此 TCF 在 0.65～1.35 之间变化。

（3）扩展的功能点数 FP 由式（14-5）计算得到：

$$FP = UFP \times TCF \qquad (14\text{-}5)$$

根据统计分析，采用功能点数比代码行数估算误差明显减少。若用代码行数估算，在最差的情况下平均误差会达到 8 倍；而用功能点数估算，平均误差可缩小到最多 2 倍。

功能点 FP 度量方法和 FFP 度量方法都存在没有对软件产品的维护进行度量的问题。例如，当在维护期间对一个产品进行重大修改时，产品的文件、流和过程数，或者输入、输出、查询、文件和接口数可能不发生变化。估算没有变化，但工作量显然发生了变化。

面向对象的度量

传统的软件项目度量（如代码行和功能点数）也可以用于面向对象的软件项目，但缺乏对进度和工作量进行调整的足够的粒度。下面是一些面向对象的项目度量。

● 场景脚本的数量：场景脚本是一个详细的步骤序列，用来描述用户和系统之间的交互。应用系统的规模与测试用例的数量都与场景脚本的数量密切相关。

- 关键类的数量：关键类是独立的构件，是问题域的核心，因此这些类的数量既是开发软件所需工作量的指标，也是系统开发中潜在的重用数量的指标。
- 支持类的数量：支持类是实现系统所必需的但又不与问题域直接相关的类，如 UI 类、数据库类、计算类等。
- 每个关键类的平均支持类数量：对于给定的问题域，需要知道每个关键类的平均支持类数量。一般，支持类是关键类的 1~3 倍。
- 子系统的数量：子系统是实现某个功能的类的集合。通过子系统，估算人员可以安排合理的进度计划和工作量分配。

14.6.3　估算管理

在复查软件项目管理计划时，对成本和开发周期估算的复查尤为重要。不管使用什么估算方法，要想进一步减少风险，应在计划小组递交了他们的估算后，由软件质量保证小组独立对开发周期和成本再次进行估算分析。

在软件产品的开发过程中，必须不断地跟踪实际的开发工作量，并把它们与预测值进行比较。不管采用哪一种技术进行预测，如果开发过程已经超过了预期的时间和工作量，这种背离可以作为一种警告，表明出现了某种成本估算上的错误。出现这种问题可能是因为：预测尺度不先进，过低地估算了产品的规模，或者开发组的效率不高，不像事前估算的那样，或者两者皆有，或者是其他的原因。不管什么原因，都将导致严重的开发期限误差和成本误差。重要的是，管理人员必须能够尽早发现误差，采取适当的措施，设法减少甚至消除这种误差。

14.7　分解技术

软件项目开发所需工作量的估算必须是预先提出的，开发过程中又有太多的变化因素，如人员、技术、环境、策略等，这些都会影响软件项目的最终成本和开发周期。所以，估算不会是绝对精确的。不过，软件项目估算经历了从神秘的技能向一系列系统化步骤转变的过程，已经可以逐步估算出可接受的风险。

软件项目成本和工作量估算永远不会是一门精确的科学，对于大型复杂的软件开发而言更为困难。大多数情况下，软件项目的成本估算采用"分而治之"（即先分解再合成）的策略。

软件项目估算分解技术的要点是：将软件项目分解成一组较小的问题，或者分解成若干主要功能及相关的工程活动，然后通过逐步求精的方式，对每个较小部分进行较准确的成本和工作量的估算。

14.7.1　基于问题分解的估算

LOC、FFP 和 FP 度量方法可以作为一个估算模型，用于估算软件中每个较小成分的规模，也可以作为从以前项目中收集来的，与估算变量相结合使用的基线度量，以此建立软件成本及工作量估算。在多数情况下，要解决的问题非常复杂，所以不能作为一个整体考虑，要进行分解。

基于问题分解的估算步骤：

（1）项目计划者从界定的软件范围说明开始，根据该说明将软件分解为可以被单独估算的问题或者功能。LOC 和 FP 估算技术的分解目标有所不同。LOC 估算时，分解要非常精细，分解的程度越高，就越有可能建立合理、准确的 LOC 估算。

（2）估算每一个问题 / 功能的 LOC、FFP 或 FP（称为估算变量）。当然，计划者也可以选择诸如类 / 对象、被修改或受到影响的业务过程的元素作为估算变量进行规模估算。

不管使用哪种估算变量，项目计划者都要从估算每个功能或信息域的范围开始，并利用历史统计数据或经验判断，对每个功能或每个信息域的计算值都估算出一个乐观的、可能的和悲观的规模值。

根据乐观的、可能的和悲观的 3 个规模值，计算估算变量（规模）的期望值（Expected Value，EV）。EV 值通过乐观值 S_{opt}、可能值 S_m、悲观值 S_{pess} 的估算加权平均计算得到：

$$EV = (S_{opt} + 4 \times S_m + S_{pess})/6 \tag{14-6}$$

对于 FP 估算，并不直接涉及功能点，而是估算每一个信息域（输入、输出、查询、数据文件和外部接口）的特性，以及 14 个影响复杂度的调整因子值。

（3）将基线生产率度量（如 LOC/pm、FFP/pm 或 FP/pm，pm 代表人·月）用于变量估算中，从而导出每个功能的成本及工作量。将所有功能估算合并起来，即可产生整个项目的总估算。

注意：不同的组织，其生产率度量不同；而同一个组织，其生产率度量也是多变的。一般情况，平均的 LOC/pm、FFP/pm 或 FP/pm 应该按项目领域来计算，即应该先根据项目大小、应用领域、复杂性等进行分类，之后才计算各个子领域的生产率平均值。

下面是一个 CAD 系统的基于 LOC 的估算过程：该 CAD 系统运行在工作站上，并与各种计算机图形外设，如鼠标、数字化仪、高分辨率彩色显示器，以及激光打印机有接口。

首先，以系统规格说明为指导，建立一个初步的软件范围说明——CAD 软件接收二维或三维的几何数据。工程师通过用户界面与 CAD 系统进行交互和控制，界面应有良好的人机界面设计特征。所有几何数据及其他支持信息都保存在一个 CAD 数据库中。开发、设计、分析模块，以产生所需的输出，并显示在各种不同的图形设备上。软件在设计中要考虑与外设（鼠标、数字化仪和激光打印机等）的交互和控制。

然后，对上面软件范围的每一句说明进一步扩展，以提供具体的细节和定量的边界，从而得出该系统的主要功能。CAD 软件有用户界面及控制机制、二维几何分析、三维几何分析、数据库管理、计算机图形显示控制、外设控制及设计分析模块 7 项主要功能。

根据乐观值、可能值和悲观值，应用式（14-6）做三点估算，建立 7 项功能的 LOC 估算表，如表 14-2 所示。

表 14-2　LOC 方法的估算值

功　　能	LOC 估算	功　　能	LOC 估算
用户界面及控制机制	2300	计算机图形显示控制	4950
二维几何分析	5300	外设控制	2100
三维几何分析	7800	设计分析模块	8400
数据库管理	3350		
总 LOC 估算	34200		

例如，三维几何分析功能的乐观值为 5600，可能值为 7900，悲观值为 9600，应用式（14-6）得到它的期望值为 7800 LOC。

对 LOC 求和，得到该 CAD 系统的 LOC 估算值是 34200。

历史数据表明：这类系统的平均生产率是 620 LOC/pm。如果一个劳动力的价格是 10000 美元 / 月，则每行代码的成本约为 18 美元。根据 LOC 估算及历史生产率数据，总的项目成本估算是 550180 美元，工作量估算是 55 人·月。

下面是 CAD 系统的功能点 FP 估算过程：基于 FP 估算的分解集中于信息域的值，而不是软件功能。首先估算 CAD 软件的输入、输出、查询、主文件和外部接口。表 14-3 给出了用平均级加权因子的未调整的 FP 估算结果。

表 14-3　估算信息域值

信息域值	乐观值	可能值	悲观值	估算计数	加权因子	FP 计数
输入	20	24	30	24	4	96
输出	12	15	22	16	5	80
查询	16	22	28	22	4	88
主文件	4	4	5	4	10	40
外部接口	2	2	3	2	7	14
总 FP 计数值	318					

然后，估算 14 个技术加权因子，并计算复杂度调整因子 DI。表 14-4 给出了复杂度调整因子估算表。

表 14-4　复杂度调整因子估算表

调整因子	值	调整因子	值	调整因子	值
数据通信	2	联机数据输入	3	安装方便	5
分布式数据处理	0	终端用户效率	5	操作方便	5
性能计算	4	联机更新	3	可移植性	4
高负荷的硬件	3	计算复杂性	4	可维护性	5
高处理率	5	重用性	4		
DI 值	52				

最后，得出 FP 的估算值：

$$FP = 318 \times (0.65 + 0.01 \times 52) \approx 372$$

使用功能点进行规范化的历史数据表明：这类系统组织的平均生产率是 6.5 FP/pm。如果一个劳动力价格是 10000 美元 / 月，则每个 FP 的成本约为 1539 美元。根据功能点估算及历史生产率数据，总的项目成本估算是 593085 美元，工作量估算是 57 人·月。

14.7.2　基于过程分解的估算

估算一个项目，最常用的技术是使用过程分解进行估算，即将软件过程分解为相对较小的活动或任务，再估算完成每个任务所需的工作量。基于过程分解的估算步骤如下：

（1）从项目范围中得到软件功能描述。对于每一个功能，确定要执行的一系列过程活动。对于采用线性模型、迭代和增量模型，或者演化模型的项目，一个过程活动的公共框架包括用户通信、计划、风险分析、工程、建造及发布，以及用户评估 6 项。实际的过程活动可能是可变的，需要根据具体情况进一步分解。

（2）一旦确定了软件功能和过程活动，计划者就可以估算出每个软件功能的每个过程活动所需的工作量，并编制成估算表。

（3）使用平均劳动力价格来估算每一个活动的工作量，得到成本估算。注意，对于同一个任务，平均劳动力价格可能会不同。

（4）估算每一个功能及软件过程活动的成本及工作量。可用两到三种成本及工作量估算方法进行比较。若两种方法的结果一致，则可以认为估算是可靠的。

下面是 CAD 系统的基于过程的估算过程：表 14-5 列出了已完成的基于过程的每个 CAD 系统软件功能所提供的软件工程活动的工作量估算（以人·月为单位）。工程建造及发布活动被划分为分析、设计、编码和测试软件工程子任务。用户通信、计划、风险分析的总工作量直接给出。

如果一个劳动力价格是 10000 美元/月，则总的项目成本估算是 460000 美元，工作量估算是 46 人·月。如果需要做更详细的预算，每一个软件过程活动可以关联不同的劳动力价格。

表 14-5　基于过程的 CAD 系统估算表

	活动	用户通信	计划	风险分析	工程　建造　发布				用户评估	总和
	子任务				分析	设计	编码	测试		
功能	用户界面及控制机制				0.5	2.5	0.4	5	n/a	8.4
	二维几何分析				0.75	4	0.6	2	n/a	7.35
	三维几何分析				0.5	4	1	3	n/a	8.5
	数据库管理				0.5	3	1	1.5	n/a	6.0
	计算机图形显示控制				0.5	3	0.75	1.5	n/a	5.75
	外设控制				0.25	2	0.5	1.5	n/a	4.25
	设计分析模块				0.5	2	0.5	2.0	n/a	5.0
总计		0.25	0.25	0.25	3.5	20.5	4.75	16.5		46.0

上述 CAD 软件系统通过采用不同的分解估算方法，总估算工作量最低为 46 人·月，最高为 58 人·月。平均估算值为 54 人·月。与平均估算值的最大偏差约为 15%。

14.8　经验估算技术

经验估算模型使用由经验导出的方法或者公式来预测软件产品工作量。由于经验估算的信息往往来自一个有限的项目样本集，因此，从这类模型中得到的结果必须谨慎使用，往往需要加以调整。

14.8.1　专家类比推断

采用专家类比推断技术，要咨询一定数量的专家。专家通过比较目标产品与他曾经亲身参与过的产品项目，区别两者的异同，而得到估算结果。

例如，某目标产品与一个以前开发的相似产品进行比较，发现有以下问题：

- 以前为批处理输入数据，而目标产品采用联机方式获取数据，并且现在对这种技术比较熟悉，故可把开发时间和工作量减少 15%。

- 图形界面在某种程度上更复杂些，这就要增加 5% 的开发时间和工作量。
- 开发人员对目标产品所用的语言不太熟悉，这要增加 15% 开发时间和 20% 工作量。

综合这 3 个方面的因素，专家得出结论：目标产品比以前的产品将多用 5% 的开发时间和 10% 的工作量。

多个专家分析估算如果得出不同的预测值，就要加以调整。其做法是，各个专家先独立工作，给出估算结果和估算依据；把这些估算结论和依据分发给所有专家，请他们参考后再得出新的估算。这种过程一直进行下去，直到出现所有专家都能够接受的一个估算范围。

14.8.2　中级 COCOMO 估算模型

COCOMO（COnstructive COst MOdel, 构造性成本模型）估算模型实际分成基本级、中级和高级 3 个模型系统，范围从处理产品的宏估算模型到处理产品细节的微估算模型。最实用的是中级 COCOMO 估算模型，它描述中等程度的产品复杂度和详细度。中级 COCOMO 估算模型实际上是一种层次结构的估算模型，主要运用于应用组装模型、早期设计阶段模型和体系结构后阶段模型。和所有的软件估算模型一样，中级 COCOMO 估算模型也需要使用规模估算信息，如对象点和代码行。

基于对象点的估算

基于对象点的估算运用中级 COCOMO 估算模型的应用组装模型，使用对象点信息。计算对象点时，使用如下的计数值：用户界面数、报表数、构造应用可能需要的构件数。然后将每个对象实例归类到 3 个复杂度级别之一，即简单级、中等级和困难级。表 14-6 给出了不同对象点的复杂度权因子。

表 14-6　不同对象点的复杂度权因子

对象类型	简单级	中等级	困难级
界面	1	2	3
报表	2	5	8
构件			10

一旦确定了复杂度，就可以对界面、报表和构件的数量进行加权，求和后得到总的对象点数。当采用基于构件的开发方法或一般的软件复用时，还要估算复用的百分比，并调整对象点数：

$$NOP＝对象点 ×（（100－复用的百分比）/100）$$

式中，NOP 是新的对象点。

然后确定生产率的值，表 14-7 给出了在不同水平的开发者经验和开发环境成熟度下的生产率。

$$PROD＝NOP/ 人·月$$

一旦确定了生产率，就可以得到项目工作量的估算值：

$$估算工作量＝NOP/PROD$$

表 14-7　应用于对象点的生产率

开发者的经验 / 能力	非常低	低	正常	高	非常高
环境成熟度 / 能力	非常低	低	正常	高	非常高
PROD	4	7	13	25	50

基于代码行的估算

基于代码行的中级 COCOMO 估算软件开发成本（工作量和开发时间）分为两个步骤。

（1）首先用千条代码行数（KLOC）度量产品长度，并度量产品的开发模式。

开发模式是度量一个产品开发固有的难度级别的标准，有 3 种模式：组织型（organic，简单型）、半独立型（semidetached，中等规模型）和嵌入型（embedded，复杂型）。

通过产品长度度量和产品开发模式度量，可以由下式分别计算正常工作量 E（以人·月为单位）和正常开发时间 T（以月为单位）。

$$E = a \times (KLOC)^b \qquad (14\text{-}7)$$
$$T = c \times E^d \qquad (14\text{-}8)$$

式中，a、b、c、d 的取值根据产品开发模式的不同而定，如表 14-8 所示。

表 14-8 中级 COCOMO 软件开发模式的计算系数

项目开发模式	a	b	c	d
组织型（简单型）	3.2	1.05	2.5	0.38
半独立型（中等规模型）	3.0	1.12	2.5	0.35
嵌入型（复杂型）	2.8	1.20	2.5	0.32

（2）正常工作量 E 和正常开发时间 T 必须与 15 个软件开发工作量调节因子（Effort Adjustment Factor，EAF）相乘。每个调节因子可以有 6 个值，分别是非常低、低、正常、高、非常高和极高。15 个工作量调节因子值如表 14-9 所示。

表 14-9 中级 COCOMO 软件开发模式的工作量调节因子

	因素	非常低	低	正常	高	非常高	极高
产品属性	软件要求的可靠性	0.75	0.88	1.0	1.15	1.40	—
	数据库规模	—	0.94	1.0	1.08	1.16	—
	产品复杂度	0.70	0.85	1.0	1.15	1.30	1.65
计算机属性	执行时间限制	—	—	1.0	1.11	1.30	1.66
	主存限制	—	—	1.0	1.06	1.21	1.56
	开发环境易变性	—	0.87	1.0	1.15	1.30	—
	计算机响应时间	—	0.87	1.0	1.07	1.15	—
人员属性	分析能力	1.46	1.19	1.0	0.86	0.71	—
	应用领域的经验	1.29	1.13	1.0	0.91	0.82	—
	程序员的能力	1.42	1.16	1.0	0.86	0.70	—
	开发环境的使用经验	1.21	1.10	1.0	0.90	—	—
	程序语言的使用经验	1.14	1.07	1.0	0.95	—	—
项目属性	现代软件技术的使用程度	1.24	1.10	1.0	0.91	0.82	—
	软件工具的使用程度	1.24	1.10	1.0	0.91	0.83	—
	要求的开发进度	1.23	1.08	1.0	1.04	1.10	—

下面是一个基于微处理器的通信软件的中级 COCOMO 估算过程：基于微处理器的通信软件用于可靠的电子基金传输网络，对性能、开发速度和接口方面有要求，符合嵌入型模式的描述，估算有 10000 条源代码行，即 10 KLOC。该项目的中级 COCOMO 工作量调节因子的取值如表 14-10 所示。

表 14-10 通信处理软件开发的中级 COCOMO 工作量调节因子

因　素	情　况	等　级	工作量乘数
软件要求的可靠性	软件故障会带来严重的财政后果	高	1.15
数据库规模	20000 字节	低	0.94
产品复杂度	通信处理	非常高	1.30
执行时间限制	70% 的时间可用	高	1.11
主存限制	64KB 中的 45KB（70%）	高	1.06
开发环境易变性	基于商用微处理器硬件	正常	1.00
计算机响应时间	平均响应时间为两小时	正常	1.00
分析能力	优秀的高级分析员	高	0.86
应用领域的经验	两年	正常	1.00
程序员的能力	优秀的程序员	高	0.86
开发环境的使用经验	两年	正常	1.00
程序语言的使用经验	六个月	低	1.10
现代软件技术的使用程度	大多数技术使用一年	高	0.91
软件工具的使用程度	处于基本的小型机工具级	低	1.10
要求的开发进度	九个月	正常	1.00

正常工作量 $E = 2.8 \times 10^{1.20} \approx 44.4$（人·月），正常开发时间 $T = 2.5 \times 44.4^{0.32} \approx 8.4$（月）。将表 14-10 中 15 个工作量调节因子相乘，结果约为 1.35。这样，该项目的总估算为

$$E = 44.4 \times 1.35 \approx 59.9（人·月）$$
$$T = 8.4 \times 1.35 \approx 11.3（月）$$

然后，将这个数字用到资金成本、开发进度、阶段和工序划分、计算机成本，以及年度维护成本等相关子项目中去。

中级 COCOMO 最重要的输入是目标产品的代码行数。如果代码行数估算是不准确的，那么对模块的预测可能也是不准确的。所以，中级 COCOMO 和任何其他的估算技术得到的预测值一样，都有不准确的可能性，在管理中必须关注软件开发全过程的所有预测值。

下面是一个 POS 机系统的成本估算过程：POS 机系统涉及用户界面及控制机制、处理销售、处理支付、商品价目管理、定价策略、系统接口、系统登录 7 项主要功能。

根据乐观值、可能值和悲观值，应用式（14-6）做三点估算，建立 7 项功能的 LOC 估算表，如表 14-11 所示。

表 14-11 LOC 方法的估算值

功能	LOC 估算	功能	LOC 估算
用户界面及控制机制	830	定价策略	289
处理销售	120	系统接口	390
处理支付	1355	系统登录	214
商品价目管理	207		
总 LOC 估算		3405	

对 LOC 求和，得到了该系统的 LOC 估算值是 3405。

历史数据的统计表明：这类系统的平均生产率是 400 LOC/pm。如果一个劳动力价格是 6000 元 / 月，则每行代码的成本约为 15 元。根据 LOC 估算及历史生产率数据，总的项目成本估算是 36000 元，工作量估算是 6 人·月。

用功能点 FP 估算方法估算上述 POS 机系统项目。首先估算 POS 机软件的输入、输出、查询、主文件和外部接口。表 14-12 给出了用平均级加权因子的未调整的 FP 估算结果。

表 14-12 估算信息域值

信息域值	乐观值	可能值	悲观值	估算计数	加权因子	FP 计数
输入	2	2	3	2	4	8
输出	1	1	2	1	5	5
查询	2	2	3	2	4	8
主文件	2	2	3	2	10	20
外部接口	2	3	4	3	7	21
总 FP 计数值	62					

然后，估算 14 个技术加权因子，并计算复杂度调整因子 DI。表 14-13 给出了复杂度调整因子估算表。

表 14-13 复杂度调整因子估算表

调整因子	值	调整因子	值	调整因子	值
数据通信	0	联机数据输入	1	安装方便	5
分布式数据处理	0	终端用户效率	5	操作方便	5
性能计算	0	联机更新	5	可移植性	4
高负荷的硬件	0	计算复杂性	1	可维护性	5
高处理率	0	重用性	4		
DI 值	35				

最后，得出 FP 的估算值：

$$FP = 318 \times (0.65 + 0.01 \times 35) \approx 62$$

使用功能点进行规范化的历史数据表明：这类系统组织的平均生产率是 6.5 FP/pm。如果一个劳动力价格是 6500 元 / 月，则每个 FP 的成本约为 1000 元。根据功能点估算及历史生产率数据，总的项目成本估算是 62000 元，工作量估算是 9 人·月。

14.9 软件质量管理

软件质量是软件能否被用户认可和接受的重要保证。软件质量管理的目的是有效地保证软件质量，顺利地向用户交付满意的软件。

14.9.1 软件质量保证

质量被定义为某一事物的特征或属性，具有可测量的特征。但是，软件在很大程度上是一种知识实体，其特征的定义远比物理对象要困难得多。软件质量属性包括循环复杂度、内聚性、功能点数量、代码行数等。

质量分为设计质量和一致性质量。设计质量是指设计者为一个产品规定的特征。一致性质量是指在制造产品的过程中遵守设计规格说明的程度。设计质量包括系统的需求、规格说明和设计，而一致性质量则关注实现问题。Robert Glass 给出了一个直观的公式：

用户满意度＝合格的产品＋好的质量＋按预算和进度交付

如果用户不满意，那么其他任何事情都不重要了。质量控制是为了保证每一件产品都能满足需求而在整个软件过程中所运用的一系列审查、评审和测试。质量控制的关键概念之一是所有工作产品都具有明确的和可测量的规格说明。

软件产品质量管理包括软件的质量检测、质量保证和质量认证 3 个重要方面。

软件质量检测（Software Quality Inspection，SQI）是一种粗放式的质量管理形式。其方法类似于在生产线的末端逐一检测产品，遇见不合格的就修理或报废。在软件开发过程中，它大致类似于对软件产品的测试和纠错活动。这种事后检测的方式往往无助于质量的改进。

软件质量保证（Software Quality Assurance，SQA）是指软件生产过程包含的一系列质量保证活动，其目的是使所开发的软件产品达到规定的质量标准。由于软件产品的质量形成于生产全过程，而不是靠"检测"出来的，因此，质量管理活动必须扩展到软件生产的全过程，这体现了软件质量全面控制（Total Quality Control，TQC）的核心思想。TQC 强调"全过程控制"和"全员参与"两层意思。软件质量保证的一系列活动都应遵循任何管理体系都遵循的 PDCA（Plan-Do-Check-Action）循环所建议的"计划—实施—检测—措施"的顺序。

软件质量认证（Software Quality Certification，SQC）是从软件产业管理的角度，把对个别产品的质量保证扩展到对软件企业（组织）整体资质的认证，其目的是全面考察企业的质量体系和提供符合质量要求的软件产品的能力。软件质量保证由各种任务构成。完成这些任务的参与者有两种：做技术工作的软件工程师和负责实施软件质量保证活动的小组，即 SQA 小组。

由 SQA 小组和项目组共同制订的 SQA 计划充当了每个软件项目中 SQA 活动的模板，为软件质量保证提供了一张"行路图"。图 14-14 是由 IEEE 推荐的 SQA 计划大纲。它描述了质量保证所覆盖的所有软件过程活动、所有文档和可以应用的所有标准。

1 计划目的	6.2.1 软件需求复审
2 参考文献	6.2.2 设计复审
3 管理	6.2.3 软件验证和确认复审
3.1 组织	6.2.4 功能审计
3.2 任务	6.2.5 物理审计
3.3 责任	6.2.6 过程内部审计
4 文档	6.2.7 管理复审
4.1 目的	7 测试
4.2 软件工程文档	8 问题报告和改正行动
4.3 其他文档	9 工具、技术和方法
5 标准、实践和约定	10 代码控制
5.1 目的	11 媒体控制
5.2 约定	12 供应商控制
6 复审和审计	13 记录收集、维护和保留
6.1 目的	14 培训
6.2 需求复审	15 风险管理

图 14-4　ANSI/IEEE Std.983—1986 软件质量保证计划

14.9.2 软件质量度量

根据软件工程原理，软件的质量标准可以由分别反映运行性能、维护性能和移植性能的一组属性描述。软件工程的基本目标是向用户交付需要的高质量的系统、应用或产品。软件工程师必须通过测量来判断能否实现高质量。

测量质量

正确性。一个运行不正确的软件对用户来说是没有价值的。正确性是软件完成所要求的功能的程度。正确性的测量指标是千行代码（KLOC）的缺陷数，这里的缺陷是指已被证实不符合需求的地方。缺陷是按标准时间段来计数的，一般是一年。

可维护性。可维护性是指遇到错误时能够修改程序的容易程度，或者环境发生变化时程序能够适应的容易程度，或者用户希望变更需求时程序能够改动的容易程度。间接测量可维护性的方法是面向时间的度量，称为平均变更时间（Mean Time To Change，MTTC）。MTTC 越低，程序越容易维护。

完整性。完整性测量是指一个系统对安全性攻击的抵抗能力。完整性可通过危险性和安全性测量。危险性是指一个特定类型的攻击在给定的时间内发生的概率。安全性是指一个特定类型的攻击被击退的概率。一个系统的完整性可以定义为

$$完整性 = \Sigma[1 - (危险性 \times (1 - 安全性))]$$

可用性。如果一个程序不容易使用，即使它完成的功能很有价值，也常常注定要失败。可用性可通过使用的容易程度进行量化。

可靠性。软件可靠性是最重要的软件特性，通常用于衡量软件在规定的条件和时间内完成规定功能的能力。

缺陷排除效率。缺陷排除效率（Defect Removal Efficiency，DRE）用于衡量软件团队排除软件故障的能力。

缺陷排除效率

缺陷排除效率是在项目级和过程级都有意义的质量度量。DRE 是对质量保证及控制活动中滤除缺陷能力的测量。当把项目作为一个整体来考虑时，DRE 可按如下方式定义：

$$DRE = E / (E + D)$$

式中，E 是软件交付给用户之前发现的错误数；D 是软件交付之后发现的缺陷数。

理想的 DRE 是 1，即在软件交付之中没有发现缺陷。将 DRE 作为衡量质量控制及质量保证活动的滤除能力的一个度量指标，可以促进软件项目团队采用先进的技术，力求在软件交付之前发现尽可能多的错误。

软件可靠性

在软件的质量特性中，可靠性是最重要的。

（1）可靠性的定义和分级

软件可靠性有多种不同的定义。其中，被大多数人接受的定义是：软件可靠性是软件在给定的时间内按照（系统规格说明书）规定的条件成功运行的概率。

设 $R(t)$ 为时间 $0 \sim t$ 之间的软件可靠性，$P\{E\}$ 为事件 E 的概率，则软件可靠性可以表示为

$$R(t) = P\{在时间 [0, t] 内按规定条件运行成功\}$$

不同的软件对可靠性的要求也不相同。一般，将软件可靠性分为 5 级，如表 14-14 所示。在软件计划时，可以参考表 14-14 确定所开发软件（产品）的可靠性等级，并以此作为开发和验收的可靠性度量标准。

表 14-14   可靠性分级表

分级	故 障 后 果	工作量调节因子
很低	工作略有不便	0.75
低	有损失，但容易弥补	0.88
正常	弥补损失比较困难	1
高	有重大的经济损失	1.15
很高	危及人的生命	1.4

通常，提高可靠性总是以降低生产率为代价的。对于同一个软件，当其可靠性等级从很低（反之，生产率最高）变为很高（反之，生产率最低）时，其开发工作量和成本大约要增加一倍（0.75:1.4）。所以，在制定可靠性等级时，应该从实际需求出发，而不是可靠性越高越好。

（2）评测可靠性的方法

为了预测和评价软件的可靠性，已经研究出各种可靠性模型。这些可靠性模型或者用在计划时期以预测软件的可靠性，或者用在开发时期以指导人们采取相应的措施，确保被开发软件达到所需要的可靠性等级。

绝大多数可靠性模型都是从宏观的角度，根据程序中潜在错误数来建立的，并且用统计方法确定模型中的常数。虽然许多可靠性模型经过实际数据的检验，有一定的实用价值，但它们都还很不成熟。所以，这里仅介绍建立可靠性模型最常用的方法（可靠性模型请参阅其他资料）。

可靠性与软件的故障密切相关。如果软件在交付时有潜在错误，则程序会在运行中失效。当潜在错误的数量一定时，程序运行时间越长，则发生失效的机会越多，可靠性也随之下降。为了简化讨论，假定软件的故障率是不随时间变化的常量，则根据经典的可靠性理论，$R(t)$ 可以表示为程序运行时间 t 和故障率 λ（单位时间内程序运行失败的次数）的指数函数，即

$$R(t) = e^{-\lambda t}$$

图 14-5 是可靠性随运行时间 t、故障率 λ 变化的示意图，λ 一定时，运行时间越长，$R(t)$ 越小。

另一种衡量可靠性的方法是直接计算软件平均故障时间（MTTF）。在故障率为常量的情况下，MTTF 可以是故障率的倒数，即

$$MTTF = 1/\lambda$$

注意软件可靠性与计算机系统可靠性的区别。系统可靠性（R_{SYS}）是软件、硬件和运行操作 3 种可靠性（分别是 R_S、R_H、R_{OP}）的综合反映。如果用公式表示，则为

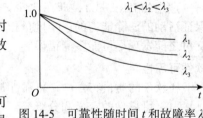

图 14-5   可靠性随时间 t 和故障率 λ 变化的示意图

$$R_{SYS} = R_S R_H R_{OP}$$
$$\lambda_{SYS} = \lambda_S + \lambda_H + \lambda_{OP}$$
$$MTTF_{SYS} = 1/(\lambda_S + \lambda_H + \lambda_{OP})$$

或

$$MTTF_{SYS} = 1/(1/MTTF_S + 1/MTTF_H + 1/MTTF_{OP})$$

例如，设 $MTTF_H = MTTF_S = 500$ 小时，$MTTF_{OP} = 2500$ 小时，则 $MTTF_{SYS} = 227.3$ 小时。

（3）软件容错技术

容错性是软件可靠性的子属性之一。软件开发首先要避免错误的发生，尽量采用无差错的过程和方法。但是，高可靠性、高稳定性的软件还非常重视采用容错技术。容错就是当软件运行中一旦出现了错误，就将它的影响限制在可容许的范围之内。

容错软件即具有抗故障能力的软件，处理错误的方法有 3 种：

- 屏蔽错误：把错误屏蔽掉，使之不至于产生危害。
- 修复错误：能在一定程度上，使软件从错误状态恢复到正常状态。
- 减少影响：能在一定程度上，使软件完成预定的功能。

实现容错软件最主要的手段是冗余技术。冗余技术的基本思想是"以额外的资源消耗换取系统的正常运行"。常用的冗余技术有结构冗余、时间冗余和信息冗余等。

- 结构冗余：有静态冗余、动态冗余和混合冗余等多种结构形式，其代价是利用多余的结构来换取可靠性的提高。
- 时间冗余：设计一个检测程序，检测运行中的错误并能发出错误恢复请求信号，以执行检测程序多花的时间为代价来消除瞬时错误所带来的影响。
- 信息冗余：利用附加的冗余信息（如奇偶码、循环码等误差校正码），检测和纠正传输或运算中可能出现的错误，其代价是增加系统计算量和附加信息占用信道的时间。

图 14-6 所示是采用静态、动态冗余结构系统的示例，图中 M_1，M_2，$\cdots$，M_n 分别代表各个小组开发的具有相同功能的模块。静态冗余结构的各个模块的输出连接到一个表决器（可用软件或硬件组成），无论哪一个模块出错都能被表决器屏蔽，使系统不经过切换就能实现容错。动态冗余结构的各个模块的输出连接到一个开关切换机构，仅在当前模块运行出错时，其余备用模块才能经开关切换顶替出错模块接通系统输出。兼有这两种冗余结构之长的结构称为混合冗余结构。

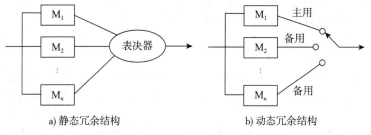

a) 静态冗余结构　　　　　　　b) 动态冗余结构

图 14-6　静态、动态冗余结构系数的示例

通常，容错软件的设计过程如下：

- 通过常规设计，获得软件系统的非容错结构。
- 分析软件运行中可能出现的软、硬件错误，确定范围。
- 确定采用的冗余技术，并评估其容错效果。
- 修改设计，直至获得满意的结果。

程序正确性证明

迄今为止，软件测试仍然是提高软件可靠性的主要手段。但是，软件测试只能证明程序有错，而不能证明程序不存在错误（测试实际是间接验证程序的正确性）。所以从 20 世纪 60 年代以来，人们就寄希望于预定功能的正确性证明（或称为验证），希望通过实用的技术和工具证明程序的确完成了预定功能。如果能实现，软件测试工作量将大大减少，软件可靠性度量将更加有保证。

从理论上说，无法证明整个程序是绝对正确的，但是通过数学方法，证明一个代码段具有某些需要的性质是可行的，这就是程序正确性证明的基本原理。目前，有一些较常用的证明程序正确性的方法，包括输入－输出断言法、最弱前置条件法和结构归纳法等。下面以输入－输出断言法为例，简单说明证明程序正确性的基本思路。

输入－输出断言法是在 Floyd 提出的归纳断言法的基础上，加上 Hoare 公理化概念形成的，故也称为公理化归纳断言法（axio-matic inductive assertion）。其基本做法是，在源程序的入口、出口和中间各点分别设置断言，为了证明在两个相邻点之间的程序段是正确的，只须证明这一程序段执行后，能够使在它之前的断言变成其后一点的断言就可以了。

软件可维护性度量

可维护性是软件的重要特性。可维护性的好与坏是定性说法，而如何对它进行定量的度量呢？ 1979 年，T.Gilb 建议把维护过程中各种活动耗费的时间记录下来，用它们来间接度量软件的可维护性。

一个维护过程所包含的活动大约有 10 项，这 10 项活动的时间数据为问题识别时间、管理延迟时间、收集维护工具时间、问题分析时间、修改规格说明书时间、维护实施时间、局部测试时间、整体测试时间、维护复审时间，以及软件发布与恢复工作时间等，这些可作为可维护性的度量标准。

14.10　项目进度管理

在软件项目管理过程中，一个关键的活动是制订项目计划，它是软件开发工作的第一步。项目计划的目标是为项目负责人提供一个框架，使之能合理地估算软件项目开发所需的资源、经费和开发进度，并控制软件项目开发过程按此计划进行。项目规划分为项目的启动、实施以及结束。它制定了关于具体项目目标、项目结构、任务、里程碑、人员、成本、设备、性能以及问题的解决方案等方面的指导原则。

14.10.1　项目进度管理计划

软件项目管理计划中的一个重要内容是项目的进度管理计划。进度计划主要给出项目开发的进度安排，以便对项目实施过程进行有效的跟踪管理，这一点对大型和复杂的软件开发项目尤其重要。

软件项目管理者的目标是定义所有项目任务和活动，识别关键任务/活动，并跟踪关键任务/活动的进展，以保证能一天一次地发现可能出现的进度拖延情况。为了做到这一点，管理者必须建立一个计划，将所有估算的工作量分布于计划好的项目持续时间内。但是，进度是随着时间而不断演化的，往往需要不断地调整进度。

在项目计划的早期，首先应建立一个宏观的进度安排图/表，标识所有主要的软件工程活动和这些活动影响到的产品功能。随着项目的进展，精化宏观进度图/表中的每个条目以形成一个"详细进度图/表"，于是，特定任务/活动被标识出来，然后进行进度安排。

制订软件项目进度管理计划的基本原则有以下几点。

- 划分：进度安排始于过程的分解，即项目必须被划分成若干可以管理的活动和任务的集合。为了实现项目的划分，需要对产品和过程进行分解。
- 相互依赖性：各个被划分的活动或任务之间的相互关系必须是确定的。有些任务必须按顺序发生，而有些任务则可以并发进行。
- 时间分配：为每个调度的任务分配一定的工作量，并指定任务的开始日期和结束日期。这些日期与工作完成的方式相关。

- 人员分配：每个项目都有预定数量的人员参与。在进行时间分配时，项目管理者必须确保在任务的任意时段，分配给任务的人员数量不超过项目组总人员数量。
- 定义责任：每个任务都应该指定某个特定的小组成员对其负责。
- 定义结果：每个任务都应该有一个定义确切的结果，如一个工作产品、一个模块的设计或产品的一部分。
- 定义"里程碑"：每个任务或任务组都应该与一个项目的"里程碑"（通常用文档来标识）相关联。当一个或多个工作产品经过质量复审并且得到认可时，就标志着一个"里程碑"的完成。

进度安排中人员与工作量之间的调度特别重要。在一个小型项目中，只需一个人就可以完成需求分析、设计、编码和测试。随着项目规模的扩大，需要更多的人员参与。许多项目管理者认为，当进度拖延时，可以通过增加人员在后期跟上进度。不幸的是，在项目后期增加人手通常会产生一些破坏性的影响，其结果是使进度进一步拖延。因为后增加的人必须学习这一系统，需要对他们进行培训，这将导致项目进一步拖延。除增加学习系统所需的时间外，还增加了这个项目中人员之间通信的路径数量和通信的复杂度，从而增加了额外的工作量。

一种推荐的工作量调度指导原则是，定义和开发阶段之间的工作量通常使用"40-20-40 规则"分配，即 40% 或更多的工作量分配给前端的分析和设计任务，40% 的比例用于后端测试，只有 20% 的比例用于编码工作。一般情况下，计划工作量很少超过 3%，除非项目计划费用极大、风险高；需求分析占用 10%～25% 的工作量，软件设计占用 20%～25% 的工作量；15%～20% 的工作量用于编程，而 30%～40% 的工作量用于调试和测试工作。

14.10.2　进度安排

软件项目进度安排依赖工作量估算、产品功能分解、适当的过程模型选择、项目类型和任务集合选择等信息。

软件项目的进度管理计划采用和其他工程项目进度安排几乎相同的方法和技术。程序评估和复审技术（Program Evaluation and Review Technique，PERT）和关键路径管理（Critical Path Management，CPM）是软件项目进度安排中常用的方法。

PERT 和 CPM 技术应用的要点是：提供用于项目工作量划分的工具，支持计划者确定关键路径（决定项目持续时间的任务链）；通过使用统计模型为单个任务建立最有可能的时间估算，并为特定任务定义其时间窗口的边界时间等。

建立甘特图

在对软件项目进度进行安排时，计划者将从由分解得到的一组任务入手，为每个任务确定工作量、持续时间和开始时间，并为每个任务分配必要的资源。

上述输入信息的描述方式之一是建立甘特（Gantt）图。表 14-15 给出了一个甘特图描述示例，当一个任务开始或结束时，可以把小三角形涂黑。

可以为整个项目建立一个甘特图，也可以为各个项目功能，或者各个项目参与者分别制定甘特图。由甘特图还可以生成项目表。项目表包括所有项目任务及其计划的、实际的开始与结束日期，以及各种有关进度的信息。将项目表与甘特图结合使用，可以方便管理者跟踪项目的进展情况。

建立 PERT 图

PERT 图是用于进度安排的另一种图形工具。它同样能描绘任务的分解情况，以及每个任务的工作量、开始时间和结束时间。此外，它可以显式地描述各个任务间的依赖关系。

表 14-15　甘特图描述示例

任务	负责人	1998										1999				
		3	4	5	6	7	8	9	10	11	12	1	2	3	4	5
A	SE	▲━━━━━━━▲														
B	SE			▲				△				△				
C	PG							△━━━━━△								
D	SE	▲━━━━▲														
E	VV			▲━━△												
F	VV		△━━━━━━━━━△													
G	VV											△━━━━━━━━△				
H	VV															

注：SE—系统工程师，PG—程序员，VV—质量保证人员。

图 14-7 给出了一个 PERT 图描述示例，图中每一个圆框表示一项任务，圆框间的箭头表示任务的顺序，圆框上面的（×，×）表示开始时间和结束时间，两时间值相减就是任务所需的时间。

利用 PERT 图可以进行以下工作：

- 从起点到终点可能有多条路径，从中可以找出耗时最长的关键路径。确保关键路径上各项任务按时完成。
- 通过缩短关键路径上某些任务的时间，达到缩短整个开发周期的目的。
- 对于不在关键路径上的某些任务的时间，可以根据需要调整起止时间，或者延缓进度（可以适当减少人员）。
- 利用 PERT 图上的方向箭头（表示任务顺序关系）的不同描述形式，反映其他信息。例如，用虚线箭头表示关键路径，用粗线箭头表示已完成的任务。

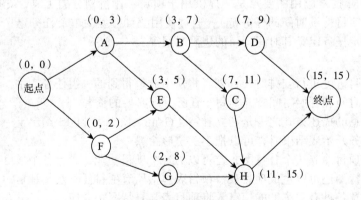

图 14-7　PERT 图描述示例

建立工程网络图

工程网络图（见图 14-8）是一种有向图，图中用圆表示事件，圆中的数字表示与某个子任务相关事件最早的开始或结束事件的时间点；有向弧或箭头表示子任务的进行；箭头上的数字称为权，权表示此子任务的持续时间，箭头下面括号中的数字表示该任务的机动时间。

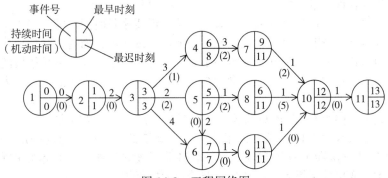

图 14-8 工程网络图

在项目进度管理计划基本排出来后即可以规划和确定项目的里程碑和基线了，项目的里程碑和基线是项目重要的跟踪控制检查点。在到达里程碑时，还需要对项目做专门的里程碑报告，对项目的当前状态，以及项目的进度、工作量、规模、缺陷等各项指标的偏离程度进行分析。整个项目进度管理计划基本出来后，需要和项目组的所有项目成员确认，获取项目的内部承诺，项目成员应该对整个进度管理计划的安排基本达成一致。针对项目管理计划，需要制订支持计划。项目进度管理计划出来后可以通知配置管理员分别制订质量保证计划和配置管理计划，项目经理将协助测试负责人制订项目的系统测试计划。

14.10.3 进度跟踪管理

项目进度安排为项目管理者提供了一张进度线路图。管理者必须对项目进度进行跟踪和控制。项目的跟踪管理可以通过以下方式实现：

- 定期举行项目状态会议，会上由项目组成员分析报告进度和问题。
- 评估所有软件过程中所进行的复审的结果。
- 确定正式的项目里程碑是否在预定日期内完成。
- 比较项目表中列出的革新任务的实际开始日期与计划开始日期。
- 与开发者进行非正式会谈，获取他们对项目进展及可能出现的问题的客观评估。

管理者使用控制的方法来管理项目资源，处理问题，指导项目参与者。在项目出现问题时，管理者必须施加控制，以尽快解决问题。一般采用时间盒技术对项目进度进行安排和控制。如果从时间盒策略可以认识到整个产品可能难以在预定时间内交付，那么应选择增量软件开发范型，并为每个增量的交付定义各自的进度。然后再对与每个增量相关的任务使用时间盒技术，即通过对增量的交付日期进行倒推，调整每个任务的进度。

14.11 小结

软件项目管理是软件工程的保护性活动。管理工作离不开度量。"靠质量保证来管理"是现代管理工作的一条重要原则。对软件的各类度量（项目度量、过程度量、产品度量），已成为辅助软件工程项目管理决策的一个手段，并正在迅速获得应用。

软件项目管理计划是对软件项目整个开发过程进行管理工作的指导性文件，主要描述要做的工作、要用的资源和需要的经费 3 个部分。科学合理地建立软件项目团队的组织机构，是人员管理中尤为突出的问题。软件项目开发存在着风险。软件风险分析包括风险识别、风险预测、风险规划和监控活动。软件配置管理是应用于整个软件过程的保护性活动，也被视为整个软件过程的软件质量保证活动之一。

在项目开始之前，软件项目计划人员必须估算：需要多长时间、需要多少工作量，以及需要多少人员和需要的资源。由于在控制开发周期和开发成本方面有太多的变化因素难以把握，因此准确地估算开发周期和开发成本并不是一件容易的事。软件产品规模的度量是软件成本估算的基础。成本估算受多方面因素的影响，存在一些不可克服的困难。人们往往采用分解技术（专家类比推断法、由底向上估算法）和一些统计理论和数学方程并经过验证的经验估算模型。其中，中级 COCOMO 模型是一个最为广泛的成本估算方法。

软件质量保证（SQA）机制是贯穿于整个生存周期的、全员参与的一系列的保护性活动。SQA 活动包括方法和工具的有效应用、软件质量度量和报告、技术复审和管理复审、测试策略和技术、变更控制规程，以及与标准符合的规程等。

软件项目整个开发周期的管理工作还必须涉及软件项目的进度安排和跟踪管理。将项目的进度安排与成本估算相结合，可以为项目管理者提供一张项目进程图/表。

习题

1. 软件项目管理计划包括哪些内容？
2. 软件风险分析包括哪些活动？
3. 软件项目的复杂性会影响估算的准确性，请列出影响项目复杂性的软件特性。
4. 中级 COCOMO 模型具有什么特点？如何计算复杂因子？
5. 基于对象点的中级 COCOMO 模型估算的步骤是什么？假设一个基于构件的开发项目的对象点如下：
   - 界面数为 30
   - 报表数为 10
   - 构件数为 7
   - 构件复用百分比是 30%
   - 请估算该项目的工作量。
6. 请根据 POS 机系统代码行，以及你自己的团队能力和系统类型，使用中级 COCOMO 模型估算系统的成本和工作量。
7. 请分析为什么基于功能点的估算要比基于代码行的估算偏大一些。
8. 软件产品规模的度量有哪些方法？各有什么特点？
9. 根据下面的信息域特性，计算该项目的功能点值：
   - 外部输入数：32
   - 外部输出数：60
   - 外部查询数：24
   - 内部逻辑文件数：8
   - 外部接口文件数：2

   假定所有的复杂度校正值都取"平均"值。
10. 在软件工程管理中：
    - 为什么"靠度量来管理"是一条重要原则？
    - 为什么从软件质量保证到软件质量认证是一个飞跃？
    - 为什么软件配置管理是软件质量保证活动？

11. 质量成本有哪些? 如何在质量和成本之间进行折中?
12. 软件项目进度管理计划方法有哪些? 各有什么特点?
13. 什么是"40-20-40 规则"? 举例说明。
14. 在软件使用的第一个月中, 用户发现 9 个缺陷, 在交付之前, 软件团队在评审和测试中
    发现了 242 个错误, 那么项目的缺陷排除效率是多少?

参 考 文 献

[1] 张海藩. 软件工程导论 [M]. 3 版. 北京：清华大学出版社，1998.

[2] 王立福. 软件工程 [M]. 北京：机械工业出版社，2011.

[2] Larman C. UML 和设计模式 [M]. 3 版. 李洋，等译. 北京：机械工业出版社，2011.

[4] Toll T V. Evaluating the usefulness of pair programming in a classroom setting[C]. 6th IEEE/ACIS ICIS, 2007: 302-308.

[5] Braught G. The effects of pair programming on individual programming skill[C]. the 39th SIGCSE, 2008, 40(1): 200-204.

[6] Stapel K, Lubke D, Knauss E. Best practices in extreme programming course design[C]. ICSE'08, ACM, 2008: 769-775.

[7] Chong J, Hurlbutt T. The social dynamics of pair programming[C]. 29th Int. Conf. of Software Engineering (ICSE'07), IEEE press, 2007: 354-363.

[8] Natsu H, et al. Distributed pair programming on the web[C]. Proc. of 4th Mexican Int. Conf. on Computer Science (ENC'03), IEEE Press, 2003: 81.

[9] Katira H, et al. On understanding compatibility of student pair programmers[J]. ACM Technical Symposium on Computer Science Education, 2004, 36(1): 7-11.

[10] Katira H, et al. Towards increasing the compatibility of student pair programmers[C]. International Conf. on software Engineering (ICSE'05), 625-626.

[11] Williams L, et al. Examining the compatibility of student pair programmers[C]. Proceedings of Agile 2006 (Agile'06), 2006: 411-420.

[12] Nawahdah M, et al. A study of the effects of using pair programing teaching techniques on student performance in a middle eastern society[C]. 2015 IEEE Conf. on Teaching, Assesment, and Learning for Engineering (TALE), China, 2015: 16-23.

[13] Zacharis N. Measuring the effects of virtual pair programming in an introductory programming Java course[J]. IEEE Trans. on Education, 2011, 54(1): 168-170.

[14] Swamiduiai R. Inverted pair programming[C]. IEEE SoutheastCon2015, Florida, 2015: 1-6.

[15] Swamiduiai R. The impact of static and dynamic pairs on pair programming[C]. 2014 Conf. on Software security and Reliability, 2014: 57-63.

[16] 窦万峰，史玉梅，吉根林. 基于关联理论的结对编程与学习模式 [J]. 计算机教育，2014(12): 39-42.

[17] Dou Wanfeng, Wang Yifeng, Luo Sen. Analysis and design of distributed pair programming system[J]. International Journal of Intelligent Information Management, 2010(2): 487-497.

[18] Wanfeng Dou, Kui Hong, Wei He. A conversation model of collaborative pair programming based on language/action theory[C]. Proceedings of Conference on Computer Supported Cooperative Work in Design (CSCW in Design 2010), April 16-17, Shanghai, China, 2010: 7-12.

[19] Wanfeng Dou, Wei He. Compatibility and requirements analysis of distributed pair programming[C]. The 2nd International Workshop on Education Technology and Computer Science (ETCS2010), Wuhan, March 6-7, China, 2010: 467-470.

[20] Wanfeng Dou, Wei He. A preliminary design of distributed pair programming system[C]. The 2nd International Workshop on Education Technology and Computer Science (ETCS2010), Wuhan, March 6-7, China, 2010: 256-25.

推荐阅读

推荐阅读

软件工程：实践者的研究方法（原书第8版）

作者：Roger S. Pressman 等
ISBN：978-7-111-54897-3　定价：99.00元

软件工程：架构驱动的软件开发

作者：Richard F. Schmidt
ISBN：978-7-111-53314-6　定价：69.00元

人件（原书第3版）

作者：Tom DeMarco 等
ISBN：978-7-111-47436-4　定价：69.00元

设计原本——计算机科学巨匠Frederick P. Brooks的反思（经典珍藏）

作者：Frederick P. Brooks
ISBN：978-7-111-41626-5　定价：79.00元